JN269092

# ゆかいな物理実験

## THE RESOURCEFUL PHYSICS TEACHER

K. ギッブス ●著 Keith Gibbs

Tae Ryu 笠 耐 ●訳

朝倉書店

# The Resourceful Physics Teacher

## 600 ideas for creative teaching

Keith Gibbs
Queens's College, Taunton

Institute of Physics Publishing
Bristol and Philadelphia

Copyright © 1999 IOP Publishing Ltd.

Originally published in English by Institute of Physics Publishing Ltd., Dirac House, Temple Back, Bristol BS1 6BE, England

First published 1999

The Japanese edition rights are granted by IOP Publishing Ltd.

# 序

　15年ほど前，わたしの最初の本の原稿の一部を出版社に送ったとき，その原稿は，「ガラクタの寄せ集めに過ぎない」というコメント付きで戻ってきた．さて，それからずいぶん経ったが，おそらくこの新しい本もまた，同じものに過ぎない！

　わたしがこの本を書きはじめた第1の目的は，おもしろいデモンストレーション実験と，いくつかの学校での30年間の物理の授業の中でわたしが身につけたアイデアを，一緒に集めるというものだった．こうしたアイデアのすべてが，わたし自身によるものだというつもりはない．実際，多年にわたってわたしを励ましてくれた，過去から現在の多くの生徒たちはいうに及ばず，親戚や友人，同僚などの示唆によるものも多いし，また雑誌や講演，さまざまな出版物がヒントになったものも多い．専門的なご意見を与えてくださったすべての方々に深く感謝している．最初に書きはじめたときから，わたしは，物理が専門ではない教師を助けるために，説明や基礎となる理論を書き加えてきた．

　新人の物理教師にもベテランの物理教師にも役立つような本にするように努めた．多くの教師が，この本の中にすでによく知っているお気に入りの実験やアイデアを見出すに違いないと思うが，もう一方ですべての教師にとって，はじめて目にしてやってみたくなるようなことが含まれていることを希望している．

　わたしは"たとえ（アナロジー）"が好きで，本書にはたとえがいくつも取り入れられている．われわれはみな自分なりのお気に入りのたとえをもっているが，教師がわたしのたとえのいくつかを使えること，あるいはすくなくとも別の方法で説明することへの何らかのヒントになることを望んでいる．

　わたしはまたこの本が，物理という科目を多くの人に親しみやすいものにすること，物理にはおもしろいことや興味深いことがたくさんあることを人々が実感することに役立つことを期待している．かつて，あるディナーパーティで，わたしの仕事は何かを見破る中で，1人の女性が「ええっ物理……会話の終わりですね！」といった．わたしは，物理が会話のきっかけを提供することもあることを，この本で示せればと，心から願っている．

デモンストレーション実験を行うときや，生徒に実験させるときはいつでも，安全性への考慮を心すべきである．しかし，危険ゼロの方針を採れば，実験はまったくできなくなる！

　この本の出版の企画を熱心に支持して下さったIoP出版の方々，とくにLicy Broadleyさんと，この本をチェックしてくださったわたしの高校物理のグループに，心から感謝の意を表したい．しかしもちろん，この本の中のどんな誤りも，わたしの責任である．

　最後にこの本を読んで使ってくださったあなたが，この本が役に立ちおもしろく楽しいものと感じることを望んでいる．

　1999年　イギリス　トーントンにて

キース・ギッブス

# 安全への注意

　この本に書かれている実験のいくつかは，その性質上，本質的に危険を伴う．特に危険なものは，テキストの中で，つぎの一般的な警告のマークを使用して，明示してある．

⚠

　しかしこの危険の強調は，必ずしも網羅されているわけではなく，教師は実験を実行する際には，つねに格別の注意を払わなくてはならない．教師は下に推薦した出版物を含めて，つねに良い実践をしなくてはならない．

## 良い実践

　教師や生徒の目に少しでも危険がある場合はいつでも，安全メガネを着用しなくてはならない．たとえ小さな爆発で，ごくわずかな危険性がある場合でも，教師と生徒との間には安全遮蔽板を置かなくてはならない．加熱を伴う実験を行う場合は，実験台に防熱マットを敷かなくてはならない．腐食性や着色性の液体がこぼれる恐れのある場合は，どんな装置の下にも，大きな平たい容器を置かなくてはならない．

## 推薦する出版物

Topics in Safety (2nd edition), Association for Science Education, 1988
Safeguards in the School Laboratory (10th edition), Association for Science Education, 1996

　これらの出版物に掲載されている情報の正確さや十分さに関して，The Institute of Physics やまたは IoP Publishing Limited による保証や説明はない．
　上にあげた良い実践のまとめは，安全な実験への基本的なガイドラインを与え

るためのものである．The Institute of Physics や IoP Publishing Limited は，特に危険なものを確認するために妥当な処置を取ってきたが，必要な警告や注意の基準のすべてがこの本に含まれているわけではなく，他につけ加えるべき基準は必要ない，と考えてはならない．したがって，IoP Publishing Limited は，死やケガが本人たちの不注意から起こった場合はもちろんであるが，死や個人的なケガについては，責任を負わない．

# 目　　次

## I　一般物理学 ……………………………………………1
　一　般 …………………………………………………2

## II　力　　学 ………………………………………………7
　固体間の圧力 …………………………………………8
　液体中の圧力 …………………………………………11
　気体の圧力と大気圧 …………………………………13
　密度，浮力，アルキメデス …………………………22
　運　動 …………………………………………………26
　重　力 …………………………………………………30
　ニュートンの法則－質量と加速度 …………………41
　仕事，エネルギー，仕事率 …………………………45
　ロケット ………………………………………………48
　運動量，衝突，爆発 …………………………………51
　摩擦と慣性 ……………………………………………61
　ベクトル，モーメント，安定性 ……………………68
　円運動 …………………………………………………76
　弾　性 …………………………………………………83
　流体の流れと粘性 ……………………………………90
　表面張力 ………………………………………………94
　いろいろな力学 ………………………………………99

## III　波 動 光 学 …………………………………………111
　共鳴と減衰 ……………………………………………112
　ドップラー効果 ………………………………………118
　振動と波 ………………………………………………122
　音 ………………………………………………………127
　幾何光学 ………………………………………………134

全反射 ……………………………………………………141
　　干　渉 ……………………………………………………145
　　回　折 ……………………………………………………147
　　偏　光 ……………………………………………………151
　　いろいろな波 ……………………………………………154

**IV　熱物理学** ………………………………………………165
　　固体と液体の膨張 ………………………………………166
　　気体の膨張 ………………………………………………169
　　熱伝導 ……………………………………………………173
　　対　流 ……………………………………………………177
　　放　射 ……………………………………………………182
　　比熱/潜熱 ………………………………………………185
　　熱の効果と分子 …………………………………………193
　　熱いろいろ ………………………………………………196

**V　電磁気学** ………………………………………………203
　　電　流 ……………………………………………………204
　　磁　気 ……………………………………………………212
　　電磁気 ……………………………………………………216
　　電磁誘導 …………………………………………………221
　　静電気現象 ………………………………………………230
　　コンデンサー ……………………………………………241

**VI　現代物理学** ……………………………………………243
　　電子物理 …………………………………………………244
　　原子核物理 ………………………………………………251
　　量子物理 …………………………………………………255
　　放射性崩壊と半減期 ……………………………………257
　　天文学 ……………………………………………………260

訳者あとがき …………………………………………………265
索　引 …………………………………………………………267

# I
## 一般物理学

# 一　般

　この章では，物理の授業の全体に関わるような，一般的なアイデアや助言を集めた．まずは，物理についての2つの引用文からはじめよう．

1. 物理とは
2. あなたがどのくらい変わっているかを調べよう
3. 量を見積もる
4. 動物のおもちゃで次元を説明する方法
5. 曲線の接線を正確に描く方法
6. ビデオカメラを使って
7. 物理とロマンス？
8. 物理における簡単な測定
9. 小さい量の値を求める

## 1. 物理とは

「物理というのは，わかってしまえば，あまり多くのことを知らなくてもいい科目です．」スーザン・カルマス（わたしが17歳のクラスで教えた生徒）

「ええっ！　物理…会話の終りですね！」ディナーパーティでの女性の言葉

## 2. あなたがどのくらい変わっているかを調べよう

　入学したての生徒に，物理や一般科学を導入するのに，つぎのような測定をやらせるとよい．生徒たちは，測定結果を集めて，発表し，棒グラフを描き，平均値を算出することを学ぶことができるし，それと同時に，クラスメートについて知ることができる．

　生徒たちに，クラスメートどうしで，以下のような測定をして，クラス全体のデータを集めるように指示する．

　(a)　身長
　(b)　手を拡げたときの親指の先から小指の先までの長さ
　(c)　脈拍数（あるいは呼吸数）
　(d)　目の色

　測定結果を，何か意味を持つような形で表すように工夫する！　この実験の解析の部分の題材としては，クラスの身長のデータをもとに棒グラフをつくるのが

最もよい．最高身長や最も頻度が多い身長の範囲やクラスの平均身長を求めるとよい．

## 3. 量を見積もる

物理では，これから測定しようと考えている量の値が，だいたいどのくらいになりそうかを予想できることが，つねに重要である．こうした考えを導入するためには，知的な推測をさせるとよいだろう．いくつかの例を紹介しよう．

以下のようなものを生徒たちに推測させるとよい．

(a) お湯の温度：バケツに（約 50 ℃ の）お湯を入れ，そのお湯に手をつけさせて温度を推定させる．

(b) 時間：目をつぶって，自分で 20 秒間，数えさせる．その時間を別の生徒にストップウォッチで測定させる．

(c) 質量：1 個の岩石（たとえば 10 kg）または 1 個のレンガを持ち上げさせてその質量を推定させる．

(d) 長さ：実験室の長さを目測させる．歩幅ではかったりさせないこと．

量の見積りは，いつも，それほど簡単というわけではない．ユタ州のブライスキャニオンに行ったときのことを今でも覚えているが，渓谷に立ったとき，水平線上の山までどのくらいあると思うかとガイドに聞かれた．空気は素晴らしく澄んでいて，わたしは 30 マイルと推測した．しかし，実際には 100 マイルの彼方だったのである！　アポロ宇宙飛行士たちにとっても，月面で距離を見積もることはとてもむずかしかった．大気がないため，遠くの山々はかすむことがない．したがって，遠近の判断や操縦に問題が生じたのである．

〔必要なもの〕 お湯（約 50 ℃）が入ったバケツ，ストップウォッチ，温度計，巻尺，大きな岩石（10 kg）．

## 4. 動物のおもちゃで次元を説明する方法

このデモンストレーションは，単位や次元が異なる量の間の違いを示すためのものである．わたしは，家畜のおもちゃのコレクション：3 匹の豚，3 匹の羊，3 頭の牛，を使っている．

1 匹または 2 匹の豚と，2 匹の羊と 1 頭の牛を取り出して，「ここには何匹いますか？」と質問する．生徒たちは，「何が何匹か？」という問題に答えなくてはならない．

牛と羊とを足すことができるだろうか？　実際にはあまり意味がない．問題はすべて，まだ，異なる動物どうしが混ざっていることにある．同様に，メートルとキログラムとを加えることはできない．わたしの経験では，これは，上級レベルのコースの導入で役に立つおもしろい方法である．

いくつかの動物を使った等式を考えて，等式の両辺で，動物の"べき"が同じになるようにしなくてはならないことを示す．仰向けの豚は，"(豚)$^{-1}$"となるだろうか？

〔必要なもの〕　おもちゃの家畜のセット．

## 5. 曲線の接線を正確に描く方法

平面鏡を使うと正確な曲線の接線が簡単に描ける．まず，グラフ用紙の上に，その曲線と直角になるように平面鏡をたてる．これは，曲線とその反射像とが反射面で折れることなく，なめらかに接合するように鏡を調節すれば，比較的簡単にできる．そこで，鏡の背面に沿って線を引けば，それはその点でのこの曲線の垂線（90°の線）となる．最後に，この垂線に垂直な線を引けば，その点での曲線の接線となる．

## 6. ビデオカメラを使って

教師になってすでにずいぶん長い間教えてきたが，ついに小さなビデオカメラを買った．いくつかのデモンストレーション実験は，このカメラによって素晴らしい効果を得られるようになった．カムコーダーか，防犯用カメラのどちらを使ってもよい（後者はカラーの場合 300 ポンド（約 5 万円）ぐらいの出費を学校に強いることになる）．後者のタイプのカメラは，非常に小さく実験用スタンドに簡単に取り付けることができるし，画質が大変優れている．わたしはつぎのような目的でビデオカメラを使用している．

(a)　スケールが小さなデモンストレーションをクラス全体に見せるために用いる；生徒が何でも見えているはずだと思い込んでいるならば，教師は自分で，中ぐらいの大きさの教室の後ろに行って，教壇を見てみるとよい．

(b)　測定器具としてノギスを使うかわりに，0.5 mm 目盛りの定規をカメラの視野に入れ，測定したい物体についても，この定規についても，長さの測定はすべてテレビ画面上で行う．

(c)　オシロスコープのスクリーンの像をテレビに拡大して写し出す；クラス

全体に波形を見せることができる．
  (d)　手の込んだ実験を記録しておいて，あとで使う．
  (e)　赤外線を観測する；あとの「放射」の章を参照．

# 7. 物理とロマンス？

　ロマンチックな夕暮れを想像しよう；物理ではその効果をどのように説明できるだろうか（と生徒たちに聞いてみる）．

　「あなたの目はなんて美しいんだろう」は，「あなたの瞳の中の分子は，一緒につながってあまり長い鎖をつくることをしないようだ，だからあなたの目は青い」ということになる．

　「美しく輝くダイヤモンドの指輪」は，「あなたの指輪の中のその透明な物質の屈折率は大きくて，多重内部反射を示すようにカットされている」ということにでもなるだろう．

　「この浜にうち寄せる波は，砂の上で穏やかに砕ける」は，「水の粒子の円運動の速度は，波が浜辺を昇るにつれて減少する」ということになる．

　「なんて美しい夕日」は，「最も近い星からの長波長をもつ電磁波は，あまり散乱されないで進むから，西の空は赤くなる」ということになる．

　「ごらん，ここに願いの井戸がある」のかわりに，「1円硬貨を落として，井戸の底に達するまでの時間がどのくらいかを調べて，その深さを見積もってみよう」ということになるかもしれない．

　そして，「おそらくこうしたことを，実際に，君たちがいいたいとは思わないだろうね」とほのめかす！

# 8. 物理における簡単な測定

　測定の導入として，生徒につぎのような測定をさせる．
  (a)　線の長さ
  (b)　2点間の距離
  (c)　長方形の対角線
  (d)　円の直径
前もって大小さまざまな大きさの図形を用意しておくこと．

## 9. 小さい量の値を求める

　小さいボールベアリング 1 個の質量は，数がわかっている多数のボールベアリングの質量を測定すれば求まることを，生徒に強調する．たとえば 1 枚の紙の厚さは，たくさんの紙の厚さを測ることによって求めるのが一番よいだろう（でなければマイクロメーターを使用するのがよいだろう）．
　紙を丸めた小球の質量を求めるには，1 枚の紙の質量と面積を求め，紙の小球に使用する紙の面積を求めて，その質量を計算する．

# II
## 力 学

# 固体間の圧力

### この章の一般的な理論
2つの固体間の圧力は，接触面積が大きいほど小さい．

$$\text{圧力}=\text{力}/\text{面積} \quad \text{圧力の単位はパスカル（Pa）}$$
$$1\,\text{Pa}=1\,\text{N m}^{-2}$$

- 10. 圧力：釘のベッド
- 11. 圧力：硬貨とフック
- 12. 圧力：チーズと針金，リュックサックと肩
- 13. 圧力：象と少女
- 14. 生徒の圧力
- 15. 砂利や砂の上に立つ

## 10. 圧力：釘のベッド

　釘のベッドに横たわっても痛くないのはなぜだろう．そのわけはすべて接触面積に関係している．1本1本の釘は鋭く尖っているが，多くの釘の先端の面積の総和が，身体のどの部分の圧力でも耐えられるものにするのである．人の代わりにおもりを載せた風船を釘のベッドの上に置くことによって（わたしとしては，生徒でも教師でも釘のベッドに横たわることは勧めない），このデモンストレーションを行うとよい．さらに進んだ実験として，風船に載せるおもりをだんだん増やしていって，どのくらいの重さになるまで風船が破裂しないでいられるかを示すとよい．押す力を測定できるニュートンばかりと1個の画びょうを使って，細心の注意を払って，どのくらいの圧力まで親指を痛めないでいられるかを調べるデモンストレーションをしてみせることができる．

　〔必要なもの〕　上向きの多くの釘が付いた板，釘の打ってない板，風船，キログラムのおもり．

## 11. 圧力：硬貨とフック

　これは，圧力が接触面積によることを示す非常に簡単な例である．指にS字型のフックを掛けて，それに1 kgのおもりを吊り下げる．つぎに，指とフックとの間に小さな硬貨をはさんで同じようにする．指の痛みはずっと減少するであ

ろう．硬貨の重さを無視すれば力は同じだが（あるいはほとんど同じだが），接触面積はかなり大きくなるので，指にかかる圧力はずっと小さくなる．

〔必要なもの〕　S字型フック，1kgのおもり，1円玉のような小さな硬貨．

## 12. 圧力：チーズと針金，リュックサックと肩

この2つのデモンストレーションは，固体間の圧力の実際的なよい例である．

（a）　チーズ切りの針金で，一片のチーズを切って，チーズにかかる圧力を実際に測定する．ニュートンばかりで針金を下に引き，マイクロメーターで針金の直径を測定すればよい．

（b）　生徒の1人にリュックサックを背負わせて，そのリュックサックにおもりを入れると，肩ひもが肩にくい込んで肩が痛い．生徒の両肩と肩ひもの間にフォームラバーを入れて，接触面積を増やすと痛みは減少する．

〔必要なもの〕　チーズ，細い針金，マイクロメーター，ニュートンばかり，リュックサック，荷重用の大きな質量のおもり．

## 13. 圧力：象と少女

圧力が接触面積によることを強調するために，スティレットヒール（スパイクヒール：かかとの先がとがった靴）をはいた少女による圧力を，1本の足で立っている象の圧力と比較するとよい．わたしたちはふつう，象の質量は2ないし3t（3000kg）で，足の面積は約300cm²と見積もっている．クラスの1人に，スティレットヒールを持ってきてもらって，実際に測定してみるとよい．

〔必要なもの〕　スティレットヒール，体重計，象についてのデータ．

## 14. 生徒の圧力

地面に立ったときの，足と地面の間の圧力を，生徒たちに求めさせるとよい．最初に体重を計らせて，それから自分の足の面積を測定させる．生徒にグラフ用紙の上に裸足で立たせて，足の輪郭を写す．輪郭内のマス目を数えれば，地面と

接触する足の面積をかなりよく見積もることができる．足には甲があることを，生徒のだれが考えるかを知るのは興味深い．

〔この実験の典型的な結果〕 12歳の生徒の体重＝400 N；接触面積＝200 cm², 圧力＝2 N cm$^{-2}$

〔必要なもの〕 体重計，グラフ用紙．

## 15. 砂利や砂の上に立つ

この2つの簡単な実験は，人と地面との間の異なる接触面積の効果を示す．

(a) 砂利が入れてある箱の上に，靴をはいて立つ．つぎに靴を脱いで立つ．接触面積がかなり小さくなるので，相当強く痛みを感じる．

(b) 砂が入れてある箱の上に，靴をはいて立つ．今度は，小さな木片を砂の上に置いて，その上に立つ．すると，沈むであろう．これは，力はあまり変化しないが，圧力は増加することを示している．砂を入れておくために大きな箱を使用できれば，接触面積を大きくするために，靴底の裏側に広めの堅い板を取り付けてやってみるとよい．

警官はよく，柔らかい地面での足跡の深さから泥棒の体重を推定するらしい．

〔必要なもの〕 砂利が入った箱，砂が入った箱，異なる大きさの木の板，木片．

# 液体中の圧力

### この章の一般的な理論
液体中の1点における圧力は，つぎの2つと関係がある．
(a) 液体の密度，(b) 液面からその点までの垂直距離．
$$\text{液体中の圧力} = \text{深さ}(h) \times \text{液体の密度}(\rho) \times \text{重力の加速度}(g)$$
液体中では，圧力はすべての方向に働く．

16. 穴があけてある缶　　　　　17. ガラス管付きの穴があいたボール

## 16. 穴があけてある缶

いくつかの穴をあけておいた缶，またはプラスチックボトルを用いて，水圧の増加をデモンストレーション実験で示すことができる．（上下方向に並べていくつかの穴をあければ，）水深による水圧の増加を示すこともできるし，（側面の四方にあければ）圧力がすべての方向に働くことを示すこともできる．直径3cm，長さ2mの水道管用塩化ビニルパイプを用いると，はるかによく示すことができる．つまり，穴の上の水柱が長くなるだけ，底近くの穴から噴出する水流は印象的なものになる．これを正確に見せるには，おのおのの穴から，小さな管が突き出るようにするとよい．どの水流が一番遠くまでいくかということを予測するには，トリチェリの定理を詳しく考察する必要がある．

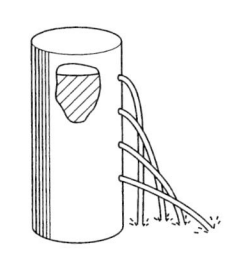

〔必要なもの〕側面に穴をあけたプラスチックボトルか缶，側面に穴をあけた水道管，水，バケツ．

## 17. ガラス管付きの穴があいたボール

液体中の1点における圧力がすべての方向に等しく働くことを示す別の方法もある．テニスボールか，またはサイズが同じくらいの中空のゴムボールに，いくつかの小さな穴（直径2～3mm）をあけ，そのボールのてっぺんに長いガラス

管を固定して，その管に水を注ぐ．圧力はすべての方向に作用するので，ボールのすべての穴から，ほぼ同じ力で，水が噴出するのを示すことができる．

〔必要なもの〕 穴があいたボールに長いガラス管を取り付けたもの，水．

# 気体の圧力と大気圧

### この章の一般的な理論

海抜 0 m での地球の大気の圧力の大きさは，約 $10^5$ Pa で，海抜 0 m での空気の密度は $1.2 \text{ kg m}^{-3}$ である．もしも大気が，地表の空気の密度と同じ密度に一様に圧縮されたとすれば，地球のまわりの大気層の厚さは 8.6 km となる．

この章のどの実験についても，吸引による**引っぱる**効果の原因ではなくて，容器の壁や液体を**押している力**の働きを強調することが重要である．

- 18．ゴムの吸盤
- 19．薄い木片（ラス）と新聞紙
- 20．パーティ用ブロワー
- 21．ベルジャーの中の風船
- 22．缶ジュースを注ぐ——穴は 1 つか，それとも 2 つか？
- 23．長いストローで飲む
- 24．コップとカード
- 25．吹いて生徒を持ち上げる
- 26．大気圧：ワッシャー逆向きのポンプ
- 27．ホース管の問題
- 28．肺の圧力
- 29．大気圧：噴水
- 30．チョコレートブラモンジュ（プリン）のバケット
- 31．壊れる缶と壊れるボトル
- 32．ベルジャーの中の試験管

## 18．ゴムの吸盤

ゴムの吸盤で，空気の圧力の簡単なデモンストレーションができる．壁などの滑らかな表面にゴムの吸盤を押しつける．吸盤の外側の圧力の方が内側の圧力より大きいので，吸盤は壁にくっつく．ゴムの端を濡らすと，ゴムと固体の間の密着がよくなるので，空気の漏れを防ぐことができる．

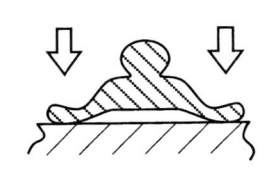

〔必要なもの〕 ゴムの吸盤，または洗面台の排水口吸引器．

## 19．薄い木片（ラス）と新聞紙

この非常に簡単な実験は，大気の圧力のデモンストレーションとなる．30 cm

定規くらいの大きさの薄い木片を，全長の3分の1ほどが机から突き出るようにして，机の上に置く．そして1枚の大きな新聞紙を，この薄板の机の上にある部分を覆うようになでつけて広げる．薄板の突き出ている端をゆっくり持ち上げると，新聞紙も持ち上がり，その下に空気が入り込むことができる．そこでまた紙をなでつけて，手のひらの端で，空手チョップのように素早く，薄板の突き出ている部分を叩く．すると今度は空気は新聞紙の下には入り込めず大気圧が紙を下に押さえているので薄板が割れる．

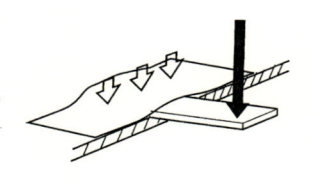

〔理論〕 大気圧＝$10^5$ Pa，したがって，広げた新聞紙の面積 0.8 m×0.5 m にかかる空気の重さは $4×10^4$ N である．

〔必要なもの〕 木の薄板（ラス）（20 mm×300 mm×2 mm）．薄さはとても重要である．厚すぎると割れないし，薄すぎても弾力性が出て割れない．わたしは，さねはぎ用板の一片，舌状の板を使用したこともあるが，うまくいく．

## 20． パーティ用ブロワー

これはブルドン管圧力計の簡単なモデルで，それ自身の説明に役立つ．強く吹けば吹くほど，紙筒の中の圧力は大きくなり，より多くの部分が延びて平らになる．吹くのをやめると，ブロワーに沿っている弾力性のある針金がそれを巻き戻す．パーティ用ブロワーを実際のブルドン管圧力計と比較するとよい．

〔必要なもの〕 パーティ用ブロワー，ブルドン管圧力計．

## 21． ベルジャーの中の風船

（a） 風船を少しふくらませて，真空ポンプに接続したベルジャーに入れる．ベルジャーの空気をポンプで引き出すと，風船の内側の空気の圧力は，外側の圧力より大きくなるので，風船はふくらむ．これは，航空機の中や宇宙で，周囲が減圧したとき，肺でどんなことが起こるかを示している．また，潜水夫が船に上がるときに何が起こるかの例にもなる．もしも潜水夫

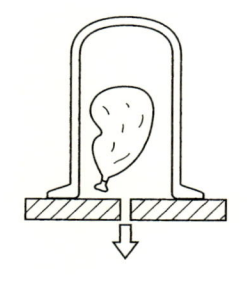

が急速に水面に上昇すると，かれらの体外の圧力が急激に減少して，血液の中で気泡が溶液から排出される．

　(b)　上で述べたことをもっと簡単な装置で，つぎのように示すことができる．プラスチックボトルの底に近い側面に，自転車のポンプのバルブを固定する．風船をボトルの口と風船の口が重なるように入れる．逆向きにワッシャーをつけた自転車のポンプを使用して，風船の下の空気をいくぶん排出すると，風船はふくらむ．強いボトルを使用しないと，ボトル自身が壊れはじめる！　さらに進んだ代わりの実験としては，実験31(b)（20ページ）の変形として，水を入れる前にボトルに風船を入れることである．ワインデミジョンのような堅いボトルを使用すること．

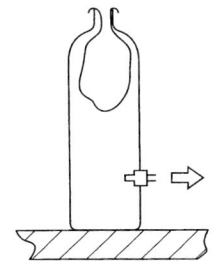

　(c)　もう1つの代わりの実験は，実験(a)の装置を使用するが，風船の代わりにマシュマロをベルジャーの中に入れる．ベルジャーの中の空気の圧力が減少すると，マシュマロから空気が排出されて，理論的にはマシュマロは最初の半分の体積にしぼむはずである．わたしの経験では，実際には圧力の減少によってマシュマロは膨張する．ベルジャーに空気を戻したときに，マシュマロは縮むのである．チョコレートで覆われたマシュマロだと，白い泡の流れがにじみでてくる．

　〔必要な装置〕　風船，真空ポンプ，ベルジャー，自転車のポンプ，マシュマロ，プラスチックボトル．

## 22.　缶ジュースを注ぐ —— 穴は1つか，それとも2つか？

　レモネードのような缶入りジュースを，缶に小さな穴を1つあけて，そこからコップに注ごうとすると，とてもむずかしい．このことを，準備した2つの缶でデモンストレーションすることは価値がある．どちらの缶もふたつきで，中に水を入れやすいものがよい．片方の缶のふたには小さな穴を1つあけ，もう1つの缶のふたには穴を2つ，互いに反対側の縁近くにあける．1つの穴から液体をコップに注ぐとき，缶の中で部分的に真空ができて，さらに注ぐことを妨げる．2

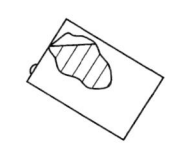

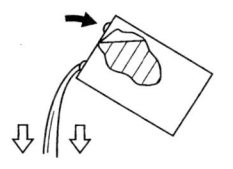

つ目の穴があれば，空気がそこから缶の中に入る．

これのもっと簡単なデモンストレーションは，満水の牛乳ビンを流しの上で逆さにすることである．水は比較的ゆっくりと，大きくまとまって出てくる．ビンを傾けて，出ていく水の上を通って空気がビンの中に入ることができるようにすれば，より簡単に，よりすばやく注ぐことができる．ワインデミジョンを空にするには，それを回して渦をつくれば，逆さにしたときに，渦を通って空気が中に入ることができて，ワインを注ぎやすくなる．

〔必要な装置〕 牛乳ビン，水，バケツか流し，ワインデミジョン．

## 23. 長いストローで飲む

(a) ジュースの缶を階段の一番下に置き，生徒には階段の一番上に立たせて，長い透明なプラスチック管を使用して，その缶ジュースを飲むように指示する．生徒たちは，飲めないか，または飲めても非常に大変であることを発見する．透明なプラスチック管であれば，実際に液体が昇っていく様子を見ることができる．これは，大気圧とその上限についての大変説得力のあるデモンストレーションである．

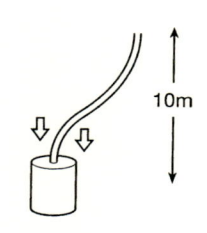

〔理論〕 大気が支えることができる水（あるいはソーダ水でもよいが）の最高の高さは，約 10 m である．ストロー中の圧力をゼロまで減らしても，水柱は 10 m 以上高くは上がらない．実際には，上がる高さはずっと低い．

$$（飲み）水の高さ＝大気圧/(g×水の密度)＝10\ \text{m}$$

(b) ストローで吸っても，水がまったく口に入ってこない別の方法がある．2 本のストローをくわえて，1 本は液体の中に入れるがもう 1 本の先は空気中に出す．するとどんなに強く吸い込んでも液体はまったく管に昇ってこない．つまりこれは，単に口の中の圧力を減少させることができないからである．1 本のストローの先が空気中に開いているので，口の中は大気圧のままである．

〔必要なもの〕 飲みものの缶，長い透明なプラスチック管（液体の上昇がクラス全員に見えるようにする）．

## 24. コップとカード

(a) コップの縁ぎりぎりまで水を満たして，注意深くその上に厚紙をすべら

せながら被せ，手で厚紙を支えたまま，流しの上でコップを上下逆さにする．コップが逆さになったら，厚紙から手を離す．厚紙はそのまま留まっている．厚紙の下の大気圧は，その上の水の圧力より大きいので，厚紙はコップに支えられている．生徒たちにつぎのように質問をする．

(i) 水をいっぱいに入れて逆さにしたとき，厚紙がはずれないままでいるようなビーカーの最長の長さはいくらか．

(ii) コップの中へ少し空気がもれたら，何が起こるか．

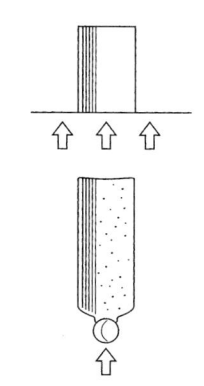

(b) この古典的な実験の変形として，牛乳ビンの口にピンポン玉を当てて実験するとよい．ビンを水で満たして，その口にピンポン玉を置き，上下逆さにすると，大気圧がピンポン玉を支える．これはまた，ビンの中に少し空気が入ってもうまく働く．わたしはほとんど空に近いビンで行ったことがある（もちろん表面張力の効果もある．やってみて，それらを無視するとよい）．

〔必要なもの〕 (a) コップ，一片の厚紙，水，流しまたは容器，(b) 牛乳ビン，ピンポン玉．

---

## 25．吹いて生徒を持ち上げる

ゴム管がついたプラスチック袋の上に木の板を載せて，1人の生徒を立たせる．管を吹いて袋に空気を入れて，生徒を持ち上げることができるのを示すとよい．

ゴムの湯たんぽにだれかを座らせて湯たんぽに取り付けた管から水を入れても，同じ効果を示すことができる．

〔理論〕　　　　　　力（＝生徒の重量）＝圧力×面積

もし，あなたの肺の圧力が，たとえば大気圧より 0.1 気圧（$10^4$ Pa）高いとしたら，重量が 400 N の生徒を持ち上げるには，0.04 m²（20 cm×20 cm）の接触面積を満たす板が必要である．

〔必要な装置〕 口がゴム管で封じてあるプラスチック袋，木の板（たとえば，約 0.5 m 四方）．

## 26. 大気圧：ワッシャー逆向きのポンプ

これは大気圧の簡単なデモンストレーション実験で，普通，大気圧の値を非常に粗くではあるが，見積もることさえできる．自転車のポンプのワッシャーを逆向きにして，ポンプをクランプで垂直に固定する．ポンプのハンドルにおもりを吊り下げると，大気圧を示すことができる．おもりはハンドルを下に下げようとするが，逆向きのワッシャーにかかる大気圧はハンドルをあげる方向に作用するので，ピストンが下がるのを妨げる．

〔理論〕 ポンプの断面積を測定すれば，圧力＝力/面積を使用して，大気圧を見積もることができる．

〔必要な装置〕 自転車のポンプ，吊り下げられるおもり，実験用スタンドとクランプ．

## 27. ホース管の問題

長いゴム管を缶に巻きつける．ゴム管の一端には漏斗を取りつけ，もう一方の端はバケツの中に入れる．缶を水平にクランプで固定して，漏斗から水を注ぐ．水は管の中を通って，もう一方の端からバケツに流れ込むと期待するであろう．しかし実際には，水は漏斗から溢れ出る．もう一方の端からは水は決して出てこない．リールに巻かれたホースを使用できれば，このデモンストレーションはもっと印象深いものとなる．漏斗はリールより1mかまたは2m高くすることもできるが，そうしてもホースのもう一方の端からは，水は出てこない．それはうまくいく．いな，むしろうまくいかないというべきか．いったん，空気がホース管の輪の中にたまると，水を注げば注ぐほど，空気の圧力が大きくなって，水が輪に沿って動くのを妨げるからである．

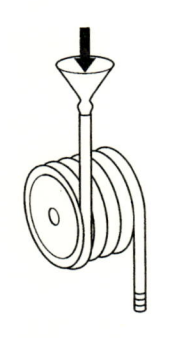

## 28. 肺の圧力

これは，肺の圧力を測定する簡単な実験で，生徒実験かまたはデモンストレーションで行うとよい．必要なものは，着色した水が入っている大きなマノメーターだけである．生徒に低い方の一端を吹かせて，開放端の水をどれだけ高く上げ

ることができるかを見せる．上がる水位の差は，12歳の生徒で普通2mである．運動の影響を示すために，この実験は体育で何か実技をやる前後に行うとよい．

〔必要な装置〕　着色した水を満たした，2mの高さまで上げることができる大きなマノメーター．口で吹く部分には接続管を使用して，使用する前にそれを消毒薬で殺菌すること．

## 29. 大気圧：噴水

底が丸いフラスコに，4分の1くらい水を入れて，ガラス管を通した栓をする．ガラス管の先端には短いゴム管をつけて，クリップでゴム管を閉じることができるようにしておく．フラスコは回転できるようにクランプに載せる．管の先は開いたままでフラスコを加熱して，管から出てくる蒸気が勢いよく沸騰していることを示すまで加熱し続ける．数分，沸騰させたら，火から外して，すぐにクリップで管を閉じる．それからフラスコを逆さにして，管の先がビーカーの水の中に入るようにして，クリップを開く．フラスコの圧力は減少するので，水が管から上向きに噴出する．

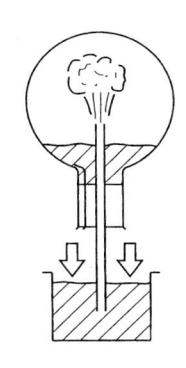

〔必要な装置〕　ガラス管が通る栓がついた底が丸いフラスコ，実験用スタンドとクランプ，水が入ったビーカー，ブンゼンバーナー．

## 30. チョコレートブラモンジュ（プリン）のバケット

チョコレートブラモンジュがいっぱいに入ったバケットに，ぴったり合うふたがしてあり，その中心に穴があいているものを想像してほしい．ふたはバケットの内側に押し下げることができる．ふたを押し下げると，ブラモンジュは，穴から上向きに押し出される．これは最初は，ブラモンジュを水銀柱に置き換えたフォルタン気圧計に対するたとえとして考えられた．しかし，今日，フォルタン気圧計は身近な器具ではないので，このデモンストレーションは単に，管の外の液体の圧力が管の中の液体の上面に加わる圧力より大きいときは，どのように液体が押し上げられるかということの例とすればよい．

## 31. 壊れる缶と壊れるボトル

　この実験はどちらも，大気圧のいきいきとしたデモンストレーションである．

　(a) ブリキの缶に水を少し入れる．缶をブンゼンの上で強く熱して，水をしばらく沸騰させる．缶の中に水がいくぶん残っているにしても，缶の中は蒸気でいっぱいになるであろう．缶を火から遠ざけて，素早くふたに栓を入れてねじ込む．安全性に注意して，閉じた缶を加熱しないこと．

　缶が冷えると，缶の中の蒸気が凝縮して，圧力が減少する．しばらくすると，外側の大気と内側に残ったわずかな空気との圧力差は，缶を平らに押しつぶすのに十分となる．わたしはいつもこの実験をはじめる前に缶の上に立って，この缶がいかに強いかをデモンストレーションする．それから生徒たちに実験させて，缶が冷えたあと，最後に缶を平らにさせる．

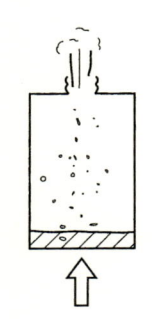

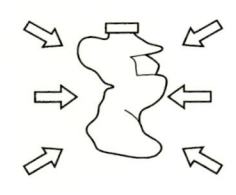

　この変形は，空の飲みものの缶を使用して，その中に水を少し入れて，前もって沸騰させておく．火ばさみでそれを持って，すばやく逆さにして，水を入れたボールの中に入れる．缶の中の蒸気は凝縮し，缶の小さな穴では，水を急速に吸い上げることはできないので，缶は壊れる．

　(b) つぎの大気圧の実験は非常に簡単で直接的であり，空気入りの缶の加熱を避けることができる．プラスチックボトル（大きいボトルの方がより印象的である）を水でいっぱいに満たす．中心にガラス管を通した栓をして，ガラス管の先には長さ2mのゴム管をつなぐ．もし実験室の高さが許せば，もっと長くするとよい．だれかに，ゴム管の先端近くを，閉じるように押さえてもらって，あなたは台に上って，ボトルを逆さに持ち，ゴム管が下向きに垂直にぶら下がるようにする．そこで，ゴム管の下の端を開く．水がボトルから流れ出ると，ボトルの外側の空気の圧力によっ

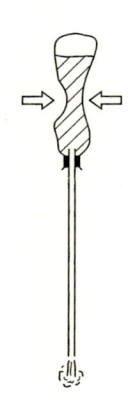

て，ボトルはぺしゃんこになるであろう．ゴム管は長い方が，水柱の一番上と一番下との圧力差が大きくなり，また，空気の漏れも少なくなる．

〔理論〕　高さ $h$ の水柱の両端間の圧力差は $=\rho g h$，ここで $\rho$ は水の密度である．

〔必要な装置〕　(a) ブリキ缶，ブンゼンバーナー，耐熱マット，飲み物の缶，火はさみ，(b) 長いゴム管付きのガラス管を栓に取り付けたプラスチックボトル，水，バケツ．

## 32．ベルジャーの中の試験管

大きな試験管を水で満たして，水が入ったビーカーに逆さにして入れる．そこにある水の全量が，ビーカーの容積より少ないことを確かめて行うこと．この装置を真空ポンプに接続したベルジャーに入れて，ゆっくりと圧力を減少する．ベルジャーの中の圧力が減少すると，試験管の水位は下がるであろう．試験管の内側と外側の水位は，ついにはほとんど等しくなる（大きな効果を得るためには，水の上の空気の圧力を，0.01 大気圧（$10^3$ Pa）以下）に減少する必要がある）．

もしも，空気をゆっくりとベルジャーの中に戻すことができれば，水位は再び上昇する．ビーカーの水の上の空気の圧力が試験管の水を押し上げることを確信できるデモンストレーションである．

〔必要な装置〕　真空ポンプ，ベルジャー，大きな試験管，水が入ったビーカー．

# 密度，浮力，アルキメデス

### この章の一般的な理論

アルキメデスの原理：物体を液体の中に入れると，物体が置き換わった液体の重さに等しい浮力が物体に働く．物体が浮かんでいるとき，浮力（物体を押し上げる力）＝物体の重さ＝置き換えられた液体の重さ＝$V\rho g$，ここで$V$は置き換えられた液体の体積，$\rho$は液体の密度．

もしも液体の密度が小さい場合は，置き換えられる液体の体積はより多くなり，物体は液体の中により深く入って浮かぶ．

33. アルキメデスと中が詰まったゴムボール
34. ボートとアルキメデス
35. デカルトの浮沈子
36. カバ
37. フェリー：排水量
38. ストロー浮ばかり（液体比重計）
39. アルキメデス：押し上げる力；台ばかり
40. 排水量と水袋
41. 浮　力

## 33. アルキメデスと中が詰まったゴムボール

淡水にちょうど沈むようなゴムボールを用意する．水に塩を加え，塩水ではボールが上昇し，ついには浮かぶことを示す．この実験に使用するボールとしては，ピンポン球に穴をあけて，それがちょうど沈むまで中に水を入れて，テープかワックスで穴を閉じたものを使用してもよい．

〔必要なもの〕　大きなプラスチックの水槽，ボール，ワックス．

## 34. ボートとアルキメデス

材質の違ういくつかのブロックを積んだおもちゃのボートを水槽に浮かばせ，いくつかのブロックを取り除くか，または水の中に投げ入れたときの，水位の変化を測定する．わたしの息子が持っている長さが約 15 cm のプラスチックのボートがこの実験には理想的である．それがないときは，見かけはよくないが簡単なホイルのケーキ皿を使うこともできる．何が起こっているかを側面から見るた

めに，ビデオカメラを使用するとよい（また，浮かんでいる氷の塊も見るとよい）．

〔理論〕　ボートから水の中に移されたブロックが水に浮かぶ場合は，水槽の水位は変化しないが，水に沈むときは，ブロックの密度が水の密度より大きいに違いない．したがって，ブロックの重さと等しい水の体積に，それよりも小さい体積が取って代わるので，水槽の水位は下がる．

〔必要なもの〕　おもちゃのボート，さまざまな材質のブロック，透明なプラスチックの水槽，可能ならばビデオカメラ．

## 35. デカルトの浮沈子

　ガラス管の先を吹いて，管の端に直径がおよそ1 cmくらいの球をつくる（小さい方がうまくいくが，あまり小さいとそれほど使いやすくないし，また，あまり印象的でもない）．ガラス球が冷えたら，短い足（0.5 cm）を残して切断して，その中に半分くらい水を入れる．実際，その量は試行錯誤で決める必要があるが，半分より少なめがうまくいくようである．それから，ほとんどいっぱいに水を満たした大きなプラスチックボトル（2 l）の中に，そのガラス球，つまり浮沈子を入れて，それがボトルの一番上側に浮かぶようにして，ボトルの栓を閉める．ボトルに圧力を加えると，浮沈子は沈む．なぜなら，圧力が増加すると，浮沈子の中の空気の体積が減少し，浮沈子によって排除される水の体積も減少するので，押し上げる力が減少する．したがって，浮沈子は下降するのである．水に塩を加えて，密度が増加したときの効果を見るとよい．

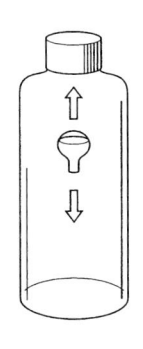

〔必要なもの〕　ガラス管，大きなプラスチックボトル，ブンゼンバーナー，断熱マット，ガラス切りナイフ，水．

## 36. カ　　バ

　わたしは，異なる密度の水の中に浮いている3匹のカバを描いて，沈む体積の変化を示すのが好きである．同じ浮力を保つのに，水の密度が小さくなればなるほど，カバはより深く沈む．船が海水から真水へ進むと，排水量の深さが変化することや，人は死海のような非常に塩分の多い水の中では楽に浮くことを話す．

また，真水のスイミングプールと海との違いにも注目するとよい．わたしは，海では難なく浮くことができるが，スイミングプールの密度が低い真水で浮くことは，ほとんど不可能である．

## 37． フェリー：排水量

排水量の実例を教えるには，実際のフェリーのデータを使用するのが役に立つ．生徒に 25000 t のフェリーの排水の深さ（喫水）を予想させて，つぎの方法で計算させるとよい．

浮いている物体への浮力＝物体の重量＝排水された水の重量

わたしが一例として計算した喫水は 6 m で，これは海洋航路のフェリーのデータ（長さ 180 m，幅 28 m，全重量 28000 t）とよく一致している．

## 38． ストロー浮ばかり（液体比重計）

飲料用ストローに鉛の小球（粘土でもよい）を入れて，下端をワックスで閉じる．するとこのストローは液体の中で立ったまま浮くであろう．真水で較正しておけば，塩水やメチルアルコールの密度の測定に使用できる．

〔必要なもの〕 ストロー，模型用粘土，メスシリンダー，背の高いビーカー，液体．

## 39． アルキメデス：押し上げる力；台ばかり

台ばかりの上に水が入っているビーカーを置いて，糸でつるした石をビーカーの水中に徐々に入れていく．石はばねばかりから糸で吊り下げて，石が完全に空気中にあるときから，すっかり水中に入ってしまうまで，糸の張力を示すばねばかりの目盛りと，台ばかりの目盛りとを比べながら，同時に測定していく．

指をビーカーの水に入れていくだけでも，台ばかりの目盛りが増えていくのを示すことも，よいデモンス

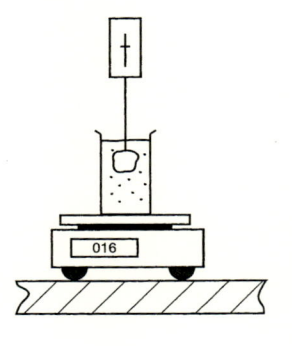

トレーションになる．

〔理論〕 石が水に入っていくにつれて，石のより多くの部分が水に浸るので，浮力が増加して，ばねばかりの目盛りの読みは減少する．一方，台ばかりの目盛りの読みは増加し，両方の総和は一定で，石の重量に等しい（容器と水の重さを差し引けば）．

〔必要なもの〕 台ばかり，ビーカー，ばねばかり，水，石，糸あるいはひも．

## 40. 排水量と水袋

上の実験 39. を，石の代わりに水袋を使用して繰り返すとよい．袋の水によって置き変えられた水の重さは，袋の中の水の重さと等しいので，実験の間，ばねばかりの目盛りの読みも台ばかりの目盛りの読みも変化しない．

## 41. 浮　　力

アルコールの中にオリーブオイルをしたたらせることによって，素晴らしい実験をすることができる．漏斗にオリーブオイルを入れて，その口は，大きなビーカーに入ったアルコールの液面の下になるようにする．オリーブオイルをゆっくりたらしていくと，アルコールの浮力が"重力"の効果を打ち消すので，オイルの表面張力でオイルの球ができるようになる．オリーブオイルの密度はアルコールの密度に非常に近いので，実際に大きな球をつくることができる．アルコールをあたためると浮力に影響する．

〔危険〕 アルコールに引火しないように！

〔必要なもの〕 口付きの漏斗，大きなビーカー，アルコール，オリーブオイル．

# 運動

## この章の一般的な理論

$$速さ = 距離/時間 \quad (等速運動において)$$
$$加速度 = 速さの変化/かかった時間$$

地表での重力による加速度$(g) = 9.8 \, \mathrm{m \, s^{-2}}$（しばしば簡単のため$10 \, \mathrm{m \, s^{-2}}$とする）

42. 動物オリンピックシート
43. 反応時間
44. 速度——ベクトル；2人の人が歩いている
45. ピンポン球の加速度計
46. お勧めの参考資料
47. 水平運動と垂直運動

## 42. 動物オリンピックシート

わたしは，速さや加速度の授業のはじめに，いろいろな動物や鳥や魚の速さや運動機能のシートを持っていき，人間との比較に用いている．その中には，100 m，1500 m，マラソン，幅跳び，高飛び，水泳の速さ，飛行の速さが含まれている．

データの一部：

| | | |
|---|---|---|
| 200 m | 人間：時速 40 km, | ダチョウ：時速 60 km, |
| | 競争馬：時速 70 km, | チーター：時速 95 km. |
| 1500 m | 人間：時速 25 km, | ガゼル：時速 80 km. |
| マラソン | 人間：時速 19 km, | 競走馬：時速 27 km, |
| | トナカイ：時速 40 km, | レイヨウ：時速 60 km. |
| 100 m 自由型 | 人間：時速 0.8 km, | サケ：時速 32 km, |
| | カマスサワラ：時速 80 km. | |
| 飛行 | スズメバチ：時速 19 km, | ミツバチ：時速 32 km, |
| | ヤマウズラ：時速 88 km, | リングネックカモ：時速 106 km. |

〔必要なもの〕動物オリンピックシート．

運　動　27

## 43. 反応時間

　これは，生徒の反応時間を測定する簡単なデモンストレーションである．定規を垂直に持って，その定規の下端の両側すれすれに，生徒の親指と人差し指とをもってこさせる．「はい」と合図して，定規を手放して落下させる．生徒は親指と人差し指で定規をつかまなくてはならない．生徒の反応時間($t$)は，定規が静止の位置からどれだけ落下したか，その距離($s$)によって測定できる．

　この実験の発展としては，定規にテープを貼りつけて，下記の式を使用して，時間の等間隔(0.1 s)のしるしを目盛っておくとよい．

　〔理論〕　反応時間 $t$ の計算には，$s = 1/2(gt^2)$ を用いる．ここで $s$ はメートル単位で測定された落下距離で，$g = 10\,\mathrm{m\,s^{-2}}$．反応時間は，$t = (2s/g)^{1/2}$．

　〔必要なもの〕　定規．

## 44. 速度──ベクトル；2人の人が歩いている

　速度のベクトル性を導入するとき，わたしはこのアイデアを使用している．ベクトルは大きさと方向とをもつ量である．

　(a)　実験室の両側に，2人の生徒を立たせて，たとえば，$1\,\mathrm{m\,s^{-1}}$ の速さで歩くようにいう．何もいわなくても，かれらはつねに，互いに相手に向かって歩く．そこで，2人の距離が約2m離れているときに立ち止まるようにいって，また，$1\,\mathrm{m\,s^{-1}}$ の速さで歩くようにいう．1人が前向きに歩き，もう1人が後ずさりして歩くと，その効果は全く異なることをかれらが実感するには，少し時間がかかる．わたしはいつも，『嵐が丘』のヒースクリフとキャシーのことに触れる（かれらが，もしほかの方法で歩いたら，物語はとても違ったものになっただろう）．

　(b)　この点をさらに強調するには，信号待ちをしている車を例に取るとよい．もしも車が前進する代わりに逆進して走り出すとしたら，信号が緑に変わったとき悲惨なことになる！

## 45. ピンポン球の加速度計

　(a)　ガラスビンのふたに糸でピンポン球を取り付ける．ガラスビンに水を入れてこのふたをして，ビンを上下逆さにする．球は水中に浮いている．このビンをリニアエアトラックの上か，回転台の上に置いて加速する．球は，ビンが加速

される方向になびくであろう．直線運動の場合は，球は運動の方向に動くし，回転台の場合は，球は回転の中心に向かって，つまり求心力の方向に動く．

この実験の変形であるつぎの実験もしてみるとよい．

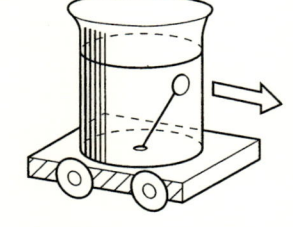

(b) アルコール水準器を加速するか，または回転台の上で回転させる．水準器の気泡は，直線運動の場合には水準器の前の方に動くし，回転させたときは，円の中心側の端に向かって動く．水準器をリニアエアトラック上の台車の上に載せて，もしできればビデオカメラを使用して，その効果を記録し，あとで解析するとよい．

(c) ヘリウムで満たした風船を糸で自動車の床につなぐ．車を加速すると，ヘリウムの風船の慣性は，まわりの空気よりも小さいので，前向きに動く．

〔必要なもの〕 ねじきりのふたがついたビン，ピンポン球，糸，リニアエアトラックか回転台，モーター．

## 46. お勧めの参考資料

車や運動競技のデータを使用して，加速度や運動についての学習に，実際の日常的な感じをもたせるとよい．実験 42. も参照すること．

100 m 短距離走者（反応時間 0.109 s）

| 距離(m) | 10 | 30 | 70 | 100 |
|---|---|---|---|---|
| 時間(s) | 1.84 | 3.80 | 7.36 | 9.86 |
| 直前 10 m の平均の速さ(m s$^{-1}$) | 5.9 | 10.8 | 11.9 | 11.7 |

家族用サルーン車

| | 質量(kg) | 時速 100 km に達する時間(s) | 出力(kW) |
|---|---|---|---|
| A | 906 | 12.7 | 51 |
| B | 875 | 11.8 | 55 |
| C | 1010 | 16.7 | 48 |
| D | 1750 | 7.8 | 150 |

## 47. 水平運動と垂直運動

(a) クラスの生徒の1人を車輪が付いた椅子に座らせる．椅子が実験室を横切るように押して，その生徒に，椅子が動いている間にボールを空中に投げ上げさせる．椅子に座った生徒に関する限り，ボールはまっすぐ上がり，まっすぐ落ちてくるが，クラスのほかの生徒にとっては，ボールは放物線軌道で飛ぶ．椅子が動く背後に，大きな格子板を置いて，ビデオカメラで運動を記録すれば，より明瞭となる．

(b) この実験の代わりの1つは，リニアエアトラックの台車の上に1m定規を取りつけて，台車が一定速度で動いているときに，その定規の頂点からボールベアリングを落す．ボールベアリングはつねに，台車の上に落ちる．

〔必要なもの〕 (a) 車輪が付いた椅子，ボール，大きな格子のスクリーン，もし可能ならばビデオカメラ，(b) リニアエアトラック，ボールベアリング，定規，台車．

# 重　力

### この章の一般的な理論

この章では重力による加速度($g$)に関係した実験を取り扱う．地球の表面ではだいたい，($g=9.8\,\mathrm{m\,s^{-2}}$)である．このことは，地表近くで物体を落としたら，空気の抵抗の影響を無視できる場合は，その物体の速さは，毎秒約 $10\,\mathrm{m\,s^{-1}}$ ずつ増加することを意味している．

物体が静止から落下して，地球の重力の影響の下に加速されているとき，時間($t$)における落下距離($h$)は，つぎの式で与えられる：$h=1/2(gt^2)$．地表における重力場の強さは約 $9.81\,\mathrm{N\,kg^{-1}}$ で，これは 1 kg の質量に $9.81\,\mathrm{m\,s^{-2}}$ の加速度を与える．

投射物が投げ出されたときは，空気の抵抗を無視すれば，その物体は地面に向けて一定の垂直な加速度($g$)をもつが，水平速度は一定である．水平運動と垂直運動は独立である．

いくつかの実験では，水流一定装置の使用が述べられている．これは水の出口で，水流を一定に維持するための簡単な装置である．

48．空中の真珠
49．水の噴射による $g$
50．弱められた重力
51．弱められた重力：放物軌道
52．重力加速度 $g$ の測定：レコードの回転盤を使った方法
53．細くなっていく水流
54．落下する缶と水：何が起こるか
55．ふたたび弱められた重力
56．引き伸ばされたゴムひもでつながれた 2 つのボールの落下
57．つるまきばねの落下
58．重力加速度 $g$ の測定：棒を落下させる方法
59．側面に穴がある缶の落下
60．モンキーとハンター
61．「モー」と鳴く牛乳パックのおもちゃ
62．垂直加速度
63．ガリレオの斜面
64．硬貨と羽
65．本と紙を落とす：空気抵抗と抗力

# 48. 空中の真珠

　これは，重力場における放物体の放物軌道を示すために考案された古典的なデモンストレーションである．水流をつくるには，ピペットのスポイトのガラスの部分を使用する．このピペットに肉厚の薄いゴム管をつなぎ，ゴム管の他端を水槽に接続する．ゴム管は途中で古い型の打点器か振動発生器を通るようにして，装置のスイッチを入れると，ゴム管は周期的に圧縮されたり，開放されたりする．

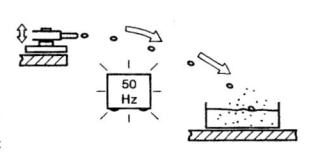

　最初，水平方向に噴射された水流は放物線状に落下するが，パルスによって断続的に噴射されるので，連続的な水流ではなくて，水滴となっている．ストロボスコープで照明すると，真珠のような水滴が空中に静止しているか，またはゆっくり動くように見える．つぎつぎに続いている水滴の位置を観測することによって，一定の水平速度と増加する垂直速度とが理解できる．水流の背後のスクリーンに写る水滴の影の位置にしるしをつけるか，または写真撮影することによって，記録を保存できる．実に美しいデモンストレーションである．

　基本的な説明の発展としては，わたしが"空中の2重の真珠"と名付けた実験がある．その実験では異なる水槽から，同じ打点器を通した2つのゴム管からの2つの水流を使用する．一方は放物軌道を描くように調節するが，他方からは単にしたたり落ちて，垂直に自由落下するようにする．そうすれば，両方の水滴の垂直加速度を比較できる．もちろん，両方とも放物線を描くようにして，比較してもよい．

⚠　生徒とフラッシュライトについての警告をここで必ず与えること．

〔理論〕　$h=1/2(gt^2)$ で $s=vt$ なので，水の放物軌道に対する式は

$$h = gs^2/2v^2$$

ここで $s$ は水平飛行距離で，$h$ は垂直飛行距離，$v$ は水流の水平速度である．

〔必要なもの〕　打点器，2個の水噴射器，水流を一定にする装置，バケツ，ストロボスコープ．

# 49. 水の噴射による $g$

　重力による加速度の値 ($g$) は，水流を一定にする装置に取り付けたスポイトから水平に放出され，放物軌道を描く水流を使用する，やや変わった方法で求めら

れる．軌道の形を，水の出口からの落下距離の値($h$)と水平距離の値($s$)を測定して求め，また，水の流れの速さを求めれば，$g$ の値を計算できる．水の噴射器の先端の穴の直径を測定して，その断面積を計算する($A$)．

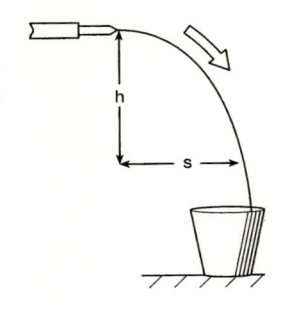

水平速度($v$)は，$V = Av$ の式から求められる．ここで，$V$ はスポットから毎秒噴射される水の量（これは噴射される水をメスシリンダーに直接受けることによって測定できる）で，$A$ は水流の断面積である．ビデオカメラを使用してスクリーンに映像を映すか，またはプロジェクターの強い光を水流に当ててその影を黒板につくれば，より簡単に測定できる．

〔理論〕　　　　　　　$s = vt,\quad h = 1/2\,(gt^2),\quad v = V/\pi r^2$

〔必要なもの〕　水噴射器，水流を一定にする装置，定規，クランプ付きスタンド，メスシリンダー，ストップウオッチ，携帯用拡大鏡またはノギス付きビデオカメラ，バケツ，モップ！

# 50. 弱められた重力

(a) ガリレオは，重力による加速度の正確な測定のむずかしさをよく理解していたので，球を斜面で転がすことによって重力を弱めた．かれが使った装置は，フィレンツェの科学史博物館にある．ガリレオの実験を再現するには，傾斜させたプラスチックの溝か管の中を，球が転がり落ちるようにして，あらかじめ測っておいた距離を球が転がるのにかかる時間を計ればよい．

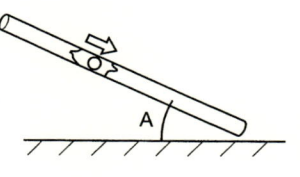

重力の加速度($g$)は $g \sin A$ に"弱められて"いる．ここで，$A$ は管が水平方向となす角度である．小さな角度を測定するには，分度器をやみくもに使うよりも，三角法による方がはるかに正確に測定できることを理解することが重要である！

傾けたリニアエアトラック（わたしは 2 m のものを使用している）の上でライダーを滑らせて，この実験を行えば，非常に正確な $g$ の値を得ることができる．

(b) ガリレオの弱められた重力の実験を，もっと大きなスケールで行う方法

は，実験室の空中を横ぎるロープウェイ型の実験である．実験室の片側の高い位置と反対側の低い位置との間に針金を強く張って，しっかり固定する．小さなカップを滑車の車輪か，あるいはより簡単に行うには針金の輪に結びつけて，実験室に張った針金に沿って降下するようにする．時間や距離や角度は容易に測定できる．

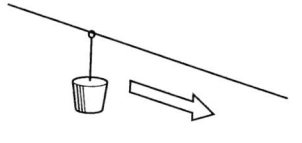

〔理論〕　斜面や針金での下降加速度 $= g \sin A$ ;　　$s = 1/2 (g \sin A\, t^2)$

〔必要なもの〕　(a) 木の斜面かエアトラック，またはプラスチックの溝か管，球（ビー玉），ストップウオッチ，定規，(b) 針金，カップと滑車の車輪．

## 51. 弱められた重力：放物軌道

弱められた重力の実験（実験50参照）の発展は，緩やかにされた放物軌道の探究である．画板に1枚の大きな紙を固定する．この紙の上にはカーボン紙を，カーボン面を下向きにして固定する．この画板を傾けて，重いボールベアリングを紙の斜面の上側を水平方向に転がす．ボールベアリングの軌跡が，紙の上に描かれる．画板の傾きの角度を変えたり，異なる方向に転がしたりすることができる．この実験は放物運動の導入に適しているであろう．また，もっと上級のクラスでは，軌道のパラメーターの計算を行うこともできる．

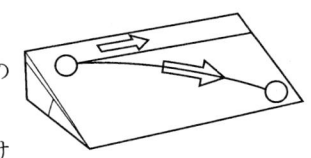

〔必要なもの〕　画板，大きなボールベアリング，カーボン紙，白い紙．

## 52. 重力加速度 $g$ の測定：レコードの回転盤を使った方法

どちらかといえば，風変わりでおもしろい実験として，古いレコードの回転盤を使用して，重力による加速度を測定するというものがある．このような測定すべてにつきまとう問題は，実験室で可能な落下距離を物体が落下する時間は，つねに比較的短いので，その時間を決定する方法を見出すことにある．ここに紹介する実験方法では，この短い時間を求めるのに，レコードの回転盤を使用する．まず，半径に沿って，一片

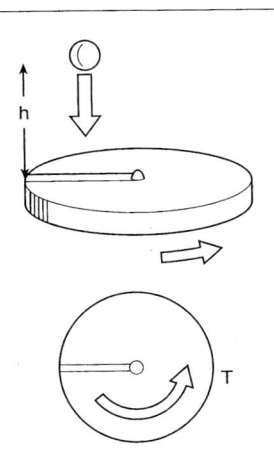

のテープを固定する．1個のボールベアリングを，回転している回転盤より高さ$h$のところにもってきて，テープがちょうど真下を通過するときに手放す．ボールベアリングが落下して回転盤に衝突するまでに，回転盤が回転した角度を求めるには，回転盤の表面に工作用の粘土を置くか，または，カーボン紙と白い紙とを重ねて固定しておく．回転盤の回転周期をストップウオッチで測定して，それを使って，落下時間($t$)を計算する．重力による加速度は$g=2h/t^2$から求められる．実をいうと，この実験で求めた値は非常に不正確だが，これは$g$を求める方法を与えるし，また，なぜその答えはあてにならないかを説明する機会にもなる．

〔必要なもの〕 レコードの回転盤，大きなボールベアリング，カーボン紙と白い紙か，または工作用粘土，定規．

## 53. 細くなっていく水流

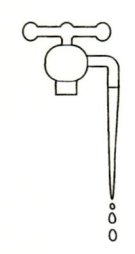

蛇口から流しに垂直に落下する水の流れの速さは蛇口から離れるにつれて増加する．これは，毎秒蛇口から放出される水よりも，毎秒流しに達する水の方が多いことを示唆しているように思われる．しかし，これは明らかに不可能である！ このことは，水の流れが蛇口から下に遠ざかるほど，細くなることでのみ説明できる．蛇口を少し開いて，水流を観察すれば，これを確かめることができる．

## 54. 落下する缶と水：何が起こるか

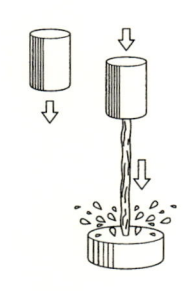

ブリキ缶の底に穴をあける．大きさは重要ではないが，直径2,3mmがよいであろう．穴を指でふさいで，缶に水を満たす．そこで，缶を落下させると，水は中に留まる．空気抵抗が無視できれば，すべての物体は同じ割合で下向きに加速されるので，この結果は期待通りである．今度は，この実験を繰り返すが，最初に水がすこし放出されはじめたあとに，缶を落下させる．水にどんなことが起こるか．ちょっと考えると缶がだんだん空になっていくのは変わらないように思えるかもしれない．しかしそうだとすると，それは，水が重力加速度$g$よりも大きな加速度で落下することを意味する．もちろんそ

んなことは不可能である！　缶も水も同じ加速度，つまり $g$ で加速されるので，床に落下した缶には，缶が落ちはじめたときと同じ量の水が残っている．

〔必要なもの〕　ボールかバケツ，穴があいたブリキ缶．

## 55.　ふたたび弱められた重力

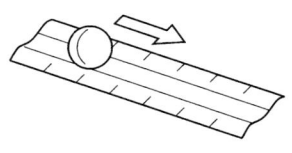

弱められた重力の実験（先の実験 50. を見よ）のもう 1 つの方法は，中心が凹んでいる長さ 30 cm の透明なプラスチック定規とボールベアリングとオーバーヘッドプロジェクターとを使用した実験である．定規をオーバーヘッドプロジェクターの上に置いて，片端をわずかに（1～2 mm）高くする．（定規が曲がらないように，その中心でも支える必要があるかもしれない．）そこで，ボールベアリングを定規の上に置いて，それがある時間に転がり落ちる距離を，スクリーン上に写った定規を用いて示す．実験 50. のように，重力による加速度を計算させる．

〔必要なもの〕　オーバーヘッドプロジェクター，ボールベアリング，長さ 30 cm の中心に溝がある透明なプラスチック定規，ストップウオッチ．

## 56.　引き伸ばされたゴムひもでつながれた 2 つのボールの落下

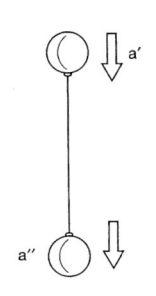

重力に関するおもしろい問題としてつぎのようなものがある．2 つのボールをゴムひもでつなぎ，その一方を支え，もう一方はその下に吊り下げ，ボール間のゴムは伸びた状態にする．そこで手放すと，2 つのボールは落下する．落下の間，ボール間の距離はどうなるだろう．同じ質量のボールや，異なる質量のボールで実験を繰り返すとよい．そのとき，重い方のボールを上にしたり，下にしたりして実験するとよい．

〔理論〕　上方のボールは下方のボールよりもより大きな加速度で落下する．なぜなら，2 つのボールはゴムによって互いに引かれるからである．したがって，ゴムが緩んで両方のボールが $g$ の加速度で落下するときまで，その加速度は変化する．

〔必要なもの〕　ボール 2 個，ゴムひも．

## 57. つるまきばねの落下

　先の実験 56. の変形として，引き伸ばしたつるまきばねを落下させて，落下中に，ばねの各部分に何が起こるかを観察する実験がある．ばねの一番下の部分は，上の部分が下に達するまではそのままの位置に留まり，それから一緒に落ちていく．運動全体を通じて，ばねの質量中心は $g$ の加速度で落下する．ビデオカメラを使用して落下を記録し，スローモーションで再生して見れば，実験 56. や実験 57. の結果が理解しやすくなる．

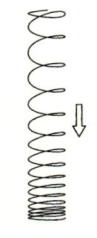

　〔必要なもの〕　つるまきばね，可能ならばビデオカメラ．

## 58. 重力加速度 $g$ の測定：棒を落下させる方法

　落下しているどんな剛体でも，それが垂直に落下しているか，振動しているか，またはある角度で投げ出されたかに関係なく，その物体のどの点でも，垂直の加速度が等しいことを利用して，つぎの実験で $g$ を求めることができる．1 m 定規の一端をピボットに取り付けて，その定規の下端に結びつけた糸で，定規が垂線とある角度をなすようにする．その糸はピボットの軸にかけて，もう1つの端に振り子のおもりに使う球を取り付ける．そこで糸を燃すかまたは切ると，球は落下しはじめ，同時に定規は下向きに振れはじめる．球が当たる定規の位置から，$g$ を求めることができる．この位置は，定規に固定した白紙の上にカーボン紙を載せることで，簡単に知ることができる．

　〔理論〕　球はピボットの真下で定規に当たるので，その落下にかかる時間は，定規の振動の周期の4分の1である．周期は，定規が10回振動する時間を測定して求め，それから，1振動の4分の1の時間を算出するとよい．

　〔必要なもの〕　ピボットに取り付けた1m定規，実験用スタンドとクランプ，金属球，糸，マッチ，ストップウオッチ，カーボン紙，白紙．

## 59. 側面に穴がある缶の落下

　穴があいた缶（「液体中の圧力」の実験 16. を見よ）を使用して，無重力状態では，液体の圧力もないことを実験で示すことができる．この実験では，側面の底に近いところに穴を1つだけあけた缶を使用する．この缶に水を満たし，穴を

指で塞いでから，落下させる．缶も水もともに落下するので，正味の重力はなくて，水は缶の中に留まる．

〔理論〕 液体の一点における圧力 $= h\rho g$ で，缶と水が落下している間，$g$ の正味の値はゼロなので，缶の中の水の水面と底面との間の圧力差はない．

〔必要なもの〕 底面近くに穴が1つある缶，水．

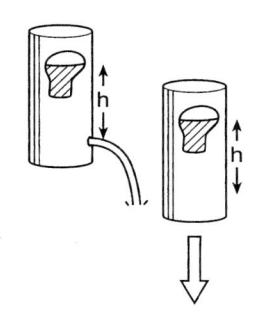

## 60. モンキーとハンター

ジャングルの中の木にぶら下がっている猿をハンターが見つけた．ハンターは猿を撃つことに決めた．猿の眉間にライフルを向けて，引き金を引く準備をした．猿はかなり利口だったので，弾丸が銃身を離れる瞬間まで待ってそれから木から落ちれば，弾丸は頭上を通り過ぎると考えた．ハンターは引き金を引き，猿は弾丸が銃身を離れる瞬間に，木から落ちる．残念なことに弾丸は猿の眉間に直接命中した！　猿は利口だったのだが，物理を忘れてしまっていた！

この説明は落下する物体の加速度が一定であることを示す，古典的な実験でデモンストレーションすることができる．実験台から約 0.5 m 高い位置に，電磁石をクランプで固定し，別のクランプで吹き矢にする管を，電磁石の芯のすぐ下に向けて水平に固定する．ビー玉を管に入れて，管の出口を横切るようにアルミ箔の小片を固定する．そして，電磁石と直流電源とアルミ箔とを直列につなぐ．スイッチを入れて，ブリキ缶を電磁石から下がるようにくっつけるが，このとき，管がブリキ缶の中心を向いていることを確かめる．管を激しく吹くと，ビー玉は飛び出して，アルミ箔を破り，そのため，缶は落下する．缶と同じ速さでビー玉も落下するので，缶が実験台にあたる前に，ビー玉が缶に命中するはずである．わたしは，落下するボールベアリングにあてたこともも1, 2度ある（実験48. を見よ）．

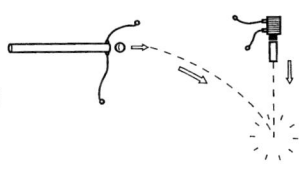

〔必要なもの〕 吹き矢に使う管，ビー玉，電磁石，ブリキ缶かブリキのふた，アルミ箔，電源．

## 61. 「モー」と鳴く牛乳パックのおもちゃ

「モー」と鳴くおもちゃの牛乳パックを使うと、自由落下における垂直加速度が一定であることを示し、慣性力によって生じる $g$ を実験的に示すことができる。それを上下逆さにして、「モー」と鳴いている最中に自由落下させる。そして、落下中の音の変化を観察する。自由落下の間は鳴き声は停止しているが、牛乳パックを受け止めて減速によって大きな慣性力が生じたときに、再び鳴く。

〔必要なもの〕 「モー」と鳴くおもちゃの牛乳パック。

## 62. 垂直加速度

重力による加速度の大きさを"感じる"には、ボールベアリングのような小さな物体を手に載せて、手を下向きに動かすとよい。手を $g$ よりも小さな加速度で動かす場合は、ボールベアリングは手に接触したままであるが、$g$ よりも大きな加速度で動かす場合は、ボールベアリングは手の表面から離れる。その物体の上に手をおいて、同様なことをするのはもっと困難である。これを、ローラーコースターのループで宙返りをするときや、でこぼこの道を走る車に乗っている人と比べてみるとよい。でこぼこの道を極度な高速で走る場合、あなたはシートから飛び上がるだろう。

## 63. ガリレオの斜面

斜面に沿った加速度の働きのおもしろさは、弱められた重力のガリレオの実験（実験50.参照）の変形で示すことができる。自転車の車輪からスポークを外して垂直に立てて、それぞれにビーズを1個ずつ通した針金数本を、それらすべてが車輪の頂点から出発して、それぞれが円周の異なる場所で終るように張る。頂点でビーズを一緒に手放すと、それらは円形の配置を保ちながら針金を滑り落ちて、すべてがそれぞれの針金の終端に同時に到達する。関係した重力の問題として、地球の中にあけた穴を通って反対側に落下する物体は、どんな直線経路に沿っても42分かかるというものがある（これはもちろん理想的な状況での理論

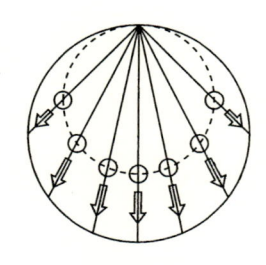

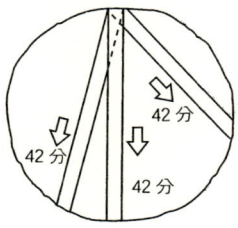

的な話で，すべての摩擦効果は無視されている）．これは理想的な高速輸送システムといえるだろう．さらにこの話題は，地球の中心のまわりで物体が自由に振動できる場合の単振動に拡張できる．"落下"の中心の点では加速度がゼロということは，生徒にとっては理解しにくいようである．

〔必要なもの〕　スポークを取り外して，ビーズを通した針金が取り付けてある自転車の車輪．

## 64. 硬貨と羽

これは空気抵抗の効果と重力による加速度が一定であることを示す古典的な実験である．直径が約5 cm長さ1 mのガラス管を用意し，中に小さな1枚の羽と硬貨1枚を入れて，両端にしっかりと栓をする．片側の栓の中心には金属管を挿入して，この管に真空ポンプを取りつける．管を逆さまにして，硬貨の方が羽よりも空気抵抗が小さいために，速く落下することを示す．今度はポンプで排気して，両方が同じ速度で落下することを示す．月面上で宇宙飛行士が，ハンマーとハヤブサの羽を落下させたビデオの一部も，同じことを説明している（月表面には空気はないが，地表の約6分の1の重力場は存在することを理解させることは重要である）．空気がないことは重力がないことを意味していると思っている生徒がいるが，それは確かに真実ではない．

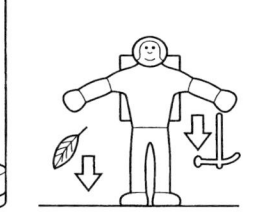

〔必要なもの〕　真空落下実験用のガラス管，真空ポンプ，硬貨，羽．

〔安全への配慮〕　硬貨が強くあたったときに管が壊れるのを防ぐために，管の底面近くの数センチメートルにわたって，粘着テープを貼っておくとよい．

## 65. 本と紙を落とす：空気抵抗と抗力

これは空気抵抗に関するおもしろい実験だが，それぞれの実験をするたびに，必ず中断して，実験結果はどうなるかを生徒に質問してから，実験を行うことが重要である．

(a)　1枚の紙を落とす；空気抵抗のためにゆっくりと落ちる．

(b)　今度はその紙を丸めて落とす；質量は変わらないが，丸めたので空気抵抗は減少して，より速く落ちる．

(c) 同じような紙をもう1枚用意し，今度はそれを本の上に載せて落とす；紙への空気抵抗の効果は除かれる．

(d) つぎは，その紙を本の下にして落とす；紙も本も一緒に落ちる．

(e) 最後に，多数の綴じてない紙を一緒に落とす．全部同じ速さで落ちる．

(c)と(d)との別の方法として，紙と同じ大きさの金属板を用意して，その上や下に紙を置いてもよい．

もしも真空ポンプが使用できない場合は，この実験を行えば，実験64.の伝統的な硬貨と羽の実験はしなくてもよいだろう．

〔必要なもの〕 一重ねの綴じてない紙，同じ大きさの本．

重力についてのより進んだ実験に，落下するろうそくがあるが，本書の「対流」の実験369.に掲載してある．

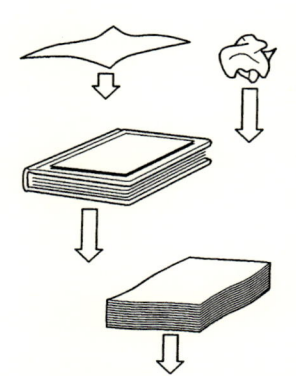

# ニュートンの法則 —— 質量と加速度

## この章の一般的な理論
ニュートンの運動の第3法則は，つぎのように要約することができる．
1. 力が作用しなければ，物体は静止のままか，または一様な運動の状態のままである．力が作用しない限り，静止した物体は静止し続け，一定の速さで直線運動をしている物体はその運動をし続ける．
2. 物体に作用する合力は加速度を生じさせる．加速度の大きさはその力の大きさと物体の質量とによって決まる．すなわち，力＝質量×加速度．
3. 一方の物体に力が作用する場合は，もう一方の物体に大きさが等しく向きが反対の力が作用する．

66．押すこととニュートンの第3法則
67．スリングショット効果
68．ニュートンの法則
69．体重計の上でしゃがむ
70．リニアエアトラックと2つの滑車
71．ショッピングバッグと老女：加速度
72．エレベーターの問題
73．ニュートンの第3法則

## 66． 押すこととニュートンの第3法則

これはニュートンの第3法則の非常に簡単な例である．背が同じくらいの2人の生徒を互いに向かい合わせに立たせる．両手を胸の前にあげて，相手の手と触れ合うようにさせる．一方の生徒に相手を強く押すようにいう．両方の生徒が後ろに押されるであろう．このニュートンの第3法則の例は，一方の物体に力が作用する場合は，もう一方の物体に大きさが等しく向きが反対の力が作用することの確認となる．両方の生徒をスケートボードに乗せて同じことをやらせると，より強い印象を与えることができる．

〔必要なもの〕2つのスケートボード（もしあれば）．

## 67． スリングショット効果

宇宙船が，宇宙空間を運動している惑星に近づくとき，その惑星の運動によるスリングショット（投石）効果を経験する．惑星の速度はごくわずかしか変化し

ない．宇宙船が惑星に近づくと，それらの間に働く重力が宇宙船の速度を増加させ，宇宙船が惑星を通り過ぎるとき，宇宙船は惑星に対してより大きな相対速度で運動するようになる．しかし，惑星自身もまた，宇宙空間を運動しているので，宇宙船の絶対速度もまた増加する．

## 68. ニュートンの法則

　ニュートンの第2法則を確かめる簡単な実験は，小さな台車を使用して，それを数個のワッシャーで加速する実験である．ワッシャーに結び付けた糸を滑車にかけて台車に取り付け，台車は摩擦の効果を償うような軌道上を走らせる．ニュートンの法則を研究するとき，質量を一定に保つには，ワッシャーを台車から加速用のおもりに移すか，またはその逆を行うとよい．この工夫は，力に対する加速度のグラフを書くとき，役に立つ（こうすれば加速される物体全体の質量の総和は一定に保たれる）．

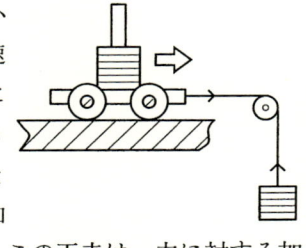

　〔理論〕　　　加速する力$(F) = mg =$ 全質量×加速度$= (M+m)a$

ここで $m$ は台車を加速するためにつるすワッシャーの質量で，$M$ は台車とそれが積んでいるものの全質量．

　〔必要なもの〕　台車，軌道，実験台，滑車，ワッシャー，糸，定規とストップウォッチまたは光センサーとタイマーのセット．

## 69. 体重計の上でしゃがむ

　浴室の体重計の上に立ち，目盛りをよく見ながらしゃがむことで，非常に興味深い効果を観察できる．あなたがしゃがむときは目盛りの読みは減るが，あなたが立ち上がるときはまっすぐ立つまで足があなた自身を上向きに加速するので，目盛りの読みは増加する．これの別のやり方は，両手にダンベルを持って体重計の上に立ち，目盛りを見ながらダンベルを上げ下げすることである．

　〔必要なもの〕　体重計，2個のダンベルまたはおもりがついた棒．

## 70. リニアエアトラックと2つの滑車

　つり合っていない2力の働きは，台車の両端にそれぞれ糸を結びつけて，そのおのおのの糸をリニアエアトラックの両端にかけて，その先には2つの質量をそ

れぞれ下げて実験することで，非常によく示すことができる．このようにすると，合力によって生じる加速度を求めることができる（空気を送るホースを避けるために，片方の糸は調整用の台に取り付けた滑車にかけるとよい）．

この実験をより簡単化した改良版は，2つの異なる質量（$M$ と $m$）を糸でつないで，その糸を2つの実験用スタンドに固定した2個の滑車にかけて吊るし，中央の物体は空中に浮くようにしたものである．中央の物体の質量があまり大きくなければ，糸はかなり水平となり，この物体に作用する力もまたほぼ水平の向きになる．

〔理論〕 合力（$F$）は，$F=Mg-mg=(M+m)a$ で与えられる．ここで $a$ は合力によって生じる加速度である（物体や糸の質量が無視できる場合）．

〔必要なもの〕 リニアエアトラックと送風機と台車，2個の滑車，2個の実験用スタンド，吊り下げることができるおもり2セット．

## 71. ショッピングバッグと老女：加速度

買った品物でいっぱいのショッピングバッグをゆっくり持ち上げるときは問題ないのに，急いで持ち上げると手さげの部分が切れてしまうのはなぜだろう．おばあさんが床に置いてあったショッピングバッグを急に持ち上げたとする．バッグの手さげの部分は壊れてしまう．なぜなら，手はバッグの重さを単に支えると同時に，加速度をつくらなくてはならないからである．このことは，プラスチックのショッピングバッグに重いおもりを入れて，それを支えるだけなら大丈夫だが，上向きに勢いよく加速する場合は（普通，底が）壊れることを見せることによって，簡単にデモンストレーションできる．

このことのもう1つの実例を紹介すると，人命救助ヘリコプターのパイロットが，山腹から担架を引き上げるとき，支えているロープが切れないために許容される最大加速度を，パイロットは知っていなくてはならない．

〔理論〕 ショッピングバッグについて：手にかかる力＝買い物の重さ＋バッグを上向きに加速するための力（$F=mg+ma$）．

人命救助ヘリコプターについて：ケガした登山家と担架の質量の総和が180 kg で，それを支えるロープが破壊される限界の力が 2000 N とすると，ヘリコプターがそれらを空中に吊っているだけなら大丈夫である（$mg=180\times9.8=$

1764 N). しかしヘリコプターのパイロットがわずか 2 m s$^{-2}$ で上向きに加速しようとするだけで，その結果は悲惨なことになる（$mg+ma=1764+180\times2=$ 2124 N でロープは切れる）．

〔必要なもの〕 5 kg の質量 2 個, プラスチックショッピングバッグ.

## 72. エレベーターの問題

エレベーターが停まっているとき，一定の速度で上向きや下向きに動いているとき，または上向きや下向きに加速しているとき，さらに自由落下しているときに，そのエレベーターに乗っている人の質量や重量や反作用にどんなことが起こるかを，生徒に討論させる．重力場が変化しない限り，体重も変わらない，もし上向きや下向きに加速されたら，変化するのは床の反作用だけということを思い出すこと．

## 73. ニュートンの第 3 法則

力学台車に小さな弓を乗せて，その弓から，先端にゴムを付けた矢を放つ．矢が前に飛び出すとき，弓とそれを固定している台車は後ろに加速する．これは，ニュートンの第 3 法則と，引き伸ばされた弓の弦に蓄えられたエネルギーが，台車と矢の運動エネルギーに変換されることとをデモンストレーションする，興味深く有益なモデルである．

〔必要なもの〕 力学台車，おもちゃの弓，先端にゴムがついた矢.

# 仕事，エネルギー，仕事率

### この章の一般的な理論
なされた仕事＝1つのものからもう1つのものに変化したエネルギー
　　　　　＝力×変位の力の方向の成分
　　仕事率＝変換されたエネルギー／かかった時間

74．ゴムバンドでのエネルギー損失　　76．生徒の仕事率：階段の駆け上がり
75．車とカーペット　　　　　　　　　77．列車の演習用紙

## 74． ゴムバンドでのエネルギー損失

　ゴムバンドを切って，1本のゴムひもとして使えるようにする．おもりを加えていってバンドを伸ばし，そのあと注意深くおもりを外していく．その結果生じるエネルギー損失は伸びに対する荷重のグラフから明確に知ることができる（評価するのに役立つ実験である）．荷重を加えていくときの線と，荷重をはずしていくときの線との間の面積が，ゴムバンド内部で長い分子がねじれたり，ほどけたりすることによって発生した熱によるエネルギー損失である．私たちは3 mm幅のゴムバンドを使用していて，伸びの最大値50 cmを得るのに約15 Nの荷重をかけている（「弾性」の章参照）．

〔必要なもの〕　ゴムバンド，実験用スタンドとクランプ，吊り下げられるおもり（15×100 g）．

## 75． 車とカーペット

　この実験は，おもちゃの自動車のブレーキ力を測定するのに用いる．カーペットの一片の上に堅い紙で斜面をつくり，その斜面からカーペットの上に自動車が走り下りるようにする．カーペット上で自動車が静止するまでの距離を測定して，ブレーキ力を求める．その際，自動車が坂を下りてカーペットに達するまでの位置エネルギーの減少か，または，自動車がカーペットに達したときの速さを，光センサーの速度計で測定することによって求まる運動エネルギーの減少か，どちらかを求めることが必要である（これは探究実験に適している）．

生徒は，この2つのどちらがより正確な方法かを論じたがるかもしれない．わたしが使っているおもちゃの自動車では，約 0.05 N のブレーキ力が得られる（年少の生徒たちにとっては，この2つの中で位置エネルギーの減少を用いる方法の方がより容易である）．この実験を，傾斜が急な山腹の道での砂利敷きの待避車線と比較するとよい．ブレーキ距離に対する速度の2乗のグラフは，運動エネルギーが単なる $v$ ではなくて，$v^2$ に比例していることを示している．

〔この実験に対する理論〕 質量 $m$ の自動車が，高さ $h$ の坂から降下して，坂の下で $v$ の速さに達して，カーペット上で止まるまでブレーキがかかっている場合，運動エネルギーの損失＝ブレーキ力($F$)×ブレーキ距離($s$)．

（第1の方法では）坂を降下している間の位置エネルギー損失＝$mgh$．これがすべて運動エネルギーに変換されたと仮定して，$mgh=Fs$ とする．

しかし，第2の方法を使用すれば，坂でのエネルギー損失を無視する必要がなくなる．

（速度計で直接測定された速さを用いて）運動エネルギー＝$1/2(mv^2)=Fs$ とすればよい．

〔必要なもの〕 おもちゃの自動車，カーペットの小片（あまり粗くないもので，長さ約 0.5 m），堅い紙の斜面（長さ約 0.4 m），定規．

## 76. 生徒の仕事率：階段の駆け上がり

これは，生徒の仕事率を測定する簡単な実験である．生徒は，自分自身の質量を，既知の高さだけ運び上げる．生徒は高さがあらかじめわかっている一区間の階段を駆け登り，かかった時間を測定する．それから自分自身の体重を測定して，自分が行った仕事とその際の仕事率とを計算する．もしも教師が安全と思うならば，生徒にクラスのほかの生徒を背負わせて，やらせてもよい．あるいはそのかわりに，本を詰めたリュックサックを背負わせて，生徒の重量を増加させてやってもよい．

おもりを持ち上げたり，マルチジムを使用して，生徒の腕の仕事率を求めることができる．このような例の場合には，生徒は自分の腕も持ち上げていることを忘れてはならない．腕の質量を求めるにはどうしたらよいだろうか．重いおもりを自分の頭の上に落とす危険について，生徒たちに警告する必要がある！

〔必要なもの〕 体重計，階段，ストップウオッチ，巻き尺か定規，重いおもり（5 kg 程度）．

## 77. 列車の演習用紙

　これは，仕事，力，エネルギーなどを教えるのに考案された演習用紙である．それはばねに蓄えられたエネルギーや，運動に逆らう抵抗力や，その結果としての静止までの距離についての説明に用いることができる．蓄えられるエネルギーが1単位，2単位，3単位の3つの列車があり，それらを，抵抗力が1単位，2単位，3単位と異なる3つの面の上を走らせることを考える．もしも1単位のエネルギーが蓄えられる列車が，抵抗力が1単位の面の上を30 m 走れたとすると，すべての列車がすべての表面を走った場合，それぞれどれだけ走れるかを求めるように生徒たちに指示する．最終的に，移されたエネルギーによってなされた仕事＝抵抗力($F$)×走行距離($d$)，という式を理解させたい．

　実際のデモンストレーションのために，ゼンマイ仕掛けの列車を手に入れておくとよい！

〔必要なもの〕 列車の演習用紙の例．

| エネルギー | 力($F$) | 走行距離($d$) | 力×距離 |
|---|---|---|---|
| 1 | 1 | 30 | 30 |
| 2 | 1 | 60 | 60 |
| 3 | 1 | 90 | 90 |
| 1 | 2 | 15 | 30 |
| 1 | 3 | 10 | 30 |

# ロケット

78．二酸化炭素ロケット　　　　80．逆さにした花火ロケット
79．水ロケット　　　　　　　　81．風船ロケット

## 78. 二酸化炭素ロケット

　二酸化炭素ロケット台車は，運動量の学習にとって素晴らしい教材となる．それは，単に小さな台車に炭酸ソーダバルブを水平に載せたものである．台車の側面にひもをつけて，そのひもの反対側の先を輪にして，床に置いた実験用スタンドにかける．コンパスの針先で炭酸ソーダバルブに穴をあけると，二酸化炭素ガスが噴出してバルブはその反動で台車をガスと反対方向に走らせ，台車はスタンドのまわりを高速で回る．

　穴の大きさが肝心で，穴が大きすぎるとガスは急速に出てしまって，すべてがあまりにも短時間に終ってしまう．穴が小さすぎるとあまりおもしろみがない動きになってしまう．円軌道の半径がわかっているので，回転の速さを測定すれば，台車の平均の速さが求められる．

　実験室にレールを敷き，その上で台車を走らせて，スリル満点の加速度をつくり出したことがあるが，台車が軌道を離れる場合について，安全性を考慮する必要がある．

　〔必要なもの〕　二酸化炭素ロケット台車，炭酸ソーダバルブ，コンパス，ひも，スタンド，定規，ストップウオッチ．

## 79. 水ロケット

　2種類の水ロケットがあるが，どちらも素晴らしいデモンストレーションである．以下に示す．

　(a)　小さなプラスチックのロケットに少し水を入れて，ポンプ装置に取り付け，ポンプで空気を入れる．空気が十分に入ったら，ロケットを発射する．すると，ロケット内の高い空気圧が水流を噴射して，ロケットが飛び上がる．

(b) 2番目の方がむしろお勧めのロケットだが，これは単に飲料用のプラスチックボトルにバルブと尾翼を取り付けたものである．こちらも水を入れて，空気を自転車用ポンプで入れるが，今度はボトル内の圧力がある値に達すると，バルブが自動的にロケットを発射させるのである．

〔必要なもの〕 (a) 水ロケットと付属のポンプ，(b) 飲料用プラスチックボトル，バルブと尾翼，自転車用ポンプ．

## 80. 逆さにした花火ロケット

この実験は屋外で細心の注意のもとに行わなければならない．星形のシェルのない小さな花火ロケットを逆さにして，図に示されているように，クランプで支えた管の中を花火ロケットに取り付けた棒がゆるく動けるようにして取り付ける．1gまで精確に測定できる安価な上皿天秤の上に，そのロケットの先端が載るように設置する．ロケットに点火して，安全用遮蔽板（これが重要である）の背後の十分離れたところに立つ．ロケットの推力は下向きに働くので，上皿天秤の読みが燃焼中のロケットの推力を与える．できればビデオカメラを使用して，これを記録し，あとで解析するとよい．もしも自分自身でロケットの実験をしたいと思わない場合は，市販されているおもちゃの化学ロケットの中に，時間に対する推力のよい曲線グラフを与えるデータシートが付いているものがあるので，それを使用して解析するとよい．

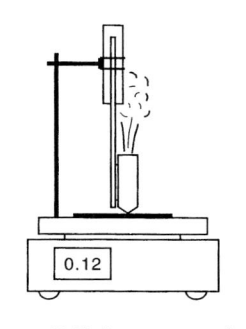

より安全な方法として，このほかに，風船や炭酸ソーダバルブや，希釈した酸とチョークを入れたプラスチックボトルを使用することもできる．

⚠ 〔必要なもの〕 花火ロケット（小さくて星形シェルがないもの），上皿天秤，小さな金属の缶のふた，はかりを保護するための厚紙，安全用遮蔽板，実験用スタンドと2個のクランプ，ロケットを支えるための発射管．

## 81. 風船ロケット

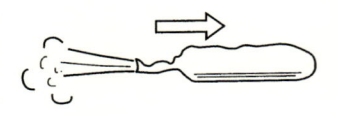

(a) 風船を吹いてふくらませて放つと，風船が実験室内を飛び回る．これはニュートンの第3法則と運動量の保存の古典的なデモンストレーションである．排出された空気の運動量は風船のゴムの運動量と大きさが等しく向きが反対である．空気放出前の系全体の運動量はゼロであるから，放出後もまた，ゼロでなくてはならない．わたしの経験では，ソーセージ型の風船を用いるとうまくいく．

(b) この簡単な実験の別の方法として，"糸付き"ロケットを用いる方法もある．ロケットにプラスチックストローを取り付けて，そのストローに通した糸を実験室を横切らせて，直線状にピンと張る．取り付けの準備をする間，風船を洋服掛けに掛けておくとよい．

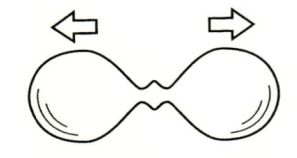

(c) 作用反作用の原理を，風船ロケットの別の実験でデモンストレーションすることができる．2個の風船を用意し，1つの風船の口に短い（1cmくらいの）プラスチック管を取り付ける．第2の風船を吹いてふくらませてから，その口をクリップで閉じて，最初の風船に取り付けた管の先につなぐ．それからクリップを開く．しぼんでいく風船は実験室を飛び回らない．よって排出された空気は，最初の風船に及ぼす力をつくり，その風船が空気を排出する第2の風船が動くのを妨げる．

(d) ほかにもこの原理のデモンストレーションがある．自由に曲げられるストローを使用して，L字型に曲げる．その先端にピボットをつけて，管を通してストローを吹く．放出される空気がストローを回転させる．そこで，ストローの先を小さなプラスチックの袋か粘着性のあるフィルムの小片で覆う．空気を逃がさない袋に力が作用して，ストローは回転しない．

〔必要なもの〕 複数の風船（少なくとも1個はソーセージ型風船），プラスチックストロー，ピンと張った針金，洋服掛け，プラスチック管．

# 運動量，衝突，爆発

## この章の一般的な理論

この章の実験は，運動量の効果とその応用とを取り扱う．

$$運動量 = 質量 \times 速度$$

運動量はすべての衝突において，それが弾性衝突であろうとなかろうと保存される，すなわち，

$$m_1 u_1 + m_2 u_2 = m_1 v_1 + m_2 v_2$$

もしも力積（力×時間）が物体に与えられたら，物体の運動量は変化する，すなわち，

$$Ft = mv - mu$$

82．弾性衝突
83．ニュートンのゆりかご
84．ビリヤードとニュートンのゆりかご
85．弾性衝突と非弾性衝突における運動量
86．運動量とビリヤード
87．2個のスーパーボールを縦に並べて落下させる
88．平手打ち
89．サッカーボールを蹴る
90．空気銃と運動量
91．リニアエアトラック上のおもちゃの銃
92．エスカレーターが止まる
93．台車の上の振り子：運動量の保存
94．台ばかりの上に砂を落とす
95．自動車の衝突緩衝機構
96．衝突
97．捕球するときの運動量
98．ヘリコプターの詳しいデータ
99．投げる，ジャンプ：運動量/慣性
100．幅跳びで跳び出すときの力，またはボールが跳ねるときの力
101．運動量と回転テーブル

## 82. 弾性衝突

弾性衝突では運動エネルギーは失われないが，これを実際に示すのは非常にむずかしい．その理由は，摩擦のない衝突を実現することが困難だからである．2本の棒磁石を使用して，理想的な例に近い実験をすることができる．1本の磁石を木片に載せるか，クランプで支えて，水平に固定する．もう1本の磁石は4本の糸で水平に吊るして，1つの鉛直面内だけで振動するようにする．そして，固

定されている磁石と吊り下げられた磁石の向き合う面が，同じ極になるように配置する．それから糸で吊った磁石を後ろに引いて手放す．それは固定されている磁石に向かって振れ，反発される．したがって，前後に長い間振れ続ける．分子運動論では，気体分子間の衝突を，仮想的な完全弾性衝突とみなすことについて触れるとよいだろう．

〔必要なもの〕　2本の強い棒磁石，糸，2個のクランプとボス付きの木のスタンド．

## 83． ニュートンのゆりかご

　これは，おのおの2本の糸で吊られている等しい球の振り子が5個，振動面内に1列に並べられたもので，隣どうしの球はわずかに離して配置されていて，衝突の素晴らしい例を示す．平衡な位置から引き離す球の数を毎回変えて，同時に手放して内側に向かって振れもどさせる．5つの球のうち4つまで，何個の球を引き離した場合でも，つねに同じ数の球が反対側の端から飛び出して振れることを見出すだろう．両端から1個ずつ球を左右に引き離して同時に手放すと，両端でそれぞれ1個の球が内に向かい，つぎの球に当たっては外に跳ね返る．

　〔理論〕　この衝突では，衝撃はかなり弾性衝突に近く，振れている球の運動量もエネルギーも隣の球に移される．この過程が，球の列に沿って繰り返され，最後に，端の自由な球が振れて離れるのである．

　〔必要なもの〕　ニュートンのゆりかご，可能ならばビデオカメラとビデオ．

## 84． ビリヤードとニュートンのゆりかご

　ニュートンのゆりかごを説明する簡単な方法は，ビリヤード球（スヌーカーボール）を用いるものである．1つのボールが静止すると，別のボールが動いて離れていく（実験86．参照）2個のボールの例からはじめて，だんだんボールの数を増やしていく．どの場合も，端のボールだけが動いて離れていく（もちろん，自転や抵抗は大目にみなければならない）．

　〔必要なもの〕　ビリヤード球（スヌーカーボール），もしできればビリヤード（スヌーカー）台．

## 85． 弾性衝突と非弾性衝突における運動量

　実験台にブロックを置き，スーパーボール（イギリスではパワーボールとい

う）を糸で吊るして，ちょうどそのブロックに触れるように配置する．ボールを引き上げて手放すと，ボールは振れてブロックに当たる．跳ね返ると方向が変化するので，運動量は大きく変化する．これは大きな力を意味するので，ブロックは倒れる．質量が同じの柔らかい工作用粘土でつくったボールで，同じことを繰り返す．ブロックは立ったままである．今回は，運動量の変化は跳ね返るスーパーボールの場合の半分に過ぎない．

〔理論〕 運動量の変化＝$Ft$ したがって，（決まった時間に対して）運動量の変化が大きければ，力もまた大きい．

〔必要なもの〕 スーパーボール，木製ブロック，工作用粘土，糸，実験用スタンド．

## 86. 運動量とビリヤード

玉突き台を用いて，運動量保存の法則をデモンストレーションする（実際には玉突き台は必要ない．実験台の上に複数の球と玉突き棒のようなものを用意するだけでよい）．物体が滑って進むような何らかの工夫をするとさらによい結果が得られるだろう．静止していた球に動いている球が当たれば，静止していた球が動いて離れていき，動いていた球が静止することを示す．また，斜めの衝突のあとに，2つの球が進む方向の間の角度を測定する．質量が等しい球どうしの衝突では，実際，この角度は約90°になる．この結果を，原子核の相互作用における，質量が等しい粒子間の衝突に関係づけるとよい．回転の問題にも少し触れる．球をアンダーカットで（下側を切るように）突くと，かなりうまくいく．

ショットの秘訣：最後の2つの球をポケットに向けて直線上に並ぶように配置すれば，列の最後の球を必ずポケットに入れることができる．

〔必要なもの〕 ビリヤード球，できれば玉突き台．

## 87. 2個のスーパーボールを縦に並べて落下させる

この実験は，デモンストレーション実験用として市販されているセットを使用して行うことができるが，単に2個のスーパーボール，大きいボール1個と小さいボール1個とを用いて行うこともできる．大きいボールの上に小さいボールを載せて，手で持つ．そこで手放して2つのボールを一緒に落とすと，ボールは落下して床に当たる．そして

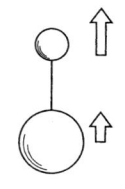

上にある小さいボールが（高く）跳ね上がる．多くのボールを重ねるほど効果がある．一番下のボールに針をさして，そこから出した糸を上に重ねるボールの穴に通して，一番上のボールまで通すと，全体を鉛直に保つことができる．

わたしは，12個のボールを互いに触れさせてこの実験を行えば，理論的には一番上のボールを宇宙船の軌道にのせることができるという話を聞いたことがある．実際，それは，太陽系から脱出してしまうかもしれない！　これは運動量保存のよい例であるばかりでなく，爆発におけるエネルギー分布のよい例ともなっている．

〔理論〕　衝突または爆発において，

　　　　衝突または爆発前の運動量＝衝突または爆発後の運動量

大きいボールが地面に当たるとき，両方のボールが速度 $u$ で落下していたとしよう．そこで，大きいボールが速度 $V$ で跳ね返ると，それに当たる小さいボールの相対速度は $u+V$ である．もしもこの衝突が完全弾性衝突だとすると，小さいボールは相対速度 $u+V$ で跳ね返るが，大きいボールは上向きに速度 $V$ で動いているので，小さいボールの実際の垂直速度は $u+2V$ となる．

〔必要な装置〕　2個のスーパーボール；大きいボール1個，小さいボール1個，糸，針．

# 88. 平手打ち

これはニュートンの第3法則，つまり1つの物体に力が作用するとき，もう1つの物体にも大きさが同じで向きが反対の力が作用するということの，簡単だがよい例である．この実験は2人1組の生徒にさせるとよい．わたしは，少女の1人に私の手を1度打つようにいって，猛烈な一撃を受けたことがある．それは本当に痛かった．1人の生徒に手をあげたままにさせて，もう1人の生徒にそれを打たせる．この考えをさらに拡張して，生徒に壁をげんこつで打つとどのようになるかを聞くとよい．げんこつに加わる力は，壁に加わる力と同じ大きさだが，その効果や損傷はまったく異なるであろう．

〔必要なもの〕　2人の生徒とかれらの手．

# 89. サッカーボールを蹴る

古典的な実験が，サッカーボールの運動量変化と，したがってそれを蹴るときに働く力を考えるのに使用できる．アルミ箔の一片をサッカーボールに貼りつけ

て，もう1つのアルミ箔の一片を，ボールを蹴る人の靴のつま先につける．つま先のアルミ箔には長い導線をつけて，計測器のスタート端子につなぐ．もう1つの端子にも長い導線をつないで，それは，ボールに貼ったアルミ箔につなぐ．地面からの高さがわかっている台の上の端にボールを置いて，水平に蹴る．計測器は，つま先がボールに接触したときから，ボールが動き出して2本の導線の接続が切れるまでの時間を記録する．水平の飛行距離と着地までの飛行時間を測定して，ボールの水平の速さを求める．質量 ($m$) と速度 ($v$) と（ボールと靴が接触した）時間 ($t$) の値からボールを蹴るのに使われた力を求めることができる．わたしはこの実験を屋外でホッケーのボールを使用して行った．これは，ボールが少し動いたあとで導線が切れることを問題にしなければ，また，だれかに計測器をしっかり持っていてもらえば，うまくいく．

〔理論〕 水平には，$s = vT$ で，$Ft = mv$ である．垂直には，$h = 1/2(gT^2)$．ここで $t$ はつま先とボールとの接触時間，$T$ はボールが高さ $h$ だけ落下して，水平には $s$ だけ飛行して着地するまでの飛行時間である．

〔必要なもの〕 サッカーボール，計測器，定規，わに口クリップ，長い導線，アルミ箔，巻き尺（10 m），テープ．

# 90. 空気銃と運動量

今日の学校の実験室で，つぎの2つの実験を，どのくらい安全に実行できるだろうか．細心の注意を払って，すべての人の安全をよく考慮して行えば，素晴らしい実験であるとわたしは思っている．わたしとしてはこれらの実験を取り入れたい．

(a) 時間を計る2つのゲートを取り付ける．つまり，簡単なプラスチックの枠の中心に一片のアルミ箔がついているもの2個を，1 m 離して置き，計測器に接続する．空気銃の弾が2つのゲートを貫通するように銃を撃ち，最初のアルミ箔が破れると時間の測定がはじまり，2番目のアルミ箔が破れるときに測定が終るようにする．弾が 1 m 離れた2つのアルミ箔の間を飛行する時間が，直接測定されるので，弾の速度 $v$ が簡単に計算できる．

弾を捕らえる方法が工夫される必要がある；木の板の前に，ポリスチレンの箱を置いて，それで弾を止めるようにするのがよいであろう．

(b) (a)と同じ空気銃を据え付けて使用して，レールの上に置いたおもちゃの貨車に積んだプラスチック粘土の塊に，弾を打ち込む．軌道には摩擦を補償す

るような傾斜をつけておく必要がある．弾が当たったあとの貨車の速さ($V$)を求めるには，貨車が最初の 20 cm を走る時間を測定する．

⚠ この実験は，空気銃を貨車の軌道の基盤にボルトで確実に固定しない限り，行ってはいけない．

〔理論〕 弾の質量($m$)と貨車と粘土の質量($M$)とを知れば，弾の速さ($v$)を求めることができる（$mv=(m+M)V$）．

〔必要なもの〕 (a) 上に述べられているような時間測定のゲート．(b) 固定された空気銃，粘土を積んだ貨車，計測器，定規，ストップウオッチ．

## 91. リニアエアトラック上のおもちゃの銃

銃の反跳のデモンストレーションを行うには，リニアエアトラック上の滑走体に固定したおもちゃの銃を使用して，ピンポン球を撃ち出すとよい．ピンポン球が動く方向と反対方向におもちゃの銃が動く．

〔必要なもの〕 リニアエアトラック，おもちゃの銃，エアトラック上の滑走体，ピンポン球．

## 92. エスカレーターが止まる

あるとき，わたしが，パリのポンピドーセンターの屋外の動いているエスカレーターを歩きながら下りていたら，1人の少年が停止ボタンを押した．わたしが動き続けると思い込んでいたつぎの段は，ぱったり止まってしまい，わたしは背骨に強い衝撃を受けた．この痛ましい話は，どんな種類のジャンプでも，ジャンプ後の着地では，つねにひざを曲げるのはなぜかということや，なぜ，はじめに（ジャンプに必要な力積($Ft$)を与える時間），ひざを曲げないとジャンプできないか，ということのよい例になるだろう．ある運動量の変化に対して，（エスカレーターの上でのように）止まるのにかかった時間が短いということは，力が大きいことを意味する．

## 93. 台車の上の振り子：運動量の保存

力学台車の上か，リニアエアトラックの滑走体の上で振り子を吊って，台車が動いているときに，振り子の運動を観察する．

〔必要なもの〕 リニアエアトラック，振り子．

## 94. 台ばかりの上に砂を落とす

圧力を及ぼす気体分子や屋根に降る雨のような，多数の粒子の衝突の効果は，砂と台ばかりとの使用でシミュレートできる．台ばかりの上にプラスチックのビーカーを置いて，その中に既知の高さから，砂の一様な流れを注ぐ．砂が落下しているときと，また，砂が落下していないときとのはかりの目盛りを読んで，記録する．ビーカーに水を落下させて，この実験を繰り返す．どちらの実験も運動量変化の効果を示すはずである．激しい雨の（水平な場合と傾斜している場合）の屋根への力や圧力に関係づけるとよい．

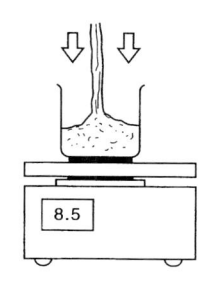

〔理論〕 静止している質量 $m$ の砂がはかりに及ぼす力 $= mg$，速さ $v$ で毎秒はかりに落下して静止する砂の質量を $m'$ とすると，その砂が止まるためにはかりに及ぼす力 $= m'v$．

〔必要なもの〕 砂，プラスチックビーカー，台ばかり．

## 95. 自動車の衝突緩衝機構

これは，エネルギーと運動量の保存則のやや不愉快だが有益な例である．わたしは，これについての自分自身の車の個人的な写真をいくつか持っている．車体がつぶれることで運動エネルギーが吸収され，停止する時間と距離とが増加し，したがって，停止に必要な力が減少する．

## 96. 衝　　突

衝突や爆発において何が起こるかについては，関係する粒子の相対的な質量が，大変重要である．

(a) 静止している電車にピンポン球を投げてぶつけても電車はほとんど動かない．ピンポン球は跳ね返って，電車に対するその相対速度は逆向きになる．

(b) 動いている電車にピンポン球を投げつけても，電車はその速度をほとんど変化させないで進み続ける．一方，ピンポン球の電車に対する相対速度は逆向きとなる．

(c) 1つの球が，質量が同じで静止していた別の球に当たると，（それが弾性衝突とみなされるならば）ビリヤードの場合のように最初の球は静止して，第2

の球は最初の球の衝突前の速度で動き出す.

(d) 1つの球が,質量がより大きな静止している球(たとえば質量が10倍といった)に当たると,最初の球はその運動エネルギーの一部を失い,それを第2のボールが受け取る.

これらのことは,核反応炉での減速材の選択において重要になってくる.中性子は減速材によって速度を落とされる必要があり,減速材としては,中性子より数倍重い,重水素や炭素のような原子核が選ばれる.

## 97. 捕球するときの運動量

この簡単なデモンストレーションを用いて,運動量のベクトルとしての性質を強調することができる.(サッカーかバスケットの)ボールを生徒に投げる.最初は生徒にそのボールを捕球させ,投げ返させる.つぎにはボールを捕球せずに,直接打ち返させる.生徒に捕球するのと打ち返すのとでは,どちらの方がより大きな力を要するかをたずねる.それは,打ち返す方であること,またそれが最大の運動量変化を与えることが明らかにならなければならない.このデモンストレーションでは,うまくいけば,$u$から$-u$への速度変化を強調できて,したがって,ボールをただ止めるだけよりも大きな運動量変化があることを強調できる.

〔理論〕 打ち返したときの運動量変化$=mu-(-mu)=2mu$,捕球したときの運動量変化$=mu$.

〔必要なもの〕 サッカーボールまたはバスケットボール.

## 98. ヘリコプターの詳しいデータ

運動量の効果は,円柱状の流体の運動,すなわち,ヘリコプターの回転翼からの空気や消火用ホースからの水の運動の研究に基づいて考察することもできる.リンクスヘリコプター(Lynx helicopter)の実際のデータ(質量$=4500$ kg,回転翼の直径$12.8$ m)を用いるとよい.

$$力 = mg = \rho A v^2,$$

ここで$\rho$は空気の密度,$A$は回転翼によって掃かれる面積,$v$は空気の下降速度である.この話題での他の例には,消火ホース,動く歩道,プロペラスクリューが送り出す水などがある.

## 99. 投げる，ジャンプ：運動量/慣性

　ボールを蹴ったり，捕ったりするのに長い時間をかけるときの，力積の重要性については，さまざまな例を紹介するとよい．力を作用させる時間を長くするほど，遠くまでものを投げることができるし，物体を受け止めるときに，静止させるまでに手を後ろに引く時間を長くかければかけるほど，必要な力は小さくなる．衝突によって車がつぶれることに関係する力の効果についても，考察するとよい．幅跳びや高跳びの選手は，上向きの力を作用させる時間を取るために，跳び立つ前の最後の一歩で，どれだけ長く"沈み込む"か，に注意するとよい．

　ラケットを使用するスポーツでも同じ考えを適用できる．クリケットでも，ボールの"コースの下を打つ"ことによって，ボールとバットとの接触を維持して，より遠くまでボールを飛ばすことができる．

## 100. 幅跳びで跳び出すときの力，またはボールが跳ね返るときの力

　上の実験 99. から，跳躍に必要な力を見積もることができることがわかる．これは，跳躍する人の足と地面との接触時間を確定すれば求められる．この方法を用いて，跳躍者が最後の一歩で"沈み込む"際に生み出す大きな力を見積もってみよう．Multimedia Motion という非常に役に立つ CD-ROM を用いると，ビデオ画面から，足と地面との接触時間を簡単に計ることができる．

　もう1つの実験は，ボールが床で跳ね返るときにボールに作用する力を求める実験である．ボールにアルミ箔の一片を貼りつけ，それを（床に置いた）もう1枚のアルミ箔の上に落として，ストップウオッチと計測器を含む回路を閉じさせることで，（衝突時間の測定を）行うことができる．ボールを落とす高さを知れば，衝突速度が求められ，したがって運動量変化がわかり，力が算出できる．

　接触面積を求めるには，アルミ箔の下にサンドペーパーを置けば，ボールが落ちたときに，アルミ箔にその痕跡が残る．

　〔理論〕　　　　　力＝運動量の変化/接触時間＝$(mv-mu)/t$

　〔必要なもの〕　CD-ROM "Multimedia Motion" とコンピュータ，または計測回路とボールとアルミ箔．

## 101. 運動量と回転テーブル

(a) 誰かに1kgのおもりを持たせて回転台の上に立たせる．その人に，そのおもりをあなたに向かって注意深く投げさせる．腕をからだの横にまっすぐ突き出しておいて投げるように指示する．おもりが前に動くとともに，その人は後ろに動き出し，運動量のベクトル性が示されるであろう．

(b) 回転台の上で，両腕を外に拡げて立っている生徒の，一方の腕をゆっくり前に押してやると，回転台と生徒はゆっくり回る．それからその生徒に両腕を内側にもっていくように指示する．生徒がそうすると回転速度が増加する．質量の分布が変化するので，角運動量を維持するために回転速度は速くなる必要がある．

〔必要なもの〕 回転台，1kgのおもり．

# 摩擦と慣性

### 摩擦の項のための一般的な知識

摩擦は，接触している2つの表面の間で，それらが互いに相対的に動くときに生じる．2つの金属の表面の間では，しばしば，"くっついては滑る"運動が起こるが，これは接触している多数の点で表面どうしが結合していて，1つの物体をほかの物体の上で引くと，これらの"結合"がこわれて，また再び形成されることによっている．

102. 磁石で摩擦を減じる
103. プラスチックビーズ
104. くっついては滑る運動
105. 管の中を落下するポリスチレン球
106. 2種類の簡単なホバークラフト

### 慣性の項のための一般的な知識

物体の慣性は，物体の運動の変化のしにくさとして表現することができる．慣性が大きい（質量が大きい）物体は，動かしたり止めたりしにくい．アポロ宇宙飛行士たちは，月面を歩いているとき，自分自身の慣性が問題であることを発見した．重力による引力が小さいということは，かれらの足と地面との間の摩擦がより小さいことを意味する．そこで自分の慣性を克服して止まることが，より困難になる．軌道上を航行中の宇宙船内では，"漂っている"大きな質量の物体の取り扱いも，また困難だった．

107. 硬貨/カードとビーカー
108. 慣性：車とティーセットと木片
109. 慣性
110. 棒の慣性
111. ウィッグワッグまたは慣性ばかり
112. 傘の上の水
113. 回転の慣性：自転車の車輪によるジャイロスコープ
114. 慣性とリニアエアトラック

### 摩擦と空気摩擦

## 102. 磁石で摩擦を減じる

1本の棒磁石を極どうしが鉛直に並ぶように縦にクランプに取り付ける．磁石の下端の極に1個か2個のきれいなボールベアリングを直線状にぶら下がるよう

にくっつける．下側のボールベアリングの下に，直径約3cmのスチールの円板をくっつける．やっとくっついているくらいがよくて，強すぎてはいけない．円板への引力が強すぎる場合は，ボールベアリングをもう1個，間に加えるとよい．円板が回り出すように，円板の側面を吹く．ボールベアリングの大きさや数を調節し，また円板の質量も調節して，円板がかろうじて支えられている状態にすると，円板と下側のボールベアリングの間の摩擦は非常に小さくなる．実際，この実験の古い説明には，円板を15分以上回り続けさせることができると書かれている．

〔必要なもの〕 実験用スタンドとクランプ，2個か3個のボールベアリング（磁石の強さによるが，直径約0.8mm程度），強い棒磁石，スチール円板．

## 103. プラスチックビーズ

摩擦について，あるいは摩擦がない状態についてデモンストレーションで示すには，お盆にプラスチックビーズを平らに敷いて，その上で，結晶をつくるときに使う皿を滑らせるとよい．このビーズは，直径約1mmの堅いプラスチック球で，したがって，ボールベアリングと似た働きをする．皿を回転させるとよいデモンストレーションになる．すべての実験をオーバーヘッドプロジェクターの上に置いた，小さな水波投影装置用の透明な容器の中で行うと，クラス全体に簡単に見せることができる（警告：生徒がビーズを持ち去らないようにしなくてはならない．ビーズが床にばらまかれたら致命的である！）．

〔必要なもの〕 プラスチックビーズ，水波投影装置用の透明な容器，お盆，ガラスのビーカー．

## 104. くっついては滑る運動

摩擦によるくっついては滑る運動は，滑り降りるキツツキのおもちゃによって，みごとに示される．このおもちゃは，短いばねで木球に取り付けられた小さな木製の鳥である．球は垂直な金属棒にゆるく通してある．鳥が静止しているときは，それは滑り落ちない．しかし鳥がはじかれると，それはピクピク揺れながら棒を滑り落ちる．

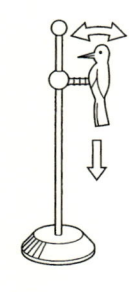

〔理論／説明〕 木球の穴は，金属棒の直径よりわずかに大きい．穴が鉛直方向

を向いているときは木球は滑り落ちるが，木球が傾くやいなや，すぐに木球が棒を"つかむ"．ばねによる鳥の振動運動が，穴を交互に立てたり傾けたりする．

〔必要なもの〕　キツツキのおもちゃ．

## 105. 管の中を落下するポリスチレン球

垂直に管を立てて，その中にポリスチレン球を落下させる．球の直径は管の直径よりわずかに小さくなくてはならない．球は管内の空気摩擦によって，実にゆっくり落下していく．重量＝抗力となる終端速度に達することも可能かもしれない！

〔必要なもの〕　長さ2mの直径が大きなガラス管，ガラス管の内径にほとんど近いものも含む，さまざまな直径のポリスチレン球，ストップウオッチ，定規．

## 106. 2種類の簡単なホバークラフト

(a)　風船ホバークラフト．厚紙の円板（直径約10 cm）の中心に穴をあける．この円板の穴とゴム栓の穴が一致するようにして，円板の中心にゴム栓を付ける．風船をふくらませてゴム栓の上端にかぶせて固定する．空気は穴を通って逃げ出し，円板の反対側から出ていき，小さなホバークラフトのような働きをしはじめる．

(b)　タイルホバークラフト．1枚の天井張り用タイルにあけた穴の上にコンピュータの冷却ファンを固定することによって，実に安上がりな簡易ホバークラフトができる．

〔必要なもの〕　風船，穴があいた厚紙の円板と管，天井用タイル，コンピュータの冷却ファン．

## 慣　性

## 107. 硬貨/カードとビーカー

これは慣性の簡単なデモンストレーションである．ビーカーの上にカードをのせて，その上に硬貨を置く．カードを指先で素早くはじくと，硬貨はビーカーの中に落ちる．

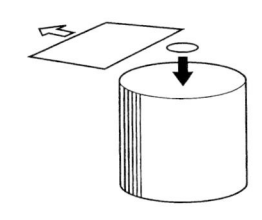

慣性のため硬貨は動きにくく，硬貨とカードとの間の摩擦力は小さくて，ビーカーの中に落ちる前に硬貨を水平に動かすにはいたらない．

〔必要なもの〕 硬貨，カード，ビーカー．

## 108． 慣性：車とティーセットと木片

慣性に関するデモンストレーションをさらに3つ．

(a) 摩擦で前に進むおもちゃの自動車を駆動して，それをプラスチックビーズの上に置いた薄めの厚紙の上に置く．車はほとんど動かないが，厚紙は車と反対側に素早く動く．ニュートンの第2法則と第3法則の例である．

(b) 台の上に絹のスカーフを敷いて，その上におもちゃのティーセットを並べる．カップを水で満たしておけば，いっそう印象的である．それからスカーフを下から引き抜く．ティーセットはもとの場所に残るはずである．軽いプラスチックのおもちゃのカップで試みてから本物のカップで行うと，慣性における質量の効果を示すことができる．軽いカップはかなり慣性が小さく，したがってはるかに簡単に動いてしまう．

(c) 台の上に3個の木片を重ねて置く．真ん中の木片をハンマーで素早く打つ．打たれた木片は飛び出すが，上側の木片はその慣性のために水平には動かずに，下側の木片の上に落ちる（だるま落とし）．

〔必要なもの〕 摩擦で動く自動車のおもちゃ，カード，プラスチックビーズ，プラスチックティーセット，陶器のカップ，牛乳ビン，だるま落とし．

## 109． 慣　性

1 kgのおもり2個をテープでしばって，はりのようなしっかりした支点から木綿糸で吊るし，下側のおもりに結び付けた2つ目の木綿糸は下に垂らす．下の糸を素早く引くと，下側の糸が切れるが，ゆっくり引くと，上側の糸が切れる．これは質量の慣性の効果を示す．

〔理論〕 下側の糸をゆっくり引くとき，それにかかる張力を $T$ とすると，上側の糸にかかる張力は $T + Mg$ である．ここで $M$ は1 kgのおもり2個の全質量である．引力を徐々に強めていくと，明らかに上側の

木綿糸がまず破壊応力に達する．しかし，下側の糸をすばやく引くと，2つのおもりの慣性が，下の糸が切れる前におもりが動くのを妨げる．$Ft=Mu$で，$t$が小さい場合は，$F$が大きい．

〔必要なもの〕 1kgのおもり2個，テープ，ちょうど2kg重は支える強さがあるが，それ以上では切れる程度に弱い木綿糸，はりのようなしっかりした支点．

## 110. 棒の慣性

ビクトリア時代に，慣性を応用した客間向けのデモンストレーションが流行した．1本のほうきの柄の両端に針を固定し，2個のワイングラスの上にこの2本の針を載せてつりあわせる．そしてこのほうきの柄の中央を別のほうきの柄で叩いて，ワイングラスを割らずに，折るという芸当である．この実験のより安全な改良版としては，木の棒を2つの椅子の間に，その両端につけた木綿糸で吊り下げる．そしてこの棒の中央を，別の棒で叩いてもよいし，あるいは重いレンガを中央に落としてもよい．すると，糸は切れずに，吊るした棒が折れるだろう．この棒に加わる力の作用時間は短く，両端の糸に力が伝わる前に棒が折れてしまうのである．

〔必要なもの〕 2個の椅子，木の棒（強すぎないこと），レンガ，床を保護するためのカーペットの切れ端，木綿糸．

## 111. ウィッグワッグあるいは慣性ばかり

これは，質量が異なるものの慣性を比較する古典的な実験である．装置は図に示されている．2枚の細長い弾性に富む金属片の先に（金属片に挟まれるように）容器が固定されていて，金属片の他端は，実験台にクランプで留められている．この容器を変位させて手放すと振動し，その振動数を求めることができる．そこで，容器の穴の1つに1kgのおもりを置いて，そのときの振動数を求める．同じことを3個のおもりまで繰り返す．予想どおり，質量が増加すると振動数は減少するが，これはおもりの重量によるのだろうか，それとも質量によるのだろうか．これをはっきりさせる効果的な方法は，おもりの1つを糸で上から吊り下げて，穴の中に入ってはいるが，その重さは糸で支えられ，容器の底で支えられてはいないようにして，この実験を繰り返すこと

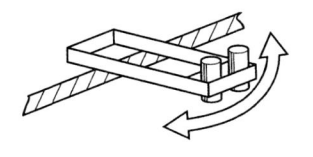

である．

振動の周期は変化しないことがわかるに違いない．これは，振動数に関係するのは質量であって重量ではないことを示している．いいかえれば，軌道を回っている宇宙船の中でも，月面でも，振動数は地表にあるときと同じであろう．これは宇宙飛行士にとって，時間を計る装置として非常に役に立つ．

## 112. 傘の上の水

これは慣性の簡単なデモンストレーションである．単に傘をもってきて，その表面にいくらかの水を撒く．この実験が成功するためには，傘の表面が防水されている必要がある（もしも傘が防水されてから時間が立ち過ぎている場合は，新たに防水するか，表面に油を少し塗るとよい）．そこで，その傘を急速に閉じる．水は慣性によってもとにあったところに留まるので，傘からかなり水気が取れてしまう．これは止まっている車が後ろから追突された場合にかなり似ている．乗客はもとの場所に留まり，車が前に動く（実験 114. 参照）．

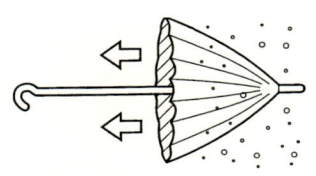

## 113. 回転の慣性：自転車の車輪によるジャイロスコープ

回転する物体の慣性についての非常に印象的なデモンストレーションがいくつかある．最も簡単だが効果的な方法は，小さなサイズの自転車の車輪の軸の両側に，2つの木の把手を固定したような，大きなジャイロスコープを使用することである．

だれかに把手を持たせて，ひもを軸に巻き付け，強く引っ張って，車輪を回転させる．それから，その人に片方の把手だけを持って，軸が向いている向きを変えるようにいう．それは非常に困難である．車輪の角運動量を変えるのに必要なトルクが大きいためである．

この重いジャイロスコープで，いくつもの魅力的な実験を行うことができる．

(a) 生徒たちに，回っているジャイロスコープをクラス中で受け渡して回して，おのおのの生徒が片手で持って，回転軸を急に変えるようにいう．

(b) 生徒を回転台の上に立たせて，回転している車輪を，軸を水平方向に向けて持たせ，その軸を鉛直方向に向けるようにいう．

(c) 回転している車輪を，その軸の片側だけで支える．歳差運動や首振り運

動が起こる．

(d) この回転している車輪をケースに入れて，生徒に担がせて，実験室を回らせる．

〔必要なもの〕 回転台，自転車の車輪を用いたジャイロスコープ，長いひも．

# 114． 慣性とリニアエアトラック

実験108.のおもしろい発展として，車の上に固定したリニアエアトラックの実験がある！ その車として，わたしは古い力学台車2台を用いている．十分重い滑走体（たとえば400 g）と2 mぐらいの長さのリニアエアトラックを用いるとよい．エアトラックに滑走体を置き，送風機のスイッチを入れて滑走体を浮かせておいて，エアトラック自体を引く．わたしは滑車にかけたおもりを用いて引いている．滑走体の慣性と，エアトラックと滑走体の間の摩擦が小さいために，エアトラックがその下で動いていても滑走体の方はほとんど動かない．エアトラックが実験台から落ちる前に必ず止めるように気を付けること！ また，送風ホースを管理する人を確保すること！

〔必要なもの〕 リニアエアトラック，滑走体，滑車，力学台車のような台車2台，送風機，おもり．

# ベクトル，モーメント，安定性

### この章の一般的な理論

この章では，力のモーメント，平衡，重力の中心と安定性について取り扱う．

力のモーメントは，力と，力の作用線から支点までの垂直距離との積として定義される．物体が平衡を保っているときは，時計回りのモーメント（その物体を時計回りの方向に回そうとするモーメント）の和は，反時計回りのモーメント（その物体をその反対方向に回そうとするモーメント）の和に等しい．

物体が平衡を保っているときは，重力の中心からの垂線が平衡点を通っているが，この垂線が物体の基底の外にあるとき，物体はひっくりかえる．

115. フォークやピボットを釣り合わせる
116. 鉛筆や玉突き棒のバランスをとる
117. 傾くブロックの積み重ね
118. 買い物車
119. モップと背筋
120. 物理におけるモデルとしての人形
121. おもしろいバランスとり
122. 平衡をとることでの男性と女性
123. モーメントをデモンストレーションするモビール
124. 腕の筋肉とてこ
125. 生徒の重力の中心
126. モーメント
127. 重力の中心，木製のスプーン，ほうきの質量
128. 斜面を回転しながら登る
129. 長い定規の上を動く指
130. 腕相撲
131. ベクトル
132. 底が重い玩具

## 115. フォークやピボットを釣り合わせる

(a) 系の重力の中心の位置は，その安定性のために重要である．1個の物体が安定な平衡を保つには，その重力の中心が，物体が支えられている点より低くなくてはならない．これは，2本のフォークをコルクの両側に突き刺して，コルクの下側には垂直にした硬貨を挿入して固定し，それを鉛筆の先にのせて釣り合わせることで，明瞭に示すことができる．

(b) モーメントの法則の探求実験を行うために，定規の重力の中心を低くする簡単な方法は，アルミの棒の上で平衡を保つ定規の支点として使用するその棒

のまわりに，ゴムバンドを巻きつけることである．これは，定規を支えている点より重力の中心を低くし，バランスをとりやすくする．

〔必要なもの〕　2本のフォーク，コルク，定規，ゴムバンド，金属棒．

## 116. 鉛筆や玉突き棒のバランスをとる

指の上で平衡に保つのに，鉛筆の方が玉突き棒よりもむずかしいのはなぜだろう．これは，異なる形の数本の棒，たとえば，長いものや短いもの，軽いものや重いもの，上端近くやまたは下端近くにおもりがついているもの，そしてまた，鉛筆や玉突き棒などを使用して，デモンストレーションできる．重い棒やモップのような先に重いものがついているようなものの方が，バランスを取るのは，はるかに容易である．

バランスを取ることの容易さは，単に，いかに敏感に質量の中心の位置を調節できるかということによる．軽い棒の場合は，手の小さな動きが，大きな角運動量をつくり出してしまう．

〔必要なもの〕　形の異なる棒，玉突き棒，ほうき，鉛筆，1m定規，長い釘．

## 117. 傾くブロックの積み重ね

このデモンストレーションの意図は，安定性を調べることにある．長方形のブロック（ドミノが理想的）をつぎつぎに積み重ねていく．このとき，おのおのブロックは，下側のものに比べて，中心を少しずらして積む．何枚積み上げることができるか．積み重ねたブロック全体の質量の中心はどこにあるか．

〔理論〕　与えられた数のブロックに対して，突き出しの最大値を求めることができる．$N$番目のブロックの場合は，下のブロックに対して相対的に最大$1/(2N)$だけ突き出すことが可能であることを，示すことができる．いいかえると，1番上のブロックは2番目のブロックに対して，1/2の長さだけ突き出すことができて，2番目のブロックは3番目のブロックの長さに対して，その1/4突き出ることができ，以下同様である．多数($N$)のブロックの場合は，この数列の和は$0.5(0.5772+\ln N)$となる．

〔必要なもの〕　多数のドミノまたは適当なブロック，定規．

## 118. 買い物車

これはバランスについての興味深い日常的な例である．買い物車は非常に安定

していて，運動量について論ずるのによい例となる．そのハンドルは後輪のほとんど真上にある．それを後ろからひっくり返そうとしてみたことがあるか．たとえ自分の全重量をハンドルにかけたとしても，車はひっくり返らないであろう（この車を1台実際に借りて，実験室に持ち込むと役に立つ！）．

〔必要なもの〕 買い物車．

## 119. モップと背筋

つぎのデモンストレーションは，人がかがみこむとき，背筋に生じる莫大な張力のシミュレーションである．モップの柄で，その頭から長さの4分の1くらいのところにひもを結びつける．モップは人の頭を表し，モップの柄は脊椎を表す．頭から最も遠い柄の先端にドリルで穴をあけてそこを支点とする．モップの頭は頂点となる．

そこでひもを引いて，モップの柄が小さな角度をなすようにモップを傾けて支える（筋肉は脊椎をわずか10°傾けると，わたしは聞いている）．ひもの張力は，人が身体を折り曲げるとき，背筋にかかる莫大な張力を表している．45°曲げることは，その人自身の体重の2倍以上の張力をつくり出す．

身体を曲げるときに手に何かを持っていたら（車のトランクに入れるときのように），張力はさらにもっと増加する．

〔理論〕 ひも（背筋）の張力 $T$ はつぎの式で与えられる．

$$T \sin A = mg \cos \theta$$

ここで $A$ はひもがモップと（背筋が脊椎と）なす角度であり，$\theta$ はモップの柄（脊椎）が水平となす角度である．

〔必要なもの〕 モップ，ひも，ニュートンメーター，支点のための金属棒，実験用スタンドとクランプ，G形クランプ．

## 120. 物理におけるモデルとしての人形

人体の安定性や変化可能な重力の中心の位置は，木製の芸能人モデルやスポーツ選手のモデルやリカちゃん人形などを使用して学ぶことができる．床の上や車の上や回転台の上で，それらの人形が立ったり，身体を曲げたり，バランスをとったりする能力を調べることは，ケガをするかもしれない実際の人間で調べるよりは，はるかに簡単である．

〔必要なもの〕 小さな木製の芸能人モデルやスポーツ選手のモデル人形や，リカちゃん人形など．

## 121. おもしろいバランスとり

(a) 天秤の左右に水が入った2つのビーカーを置いてバランスをとる．その後，それらの1つに指を入れる．何が起こるか．これは，1個のビーカーと上皿天秤を使用して行うことができる（「密度，浮力，アルキメデス」の章参照）．

(b) 1本のストローの両端に，2本の細い小さなろうそくをそれぞれ差し込み，ピンを使用して支点とし，全体のバランスをとる．ろうそくに火を灯すと，何が起こるか．これはまた，大きなろうそくでも，その先端と底部をとがらせて，中心を支点とし，両端に火を灯して行うことができる．その結果は，魅力的に揺れる運動となる．

〔必要なもの〕 天秤，水が入ったビーカー，小さなろうそく，ストロー，大きなろうそく，ピンとコルク，実験用スタンドとクランプ．

## 122. 平衡をとることでの男性と女性

人体のバランスをとることについてのおもしろくて楽しい実験は，年長の男女の生徒を使用して行うことができる．まず最初に男子生徒を壁から約90cm離れたところで，手を後ろに組ませて壁に向かって立たせる．そこでその生徒に，壁に鼻先がちょうど触れるくらい，身体を前に傾けるようにいう．つぎには女子生徒にまったく同じことをさせる．女子生徒は平衡を失わずにこれができるが，男子生徒はできないことが予想できる．これはなぜか．

## 123. モーメントをデモンストレーションするモビール

子供のモビールで，たくさんの簡単な物理がデモンストレーションできる．モビールを試行錯誤でデザインし，また，おのおのの段階で必要となるモーメントを算出しながらデザインすることが，教育的である．吊るす物体の質量が大きいほど，より安定しているので，よりよいモビールになる．わたしはフランスのロワイヤル渓谷の動物園で，すばらしいモビールを見たことがある．それは2ダースの木製の小さな魚が，針金の支柱から糸で吊ってあ

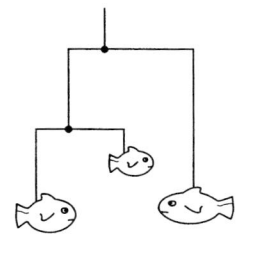

るものであった．

〔必要なもの〕 モビールを組み立てる物体，厚紙，はかり，硬い針金，糸．

## 124. 腕の筋肉とてこ

自分の腕による重量上げは，てこのよい例である．前腕の筋肉の張力は，おもりを持ち上げているときよりも，前腕を水平に伸ばして支えている場合の方が，はるかに大きくなっている．生徒たちにこれを試させるために，最初はおもりを肩の近くで支えさせて，それからゆっくりとかれらの腕を前に伸ばすようにいう．この場合の方がトルク（回転の効果）がより大きくなる．

〔理論〕 一対の力（偶力）のモーメントまたはトルク＝力×2つの力の作用線間の垂直距離．

〔必要なもの〕 質量（5 kgまでが役に立つ），もしできれば前腕のモデル．

## 125. 生徒の重力の中心

丈夫な木の板と一対の体重計とレンガ（または木片，体重はかりと同じ高さ）を使用して，つぎの方法で，生徒の重力の中心を見つけることができる．板をその一端はレンガか木片の上に，もう一方の端は体重計の上に載せる．生徒をかかとが支点（レンガ）の上にくるようにして，板の上に横たえる．体重計の目盛りを読む．最初に測定した生徒の体重を使用して，レンガのまわりのモーメントを計算する．

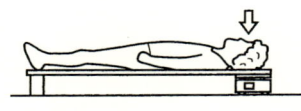

〔理論〕 体重計の読み×支点から体重計までの距離＝生徒の体重×支点から生徒の重力の中心までの距離＋板の重量×支点から板の重力の中心までの距離．

生徒が横たわったときの体重計の目盛りの増加を記録すれば，実際には板の重量は無視できる．

〔必要なもの〕 板（長さ2 m），体重計，1 m定規．

## 126. モーメント

力の回転の効果に対する距離の影響についての非常に簡単なデモンストレーションを，ドアを使用して行うことができる．小さな生徒1人に，ドアの端近くに当てた指1本でドアを押して閉めるようにし，一方教師は，ちょうつがいに非常に近いところで，片手で力いっぱい押して抵抗する．支点から力までの距離の

効果は明らかである．普通は生徒が教師の抵抗に勝って，ドアを押して閉めることに成功する．

年長の生徒に対するこの実験の発展は，かれらの1人にその腕がドアに対して鋭角（90°以下の角度）になるようにして，ドアを押させることである．ドアの開け閉めがはるかにむずかしくなる．これは，力のモーメントの定義における"垂直距離"の重要性を強く印象づける．

## 127. 重力の中心，木製のスプーン，ほうきの質量

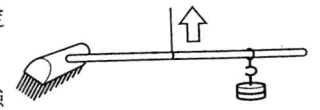

この簡単な実験は，物体が釣り合うかどうかを決定するのは，支点の両側にかかる質量だけではなくて，いかにそれが分布しているかにもよるということを強調する．最初，これは木のスプーンでデモンストレーションする．スプーンを指の上で釣り合わせて，質量中心を見つける．それから，スプーンをその質量中心で2つに切断して，それぞれの部分の重さを計って，それらの質量が等しくないことを示す．その後，主要な実験へ進む．

ほうきをその柄のほぼまん中で吊って持ち上げると，頭が下がるであろう．ほうきの質量中心は，ほうきの頭に近いところにある．そこで，ほうきの柄のもう一方の端におもり（質量 $m$）を取り付けて，ほうきが水平になるようにする．そのおもりを取り除いて，支点となるひもの位置をほうきが水平になるようにずらして，ほうきの重力の中心の位置を見つける．

〔理論〕　おもりの力×支点からおもりまでの距離＝ほうきの重量×支点からほうきの質量中心までの距離．

〔必要なもの〕　スタンドとクランプ，ひも，ほうき，大きな木のスプーン，移動できるおもり．

## 128. 斜面を回転しながら登る

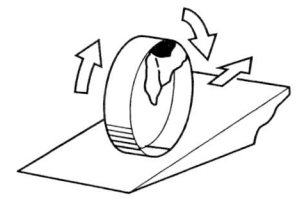

力の回転の効果の興味深いデモンストレーションは，缶に斜面を登らせることである．大きくて平たいケーキかビスケットの缶（直径が30 cmで深さが8 cmくらいがうまくいく）を使用して，側面の1カ所の内側に，隠れたおもり（1塊のプラスチック粘土のような）を固定する．それから，この缶が斜面を登る

のを生徒に見せる．もちろん，おもりが缶の頂点よりもわずかに斜面の上側にあるところからはじめて，おもりが一番低い点に達するまで缶は回転しながら登るに過ぎない．したがって，かなり大きな缶がよい．生徒たちが缶に触らないで，何が起こっているかを見抜くまでにどのくらいかかるかを見る！

代わりの方法は，ポリスチレンの厚い板から切り出した2枚の大きな円板を使用することである．その側面に近い1カ所に窪みをつけて，そこに工作用粘土をくさび型にねり込む．それから2つの円板を，粘土が見えないようにして，一緒にくっつける！

〔必要なもの〕 斜面となる板，ふたつきの大きな缶と工作用粘土．

## 129. 長い定規の上を動く指

これは，摩擦力の効果とバランスをとることとの驚くべきデモンストレーションである．1m定規かまたは長い棒を，両端から異なる距離にある，2本の指の上で釣り合わせる．それから指を一緒に滑らせていくと，定規が一様である限りいつも，2本の指は定規の中心で触れあう．これはモーメントについて議論するのによい．もちろん，玉突き棒のように棒が一様でない場合は，2本の指は質量中心で触れあう（「いろいろな力学」実験211.参照）．

〔理論〕 定規の質量中心から指までの距離が大きいほど，その指にかかる反作用は小さいので摩擦力も小さい．したがって，質量中心により近い指よりも，遠い指の上の方が定規はより簡単に滑るであろう．この状態は距離が等しくなるまで続き，それからは両方の指は一緒に動く．

〔必要なもの〕 1m定規または一様な長い棒．

## 130. 腕相撲

2つの力の釣り合いや，それらの合力の例である．ここでは腕の長さや回転の効果に触れることができる．

## 131. ベクトル

ロープを使用して力の方向性の重要さを，非常に簡単に導入することができる．2人の頑健な生徒にそれぞれロープの一端を持たせて，ロープが水平に張るように強く引かせる．そこで，比較的ひ弱な生徒にロープの中心を下に押させる．両端の2人がどんなに強く引っぱっていても，問題なく簡単にロープは下向

きに動く.

〔理論〕 下向きの力 = $2T\sin A$　ここで $T$ はロープの張力で，$A$ はロープが水平となす角度である．たとえば，$T=200$ N，$A=10°$，つまり2 m のロープを約15 cm 押し下げる．この場合，中心での下向きの力は34 N に過ぎない．

〔必要なもの〕 約2 m のロープ，発展的に扱う場合の力測定器（ニュートンメーター）．

## 132. 底が重い玩具

このおもちゃは安定性のデモンストレーションに使用できる．その重力の中心は低く，もしずれても，つねに垂直な位置に戻るであろう．

# 円 運 動

### この章の一般的な理論

中心力は物体をその直線軌道から押したり引いたりする力である．その力はつねに円の中心に向けて働く．遠心力はこの力への反作用で，物体を押したり引いたりするものに対して作用し，回転している物体自身には作用しない．

$$\text{中心力} = mv^2/R$$

ここで $m$ は，一定の速さ $v$ で半径 $R$ の円を回っている物体の質量である．

133. 糸でつながれたプロペラ推進飛行機のモデル：回転運動
134. 回転する液体の表面の形
135. バケツをぐるぐる回す
136. 回転する水のスプリンクラー
137. 回転する芝生スプリンクラー
138. おもちゃの車と宙返り
139. 死の壁：果物ボウルとマルミットのふた
140. サーカスの乗り物
141. 回転台の上での野球のバット
142. 針金のコートハンガーと円運動
143. 回転するロウソク：炎は内側に曲がる
144. 車の後部座席
145. ひもで旋回する容器による簡単な遠心力
146. 回転するゼリー：円運動
147. 剛体の回転と慣性モーメント

## 133. 糸でつながれたプロペラ推進飛行機のモデル：回転運動

円錐振り子の理論は，回転できる支点から糸で吊るした，電池を動力とする飛行機のモデルを使用して，非常に明確にデモンストレーションできる．電池が飛行機の後ろについているプロペラを駆動して，質量 $m$ の飛行機は一定の速さ $v$ で，半径 $r$ の円を描いて飛ぶことができる．これはサーカスの乗り物の回転する椅子のよいシミュレーションである．飛行機が速ければ速いほど，糸が垂直となす角度 ($\theta$) は大きくなる．$\theta$, $v$, $m$, $r$ の測定は簡単にできる．唯一の問題は，止めるのがむずかしいことである．

〔理論〕 飛行機の運動に対して，垂直成分は $mg = T\cos\theta$,
水平成分は $mv^2/r = T\sin\theta$,

したがって，
$$\tan\theta = v^2/rg$$

〔必要なもの〕 糸でつながれた飛行機のモデル，ストップウオッチ，定規．

## 134. 回転する液体の表面の形

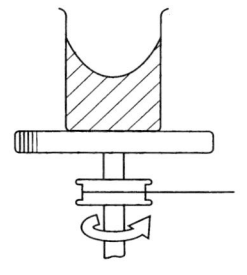

回転する液体の表面の形は，つぎの実験によって見ることができる．回転台の中心にガラスのビーカーを安全に固定する（最もよい方法の1つは，木片にビーカーがちょうどぴったり入るような円形の大きな穴をあけ，その板を回転台にネジ釘かボルトで固定することである）．あたためて溶かしたワックスをビーカーに入れて回転させる．ワックスが冷えて固まるとき，回転している表面の形の保存できる記録がつくられるであろう．

別の方法は，ボウルに砂糖を入れて回転させることである．あまりにも速く回しすぎない限り，表面の形は保たれるであろう．

〔理論〕 表面の形は $y = \omega^2 x^2/2g + C$ で示される．ここで $\omega$ は角速度で，$x$ は回転中心からの距離である．

〔必要なもの〕 ワックス，ビーカー，回転台，モーターと駆動ベルト，12 V の直流電源．

## 135. バケツをぐるぐる回す

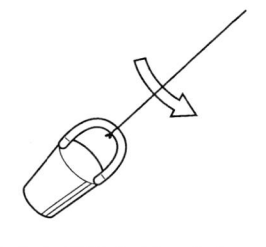

古典的な求心力の実験である．水を少しバケツに入れて，バケツの取っ手にひもをしっかり結び付け，バケツが垂直な円を描くように振り回す．回転の速さが十分に速ければ，水はバケツの中に留まる．回転の速さを遅くしていくと，円軌道の頂点でほとんどの水がこぼれ落ちるようになるが，普通，この臨界点で水が動く音がぱしゃぱしゃと聞こえる．水とバケツとは求心力を受けるが，また，そこには遠心力もあること，遠心力は支点が受ける反作用で，この場合は手が受けることも話すとよい．バケツの取っ手がはずれないこと，円の最低点でバケツが床にぶつからないことを確認しておく必要がある．これを発展させた多くの実験が可能だが，たとえばお盆にビーカーをのせて，4本のひもをつけて回すことも

78　II　力学

できる．
　〔理論〕　水とバケツとは一定の速さで垂直な円運動をするので，求心力は一定だが，ひもの張力($T$)は変化する．円の異なる点では，重力が張力に及ぼす効果も異なるので，最低点で張力は最大になる．
$$求心力 = mv^2/r = T + mg\cos\theta$$
ここで $\theta$ はバケツが円軌道の頂点にあるときの垂線から測定したひもの角度である．
　〔必要なもの〕　バケツ，ひも，水．

## 136. 回転する水のスプリンクラー

　ふくらませた風船を回転する芝生用スプリンクラーの水の入口のノズルに固定すると，風船はしぼむ．これは，円運動を示すためだけではなく，エネルギー変換を測定するために使用する．もしもスプリンクラーに垂直の出口がある場合は，それを塞いで，空気が水平にだけ出てくるようにするとよい．
　〔必要なもの〕　回転する水のスプリンクラー，風船，回転の時間を測定するためのストップウォッチ．

## 137. 回転する芝生スプリンクラー

　再び芝生用スプリンクラーを使用するが，今回は水道の蛇口に固定する．これは角運動量のよい例である．スプリンクラーから出ていく水の運動量は，中心の回転ヘッドに大きさが等しく，向きが反対の運動量を与える．

## 138. おもちゃの車と宙返り

　プラスチックの軌道を走るおもちゃの車は，力学のいろいろな概念のデモンストレーションに使用できる．その軌道を垂直の円に曲げることができる場合は，宙返りの実験を行うことができる．
　〔理論〕
$$中心力 = mv^2/r$$
これは軌道の反作用($R$)と重力($mg$)の和で与えられる．軌道の頂点では，求心力は重力のみで与えられるので，車はその最小の速さで動くことができる．
$$mv^2/r = R + mg$$
最大の反作用は軌道の最低点で起こり，そこでは $R = mv^2/r + mg$．
　〔必要なもの〕　おもちゃの車，宙返り軌道，定規．

## 139. 死の壁：果物ボウルとマルミツトのふた

このデモンストレーションは，サーカスの死の壁でのオートバイ乗りのシミュレーションである．直径約30 cm のガラスかプラスチックの果物ボウルで死の壁を表し，広口ビンのふた（マルミツト：小型の陶製焼き鍋のふたがうまくいく）でオートバイ乗りを表す．少し練習すると，そのふたをその縁で転がしながらボウルの側面を回らせることができて，いったん回りはじめると，ボウルを少し振動させることによって，その運動を保つことができる．速く転がって回ると，ボウルの側面を垂直に保つことさえできるであろう．

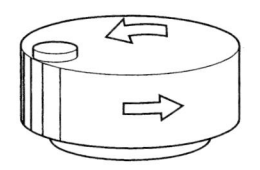

〔必要なもの〕 果物ボウル，マルミツトのふた．

## 140. サーカスの乗り物

(a) 乗り物1—宙返り

おもちゃの車と宙返り軌道の使用は，サーカスの垂直の乗り物で起こることのよいシミュレーションである．問題は，車が軌道から外れて落ちることなく宙返りするには，その乗り物をどれだけの高さから出発させなければならないか，ということである．摩擦があるので，これを正確にデモンストレーションすることはむずかしいが，予想することはできる．理論的には，車はその円の半径の2.5倍の高さから出発する必要がある．

〔理論〕 円の頂点では，車が外れて落ちないためには，$a = v^2/r = g$. したがって，この最高点での運動エネルギーは，

$$1/2\, mv^2 = 1/2\, mrg$$

位置エネルギーは $2\,mrg$ であるから，円の頂点での全エネルギーは $2.5\,mrg$ である．したがって，車が軌道から外れ落ちることなく宙返りするには，最初 $2.5\,mrg$ の位置エネルギーを持っていなくてはならない．したがって，円軌道の最下点より $2.5\,r$ 高いところから出発する必要がある．

(b) 乗り物2—回転で振れるブランコ椅子

これは，中心の支柱に針金で吊るした複数の椅子である．回転の速さを増せば増すほど，椅子は垂直からだんだん遠くまで振れる．それらの椅子はすべて同じ距離だけ振れるのだろうか．

サーカスの乗り物，回転で振れるブランコ椅子の簡単なモデルは，ボトルの上

部で椅子をつくるとよい．回転台の中心にそれを乗せて，モーターを使用して回転台を回す．椅子に乗っている者の異なる質量の効果をデモンストレーションするには，そのモデルの椅子にプラスチック粘土を乗せればよい．実際の"人間"の形を粘土でつくって乗せることもできる．重要なことは，質量は糸が垂直に対してなす角度に影響しないということである．

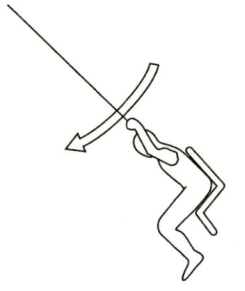

〔理論〕 角度に関する式 $\tan\theta = v^2/rg = r\omega^2/g$（ここで $v$ は椅子の速度で，$\omega$ は角速度である）は，すべての椅子がそれらの質量に関係なく同じ角度だけ振れることを示している．$\theta$ は糸が垂直となす角度で，$v$ は回転の速さ，$r$ は円の半径である．

〔必要なもの〕 椅子のモデル，モーター，適当な電源，回転台，G形クランプ．

## 141. 回転台の上での野球のバット

角運動量の保存の効果を示すために，回転台の上に立って野球のバットを振る．これのより効果的な発展は，回転台の上で自分自身を回転させてみることである．自分の腕を一方向に動かすことは，自分の身体が反対方向に動く原因となり，両方が同時に静止するようになる．台の上に立ち，非常に注意深く 1 kg の質量を投げることは，もう 1 つの効果的なデモンストレーションである．いつ，どのように質量を投げるかについて注意すること．

〔必要なもの〕 野球のバット，回転台，1 kg の質量．

## 142. 針金のコートハンガーと円運動

針金のハンガー（えもん掛け）を，中を広げて四角になるようにする．フック（かぎ）の先端をヤスリで平らにして，フックの先が四角のハンガーでフックと対角となる角を向くようにフックを曲げる．フックの先に硬貨を載せて釣り合いを取り，フックの対角の角に 1 本の指を入れてコートハンガーを垂直面で円を描くように回す．硬貨はフックの先に留まっている．これは非常に簡単だが，素晴らしい中心力のデモンスト

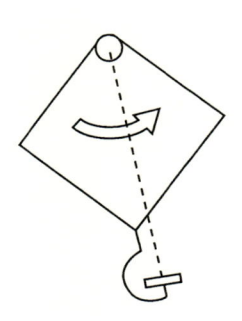

レーションである．

硬貨に作用するフックの力はつねに回転の中心に向かっている．現在の記録は，5 枚の 1 円玉を重ねて回すことができた．わたしは 1 個だけの硬貨だが，非常に注意深く行うことで，1 円玉を落とすことなく，回していたコートハンガーを静止させることもできた．

〔必要なもの〕　先端にヤスリをかけた針金のコートハンガー，ひと重ねの小さな硬貨．

## 143.　回転するロウソク：炎は内側に曲がる

回転台の上に，ジャムのビンのようなガラス管で遮蔽されたロウソクを立てる．ロウソクはビンの高さよりも短くなくてはならない．ロウソクを灯して，回転台を回す．炎に注目する（回転台の直径は 30 cm で，回転の速さは 1 Hz が適している）．

〔必要なもの〕　回転台，モーター，ジャムのビン，ロウソク．

## 144.　車の後部座席

角を曲がるとき，だれがだれのひざへ倒れかかるか．カーブの中心に最も近い人は直線上を進み続け，カーブの外側の人は，かれらに当たる車の側面によって回るように押される．したがって内側の人が，外側の人のひざに倒れかかることが明白である．これは回転乾燥機の中の衣類における効果と似ている．もしも運転手がカーブを切るとき無理をし過ぎると，内側の車輪が最初に地面から浮いて，車は外側に引っくり返る．

## 145.　ひもで旋回する容器による簡単な遠心力

遠心力は，大きな試験管にひもをつけて自分の頭の上で回すことによって，簡単に示すことができる．水と砂の混合物を試験管に入れて回し，その分離を示すとよい．シロップと壁紙用の糊のようなほかの液体を使用して実験すれば，この実験の興味深い発展となる．

〔理論〕　　　　　　　　　　$F = mv^2/r$

〔必要なもの〕　試験管，糸，水，壁紙用糊，砂．

## 146. 回転するゼリー：円運動

回転している物体に作用する求心力の効果は，結晶皿に深さ約 3 cm の円形のゼリーをつくることによって，印象的に示すことができる．ゼリーをセットするときは，回転台の中心にしっかりと固定された皿のまん中に，注意深くゼリーを結晶皿から移す（安全遮蔽板を使用する！）．台の回転の速さをゆっくり増していく．ゼリーは平らになるであろう．

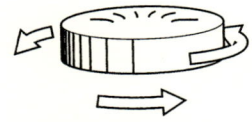

回転の速さをさらに増していくと，ついにはゼリーはばらばらになる．ゼリー内部の凝集力が必要な中心力より小さくなるからである．それは，車の回転が速すぎるとなぜタイヤが飛び散るかを示すことに使用できる（わたしは，もしも改造された古い型のタイヤを使用する場合は，そのタイヤが壊れる危険を避けるためには，時速 100 km より速く走ってはならない，といわれたことがある）．

このゼリーの実験はまた，回転している液体の表面の形も示す．あとで解析するために，写真かビデオに撮っておくとよい．

〔必要なもの〕 結晶皿，ゼリー，回転台に固定した皿，電源，モーター．

## 147. 剛体の回転と慣性モーメント

この話題については，つぎのものを使用することによって明瞭に示すことができる．

(a) 質量は等しいが質量分布やエネルギー源は異なるいくつかの円板，
(b) 慣性動力のおもちゃの車，
(c) 重い自転車の車輪．

# 弾　　性

### この章のための一般的な理論

ひずみが作用した力に直接比例する場合は，物体はフックの法則に従う．これは，たとえば，小さな荷重で伸びる1本の銅線には適用されるであろう．この場合，実際の最大荷重は銅線の断面積による．

物質のヤング率($E$)は，それがどれだけ伸びるかの基準である．これは式 $E=FL/eA$ で与えられる．ここで $e$ は針金の伸び，$L$ は最初の長さ，$F$ は作用する力，$A$ は断面積である．鉄のヤング率は $2\times10^{11}$ Pa である．

- 148．弾性の利用
- 149．棒を曲げる
- 150．胴体着陸
- 151．ガラス
- 152．ゴムバンドに蓄えられるエネルギー
- 153．ずれの応力
- 154．シリーパテ
- 155．バンジージャンプ
- 156．タイツを伸ばす
- 157．紙とひもの強さ
- 158．ゴム分子の弾性
- 159．伸ばしたゴムによる加熱
- 160．生物と花崗岩の柱
- 161．回転しているばねとフックの法則
- 162．冷やしたときのゴムの弾性
- 163．電気的なひずみ計

## 148．弾性の利用

弾性を導入するときに，わたしが役に立つと思った弾性の応用のリストをつぎに示す．バウンシィキャッスル（bouncy castle），スペースホッパー，衣類の弾性，橋，トランポリン，トレーニングシューズ，クリケットのバット，航空機の翼，筋肉，皮膚，車のバンパー，（緩衝）ヘルメット，車やバイクのサスペンション，釣糸．ある登山用バイクはエアサスペンションフォークを持っている．

## 149．棒を曲げる

曲げやずれの応力の実際的な例として，実験室で1m定規をその片方の端で支えて，中心におもりをかけて曲げる．おもりや棒の長さを変えて，それらが棒の押し下げられ方にどう影響するかを調べる．

これのかなりおもしろい発展は，ガラス棒から引き出したガラスのフィラメントの使用で，そのフィラメントは両端はかなり太くて，中心部が細くなっているものがよい．そのガラス棒を両端で水平に支えて，中心のフィラメントにおもりをかけていく．驚くような変形をつくり出すことができる（これは安全遮蔽板の後ろで行い，また，ガラスが割れたときに目を保護するために，ゴーグル（保護メガネ）をかけて行うこと）．

〔理論〕 棒の中心におもりをかけたときの，中心の下降はおもりの質量と，棒の長さの3乗に比例する．

〔必要なもの〕 吊り下げられるおもり，ひも，1m定規，2個のボス（突起）の上のナイフエッジ，実験用スタンド，中心部の下降を測定するためのクランプで垂直に立てた別の定規か，またはビデオカメラと定規，中心部がフィラメントのガラス棒，安全用遮蔽板，ゴーグル．

## 150. 胴体着陸

水が非常に高い圧縮率を持つことを理解させるには，水泳のプールに"胴体着陸"したときに，いかに痛いかについて話すとよい．もしも水があなたを入れるために割けることがない場合は，水に比べてコンクリート板に着地するのは，実際，100倍悪いに過ぎないのである．

〔理論〕 コンクリートの体積弾性率 $=100\times10^{11}$ Pa； 水の体積弾性率 $=1\times10^{11}$ Pa

## 151. ガラス

ガラスの弾性は古い窓に見ることができる．ガラスの重量がその"クリープ（変形）"をつくる．窓ガラスの低い部分はその上の部分より厚くなる．ガラスはひっかくと，とても簡単に割れる．ひっかくことが，最初の転位を与え，ひずみがあるときは，それが容易に広がるのである．

グラスファイバーは円形に曲げることができるが，グラスブロックは小さな角度の変形でさえ粉みじんになってしまうのはなぜか，不思議に思ったことはないだろうか．これはその試料の2つの面の間の長さの差によるのである．同じ角度の変形に対して，ファイバーではその両面での差は小さいが，ブロックでは大きい．

弾性　85

## 152. ゴムバンドに蓄えられるエネルギー

　知られていることと思うが，ゴムバンドはその弾性限界をかなり超えるまで引き伸ばすと，最初の長さには戻らなくなる．これを示すには，荷重に対応する伸びを記録しながら，ゴムバンドの下端におもりを加えていき，それから，今度は注意深くおもりを取り除いていくとよい．ゴムバンドは1本の適当な長さの直線状にカットして使用した方が，同じおもりに対して伸びがより大きくなるのでよいことを，わたしは発見した．

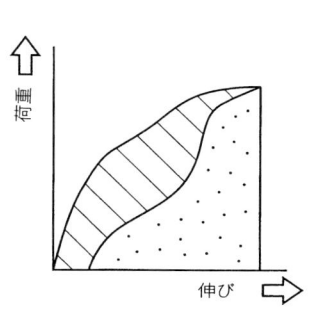

　ゴムバンドによって吸収され，再生されないエネルギーは，力対伸びのグラフによってつくられる履歴曲線の面積を求めることによって，算出できる．ゴムバンドで飛ばす紙つぶての速度を，エネルギーが再生できる場合とできない場合と，両方で計算してみることは教育的である．また，空気抵抗は無視できるだろうか．

　ゴムバンドに蓄えられるエネルギーの非常にあらい見積もりは，知られた量だけ引き伸ばしたゴムバンドで，ボールを上向きに飛ばすことによって得られる．もちろんここでは空気抵抗は考慮しない．

　〔理論〕　ゴムバンドに吸収されて，再生されないエネルギー＝力×距離＝履歴曲線内部の面積．

　〔必要なもの〕　ゴムバンド，吊るすことができるおもり，定規，床から垂直に定規を支える台付きクランプ，実験用スタンドとクランプ，ゴムバンドを支えるのに適したクランプ．

## 153. ずれの応力

　これは多くの方法でデモンストレーションできる．機械やビルディングで最もよく出会う応力は，このタイプであることを指摘する必要がある．

　(a)　1組のありふれたトランプのカードで，それを明白に示すことができる．下向きにカードを圧しながら，一番上のカードを横に滑らせると，積み重ねた全体のカードがずれを示す．あまり滑りやすいカードを使用しないこと．

　(b)　模型用の粘土で"ソーセージ"をつくって，その一端をねじるが他の一

端は静止したままに保つ.
- (c) 1m定規を机にクランプで固定して,それをねじる.
- (d) 自分の腕,主に手首を,どれだけ回せるかを示す.

〔必要なもの〕 1組のトランプ,模型用の粘土,定規.

## 154. シリーパテ

これは素晴らしい素材で,多くのおもちゃ屋で手に入るので,見つけたら買うとよい. 2種類の異なるタイプがある.
- (a) 暗いところで光るタイプ
- (b) 温めると色が変わるタイプ

どちらのタイプも同じ弾性の性質を持っている. その球を1つの側面で支えると,それはゆっくり流れ出すであろう. もしもそれを床に落とすと跳ね返るし,ハンマーで叩くと粉々になる.

〔必要なもの〕 シリーパテ,ハンマー,紫外線ランプ,安全メガネ,紫外線ゴーグル.

## 155. バンジージャンプ

これは長い弾性ゴムとおもりを使用して模擬実験できる. できれば,階段の吹き抜けを下へ向けて実験するとよい. 小間物屋から買った弾性ゴムだとうまくいくが,登山用ロープをほぐして使用してもよい. ちょうどよい長さにして,おもりが地面に当たる寸前に止まるようにすることができるだろうか.

〔必要なもの〕 長い弾性ゴム,おもり.

## 156. タイツを伸ばす

この実験は実用的なもの,すなわち衣類の弾性に関係している.

タイツ(片足用でもよい)をクランプで固定する. 下端におもりを下げていき,力と伸びを記録する(意味のある伸びを得るには,150Nまでの力が必要である). ゆっくりとおもりを取り外していき,おもりを軽くしていくときの伸びも記録する. タイツは非常によい. なぜならおもりを加えるとよく伸びるし,また履歴効果も示す. この履歴は,洗濯すればすっかり消えてしまう.

〔必要なもの〕 タイツ,おもり,実験用スタンド,ボスとクランプ,定規.

## 157. 紙とひもの強さ

これは試料の形とそれへの力のかかり方との違いを示す興味深い実験である。1枚の紙を一端を下にして立てて，上端に100gのおもりを載せる。そうすると，紙はつぶれるであろう。今度は同様な紙を筒状にまるめて立てると，それは100gのおもりを容易に支えるであろう。

1本のひもを垂直に支えて，その上端に10gのおもりを結びつける。そして手を放すとひもがつぶれておもりが落下する。今度はひもを上下逆にして，おもりが下端にくるようにすると，ひもがそれを支えるのは容易である。

〔必要なもの〕 紙，100gのおもり，ひも。

## 158. ゴム分子の弾性

1本のゴムをそれ以上伸ばすのはむずかしくなるまで，引き伸ばす。この点でゴム分子は分子のもつれをほどいて，応力の方向に整列しているに違いない。このときあなたは，ゴムバンドが少し白っぽくなり，表面の質が変化したことに，おそらく気が付くであろう。そこでそのゴムにピンを通して少し動かす。ゴムは伸びの方向，それはまた分子の整列している方向だが，その線に沿って互いに離れるように切れてしまう。これは分子の鎖に沿った方向よりも鎖と鎖の間の方が，強さがより低いことを示している。

〔必要なもの〕 2個のクランプ，実験用スタンド，大きな吊り下げられるおもり（5kgまで），ピン，できればビデオカメラ。

## 159. 伸ばしたゴムによる加熱

両唇の間にゴム風船の一片を置いて，それを引き伸ばす。それが伸びているとき，気体の場合とは違って，温度が上昇することに気付くであろう（気体では普通，膨張は冷却を意味する）。ほかの方法として，幅が約1cmのゴムバンドを使用する。1cm程度の長さを親指と人差指との間に支えて，それを急に引っ張る。それから素早く，そのゴムを上唇に当てる。加熱効果が非常に顕著である。ゴムの中の分子がより秩序正しくなるので，したがってゴム分子は熱エネルギーを放出するのだろうか。その結果，冷えるのだろうか。

〔必要なもの〕 ゴム風船。

## 160. 生物と花崗岩の柱

(a) われわれは，地球の重力を受けているので，われわれが今あるようにつくられている．$g$ の値が広範囲に異なるさまざまな惑星に住むほかの生物の形はどんなものであろうか．$g$ の値が非常に大きい惑星に住む動物は太い脚を持つと予想されるし，一方，$g$ の値が低い，小さな惑星に住む動物は，同じ質量でもひょろ長い脚で支えることができると思われる．

生物の形について考えるとき，もしも首の長い動物があまりにも素早く首を回した場合，動物は一時，視覚喪失になることはないのだろうか．

骨は実際，びっくりするほど強い．骨の圧縮に関する破壊応力は鉄の約3分の1である（$170\times10^6$ Pa）．この強さを示すために，鶏の骨の一片を調べるとよい．飛び散る破片から守るために，安全ゴーグルや安全遮蔽板を使用する必要がある．骨をクランプで垂直に支えて，骨の上に置いた小さな台の上におもりを載せる．

(b) 地上の花崗岩の柱の可能な最大の高さは約 7800 m である．これより高いと，それはそれ自身の重みで粉々に壊れるであろう．

湿った砂の柱を使用して，この模擬実験を行う．その柱の頂上に缶のふたを置いて，砂の柱が壊れるまで，おもりを載せていく．破壊はかならず基底で起こる．これを行う別の方法はゼリーを使用することである．メスシリンダーかガラス管の中に背の高いゼリーをつくる．それを垂直に管から取り出して，どれだけが管の支えがなくても，分離しないままで存在できるかを観察する．

〔理論〕　　　　　　　　　　破壊応力 $= h\rho g$

ここで $h$ は柱の高さ，$\rho$ は密度．

〔必要なもの〕　砂，水，おもり，缶のふた，鶏の骨，ゼリー，安全ゴーグルと安全遮蔽板．

## 161. 回転しているばねとフックの法則

ばねの一端に小さなおもりを付けて，それを垂直面か水平面で回す．力を測定するために，ひもと一直線上に並ぶばねばかりを使用するとよい．または，軌道の半径と回転の速さを測定して力の値を計算で求めることもできる．できればビ

デオカメラで記録して，あとでスローモーションで解析するとよい．

〔必要なもの〕 つる巻きばね，おもり，定規，ストップウオッチ，ばねばかり，できればビデオカメラ．

## 162． 冷やしたときのゴムの弾性

われわれの多くは，液体窒素で冷やしたときのゴムの弾性の変化の素晴らしいデモンストレーションについて，見たり聞いたりしたことがあるだろう．しかしこれはまた，ドライアイス（固体の二酸化炭素）を使用して行うことができる．ゴム管の一片をドライアイスの中に1，2分入れて冷やし，それをハンマーで叩く．そのゴムは弾性における著しい変化を示して，衝撃の下で粉々に壊れる．ビニールのボールやばらの花びらをドライアイスに入れたときの変化もまた，調べる価値がある．

〔必要なもの〕 ビニールのボール，ゴム管，花びら，ハンマー，ドライアイス発生装置と布．

## 163． 電気的なひずみ計

電気的なひずみ計の簡単なモデルは，釣り糸の伸びの実験に使用されるのと同様な装置でつくることができる．長さ2mの高抵抗の針金（ニクロム線のような）を使用し，その一端を実験台にクランプで固定する．もう一方の端は滑車に通して，その先端におもりを吊り下げる．感度の高い抵抗計かまたは電圧計とマイクロアンペア計を使用して，針金のできるだけ離れた2点間の抵抗を測定する（低い電流を保つこと．加熱効果は望ましくない）．おもりを増やしていくと，針金の抵抗が変化するはずである．

〔必要なもの〕 ニクロム線（2m），おもりのセット，G形クランプ，実験台の滑車，定規，抵抗計かまたは電圧計とマイクロアンペア計．

# 流体の流れと粘性

### この章のための一般的な理論
ここで関係する基本的な2つの原理を以下に示す．

(a) ベルヌーイの法則：動いている物体の中では圧力が低くなることに関係した法則．

(b) ストークスの法則：流体の中を落下する物体の終端速度に関係した法則．

粘性 $\eta$ の流体の中を終端速度 $v$ で落下する半径 $r$ の球に作用する粘性抵抗力 $= 6\pi\eta rv$．

164．流体の流れ：インクとグリセリン
165．ストークスの法則
166．管の中の流体の流れ
167．釣り合っているボール
168．粘性と落下する塵
169．吹雪の中の発泡スチロールビーズ
170．定規を投げる（ベルヌーイ）
171．2枚の紙の間を吹く
172．空中でボールを動かす
173．漏斗の中のボール

## 164. 流体の流れ：インクとグリセリン

メスシリンダーかガラス管をグリセリン（壁紙用糊でもよい）で満たして，その上に青インクを入れて薄い層（数 mm）をつくる．それから1個のボールベアリングをこの容器に入れる．そのボールが落下していくと，インクがボールに集められて，ボールが下に動くとき，落下するボールに沿って描かれる流線がはっきり見える．インクはピペットで注意深くすれば，再び吸い上げることができるので，グリセリンは再使用できる．

〔必要なもの〕 背が高いメスシリンダー，グリセリンか壁紙用糊，インク，ピペット，ボールベアリング．

## 165. ストークスの法則

球に作用する粘性抵抗の効果は，グリセリンか壁紙用糊の中にボールベアリングを落とすことによって調べることができる．ほかの方法としては，ソーダ入り

飲料やシロップや，グリセリンの中を上昇する泡を観察してもよい．

〔理論〕 ボール(半径 $r$)がその終端速度($v$)で粘性係数($\eta$)の流体の中を落下しているとき，流体の粘性効果による抵抗力は，そのボールの重量($mg$)と浮力($U$)との差に等しい．

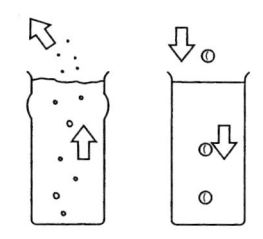

$$mg - U = 6\pi\eta rv$$

〔必要なもの〕 背が高いメスシリンダー，グリセリンか壁紙用糊，ボールベアリング，ストップウオッチ．

## 166. 管の中の流体の流れ

いくつかの異なる液体の粘性を比較するには，それらがガラス管を通って流れ落ちるようにするとよい．シロップの缶で時計がつくれるといわれてきた．シロップが流れ出るのにどれだけの時間がかかるかによって，目盛りをつけるのである．

〔必要なもの〕 さまざまな液体：水，シロップ，グリセリン，壁紙用糊，底に穴があいた缶，さまざまな直径のガラス管，ストップウオッチ，漏斗，ガラス管を漏斗に取り付けるための中心に穴があいたゴム栓，長さが短いゴム管，ゴム管用クリップ．

## 167. 釣り合っているボール

ポリスチレンボールかピンポン球を，蛇口から引いた垂直に噴射する水か，ヘアドライヤーから垂直に噴射する空気の上で浮かせて，釣り合いをとる（水の方が厄介である）．空気の噴射では，噴射の方向を垂直からかなりの角度に傾けることができて，ボールを浮かし続けているのは，単に噴射による上向きの力ではないことを示すことができる．空気の噴射で風船を浮かすことも試みるとよい．

〔理論〕 急速に動く空気の流れは圧力が低い領域を形成し，ボールをその中に保つのである．

〔必要なもの〕 噴射する空気，実験用スタンドとクランプ，さまざまなポリスチレン球（ビニールボール），ピンポン球，軽いゴムボール，ビーチボール．

## 168. 粘性と落下する塵

空気の粘性を，軽い雨や重い雨，部屋の中をゆっくり落ちる内装作業中の塵や，チェルノブイリ原発事故のあとでヨーロッパに降り注いだ放射性降下物と関係付けるとよい．重い雨は軽い雨よりも痛い，なぜならば雨滴が大きいばかりか，より速く落ちるからである（$6\pi\eta rv = mg = 4/3\pi r^3 g$）．大きさが異なる粒子の落下の速さを計算する．水の中にスチロセルビーズを入れて試してみるとよい．基本的には，粒子の終端速度を求めているのである．

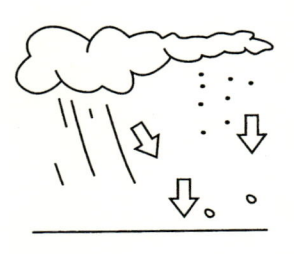

## 169. 吹雪の中の発泡スチロールビーズ

粘性抵抗の別のデモンストレーションは，水を満たしたガラスビンにスチロセルビーズ（発泡スチロールビーズ）を入れて，ふたをして，そのガラスビンを上下逆さにすることである．水の粘性（ストークスの法則）によってビーズはゆっくり落下して，かなりよい吹雪の模擬実験となる（クリスマスの余興！）．

〔必要なもの〕 発泡スチロールビーズ，ネジぶたがついた広口ガラスビン（背が高いほどよい；プラスチックのビンでもよい），水．

## 170. 定規を投げる（ベルヌーイ）

30 cmの定規をその中心を水平に持って，その長い軸のまわりに回転を与えて投げる．そのスピン運動の結果，定規は上か下にカーブするはずである．この運動をピンポンのトップスピンやボトムスピンと比較するとよい．

## 171. 2枚の紙の間を吹く

速く動く空気によって減少する圧力の最も簡単なデモンストレーションの1つは，2枚の紙を垂直に，片手に1枚ずつ平行に持って，その間を下向きに吹くことである．動く空気の中では圧力が下がること（ベルヌーイ効果）が，なぜ紙が互いに引き合うかを説明する．

〔必要なもの〕 2枚の紙．

## 172. 空中でボールを動かす

スピンをかけたピンポン球やテニスボールや野球ボールなどの空気中での軌道が曲がることは，つぎの実験で非常に明確に示すことができる．ポリスチレンのボールかピンポン球を，そのボールの直径よりもわずかに大きい内径で，底がある厚紙の筒に入れる．

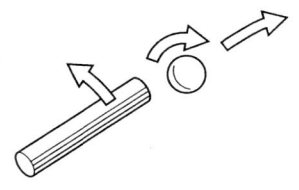

筒の一端を持って，ボールが投げ出されるようにすばやく筒を振る．筒の側面がボールに筒の垂直軸のまわりのスピンを与え，ボールは実験室を横切るときカーブするに違いない．10 m の飛行距離で，少なくとも 1 m 横にそらすことは簡単にできる．戸外の方がより速く投げることができるのでよい．

〔理論〕 回転しているボールが空気中を動くとき，それを過ぎる空気の流れは，一方の側が他方の側より速くなる．これがボールの2つの側の間の圧力差を生じ，ボールは空気の圧力が低い方へ動くのである．

〔必要なもの〕 ポリスチレンボールまたはピンポン球，長さが約 70 cm の厚紙の筒．

## 173. 漏斗の中のボール

速く動く空気の流れにおける圧力の低下を示す，もう1つの簡単なデモンストレーションは，実験台にピンポン球を置いて，その上にガラスの漏斗をかぶせることである．漏斗にヘアドライヤーを取り付けて，スイッチを入れ，空気を流す．ボールは漏斗の中に押し上げられるであろう．漏斗は実際，上下逆さに支えられているのに，ボールが漏斗の中へと持ち上げられるのは，ボールと漏斗の間の速く動く空気の急激な流れによるのである．

〔必要なもの〕 ヘアドライヤー，ピンポン球，ガラスの漏斗，ゴム管．

# 表面張力

### この章のための一般的な理論
半径 $r$ の液体と空気との境界曲面における圧力差は $2T/r$ である．ここで $T$ は液体の表面張力である．

174. 料理用ふるいにつけたワックス
175. 表面張力：間に水を入れたガラス片
176. 表面張力と石鹸液
177. 巨大なシャボン玉の処方箋
178. シャボン玉
179. ボートと表面張力
180. 回転する皿
181. コップに水を盛る
182. 針を浮かべる
183. 2つのシャボン玉
184. 樟脳ボート
185. 分子の大きさ

## 174. 料理用ふるいにつけたワックス

これは表面張力のとてもよいデモンストレーションである．熱したワックスに，ふるいをごく短時間ひたして，針金をワックスで薄く覆う．それから水をそのふるいに注ぐと，表面張力によって，水はその脂を塗った穴を通らない．水と針金との接触角が90°以上に増加するため，水は針金を濡らさないであろう．油でもまたうまくいく（実際には濃厚な油でのみ可能で，料理用油は適していない）．

〔必要なもの〕 料理用ふるい，ワックス，ワックスを加熱するのに適した容器．

## 175. 表面張力：間に水を入れたガラス片

2枚のガラス片を使って，そのうち1枚の表面に数滴の水を落とし，その上にもう1枚のガラスを注意深く重ねて置き，間の表面全体に水の薄い膜が広がるようにする．ガラス片の間の非常に薄い水の膜が，それらの間の水のカーブした表面で大きな圧力差を与え，ガラス片を引き離すのは非常にむずかしくなる．

〔理論〕 圧力差＝$2T/r$　ここで $T$ は液体の表面張力で，$r$ は水の表面の曲率半径である．

〔必要なもの〕 2枚の方形ガラスかまたはアクリル片．

## 176. 表面張力と石鹸液

水の表面張力に対する石鹸やメチルアルコールの効果は，この簡単な実験で非常に容易に示すことができる．平たい容器の底を着色した水の薄い層（1 mm 程度）で覆う．その水の表面を，アルコールか石鹸液を少しつけたガラス棒で触る．水は飛び出して，容器の底に水はなくなる．

〔必要なもの〕 平たい容器，水，石鹸液かまたはメチルアルコール．

## 177. 巨大なシャボン玉の処方箋

シャボン玉に関する数多くの実験は，"強化する"溶液を使用すると，より印象的である．大きなシャボン玉や石鹸膜の処方箋を以下に示す．大きなシャボン玉（直径 30 cm 以上）をつくることができるだけではなく，4本のプラスチックストローでつくった大きな枠に素晴らしい石鹸膜をつくることができて，それを振動させて，ゆっくりした調和単振動のデモンストレーションができる．

〔必要なもの〕 泡立て溶剤 100 m$l$，水道水 400 m$l$（これは少し多すぎるかもしれない），gelozone 200 m$l$（健康食品の店で入手できる），グリセリン 50 m$l$ の混合をつくる必要がある．

## 178. シャボン玉

シャボン玉は学校での物理に数多く使用される．それらは表面張力の実験やミリカンの実験の模擬実験や分子の大きさを見積もるためや，また，干渉効果のために使用することができる．その膜の美しい色は，異なる色の光に対する光路差によるのである．

石鹸の分子の大きさの上限は，石鹸膜やシャボン玉が壊れる寸前に色が黒くなる事実から得ることができる．そのとき，それらは非常に薄くなる（光の1波長以下になる）ので，単に1面で $\pi$ の位相のずれがあるに過ぎず，その厚みの影響による干渉はないのである（「いろいろな力学」実験210.参照）．

## 179. ボートと表面張力

方形の植物用容器を清潔な水で満たす．その容器と幅がほとんど同じの食物用の軽いアルミの方形の容器を探して，それをボートにして水の上に浮かべる．石

鹼液で少し濡らした指で，そのボートの後ろの水面に触れる．ボートはボートの前の水面のより大きな表面張力によって，水槽に沿って前へ引かれるに違いない．

〔理論〕 ボートの前面にかかる加速する力の総和$=LT$，ここで$L$はボートすなわちアルミ容器の前面の長さで，$T$は水と石鹼液との表面張力の差である．

〔必要なもの〕 植物用容器，方形のアルミの食物用容器，水，石鹼液．

## 180. 回転する皿

あざやかな石鹼膜を，回転台の上に載せた結晶皿の上につくることができる．それが回転するとき，石鹼膜の厚さが異なり（中心は薄く，端に向かって厚くなる），したがって膜内の干渉により異なる色がつくられる．このためには改良された巨大シャボン玉の処方箋（実験178.参照）を使用して，もし利用できればビデオカメラで結果を見ることを勧める．

〔必要なもの〕 結晶皿，回転台と適当な電源，接着用ゴム粘土，石鹼液，ビデオカメラ（使用できれば）．

## 181. コップに水を盛る

凸のメニスカス（毛細管での凹凸）の効果は，この簡単な実験で示すことができる．生徒の1人にガラスのコップに水を満たさせる．そこで教師が，さらに少しの水か，または鉛の玉を，コップの水を溢れさせずに加えることができることを示す．凸のメニスカスは水をそこに保つのである．

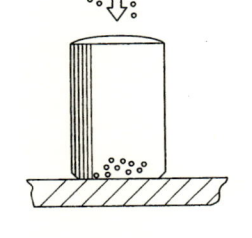

〔必要なもの〕 ガラスのコップ，水，砂か鉛の玉．

## 182. 針を浮かべる

水面が，虫のような小さな物体を支えることができることは，針を使用したこの実験でデモンストレーションできる．一片の吸い取り紙の上に針を寝かせて，水の上に持ってくる．それから，その吸い取り紙を静かに下げていき，ビーカーの中の水の表面に浮かばせる．吸い取り紙はついには水を吸って重くなり沈んでいくが，針は浮かんだままである．石鹼液を加える

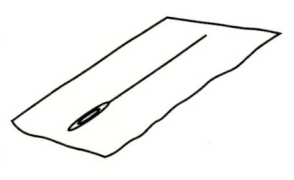

と，液体の表面張力が減少するので，針は沈む．応用として，カミソリの刃を浮かすとよい．

〔理論〕 水の表面は押し下げられ，針は2つの表面張力で持ち上げられる（表面張力＝$2\,TL\cos A$，ここで $L$ は針の長さ，$A$ は針が水面に静止しているところでの水面が垂直となす角度である）．針の重量 $(mg) = 2\,TL\cos A$．

〔必要なもの〕 吸い取り紙（よく水をすうものほどよい），針，カミソリの刃，水が入ったビーカー，石鹸液．

## 183． 2つのシャボン玉

大きさが異なるシャボン玉の圧力の差は，つぎの実験で示すことができる．T型接合管の上部左右の口に，それぞれ同様な長さのガラス管を，クリップをつけた短いゴム管を使用して，接合する．左右のガラス管の先に異なる大きさのシャボン玉をつくるが，これは左右交互に，クリップで片方を閉じて，下の口から吹いてつくる．両方にシャボン玉ができたら，T型の接合管の下の口を閉じて，上部のクリップは両方開いて，左右を接合する．大きい方のシャボン玉はさらに大きくなって曲面はゆるやかになり，一方，小さい方のシャボン玉はより小さくなって曲面は鋭くなる．2つの球面の曲率が同じになったとき，圧力は等しい．

〔理論〕 シャボン玉の曲面での圧力差＝$4\,T/r$，ここで $T$ はシャボン玉の液体の表面張力で，$r$ はシャボン玉の半径．

〔必要なもの〕 T型接合管，ガラス管，ゴム管，3個の管用クリップ，石鹸液．

## 184． 樟脳ボート

この実験は樟脳の小片によって水の表面張力が減少することを示す（樟脳の代わりに石鹸液の水滴でもうまくいく）．樟脳の小片を，水に浮かんでいる厚紙でつくったボートの後ろのノッチ（V字型の刻み目）に置く．樟脳が溶けると，ボートの前の，より大きな水の表面張力がボートを前に引く．

〔必要なもの〕 樟脳の小粒または石鹸液，厚紙，水槽の水．

## 185． 分子の大きさ

この伝統的な油滴の実験のためには，清潔な水で満たされた浅い平らな容器が必要である．表面を清潔にするには，ワックスを塗った一対の棒を中心からはじ

めて，水面上を両端まで引いていくとよいであろう．そこで，ほんの少量の石松子を水面にまく．1個の油を針金の上につくり，その直径($2r$)を測定する．ここで旅行用の顕微鏡の代わりに，ビデオカメラを使用すれば，大いに楽になる．さて，この油滴を水面に置くと，それは広がり，水面に油の円盤がつくられる．その円盤の直径（$2R$）を測定して，前に測定した油滴の半径を使用して，油の膜の厚さ($h$)を算出する．油の分子1個の直径がこれより大きいことはありえない．

〔理論〕 油の膜の体積($\pi R^2 h$)＝油滴の体積($4/3(\pi r^3)$)．したがって $h=4/3(r^3/R^2)$．

〔必要なもの〕 浅い平らな容器，水，石松子，油，針金，ビデオカメラかまたは 0.5 mm 目盛りの旅行用顕微鏡，ワックスを塗った棒，定規．

# いろいろな力学

186. 興味深い2重の滑車
187. 手の力
188. 風船の中のエネルギー
189. 竹トンボ
190. カーペットを解く：むち打ち症
191. 振動するピンポン球と空気の粘性
192. 人工衛星の軌道
193. 惑星の軌道
194. ストローとジャガイモ
195. レーシングカーのタイヤ：異なる種類のゴム
196. 肺の体積
197. ローラー
198. 猿とバナナ
199. ねじればかり
200. おもちゃの潜水夫
201. 木の棒の上のプロペラ
202. 蹄鉄とカクテル棒
203. 重力場のためのゴムシート
204. エアブレーキ：カードの帆がついた台車
205. 簡単な滑車モデル
206. 物体の振動の中心
207. 自転車の効率
208. 橋をつくる競争
209. 永久運動
210. 再び回転する石鹸膜
211. 氷上の猟師
212. 油と酢
213. 物体を拾うことと立つこと：バランスの問題
214. 回転する糸巻き
215. 棒にかけたカギとマッチ箱
216. エアブレーキとプロペラ
217. 大きな風船
218. 3個の硬貨
219. 角運動量の保存

## 186. 興味深い2重の滑車

この興味をそそる問題は，2つの滑車を使用している．低い方の滑車にかけてある糸の一端には100gのおもり，もう一端には200gのおもりが下がっている．この滑車は第2の糸に結合されていて，その糸は第2の滑車つまり高い方の滑車にかけてあり，その糸のもう一端には300gのおもり（と第1の滑車の質量と釣り合うプラスチックの小片）が下がっている．この第2の滑車は実験用スタンドに固定されている．高い方の滑車にかかっている糸の両端の質量は等しい．それらのおもりが自由に動けるようになったとき，何が起こるかを生徒に質問す

るとよい．

先にあげた質量の場合は，一番大きなおもりは $g/17$ の加速度で下向きに動く．

これをデモンストレーションするときは，ほとんど等しい小さな3つの質量ではじめた方がよい．さもないと，それらの加速度が大きくなり過ぎる．

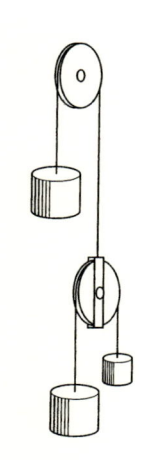

〔理論〕 低い方のおもりの加速度をそれぞれ $+a$ と $-a$ として，一番大きいおもりの加速度を $A$ としよう．これは（低い方の）可動滑車の加速度でもあり，つぎのように求められる（簡単のために，$g$ は $10\,\mathrm{m\,s^{-2}}$ とする）．

300 g のおもりについて考える：（ここで下の滑車の糸の張力を $T$ とする）

それは下向きに動くと仮定する（実際にそうである！） $3-2T=0.3A$ (i)

200 g のおもりについて考える：
$$2-T=0.2(a-A)=0.2a-0.2A \qquad (\mathrm{ii})$$

100 g のおもりについて考える：
$$T-1=0.1(a+A)=0.1a+0.1A \qquad (\mathrm{iii})$$

(iii) を2倍して
$$2T-2=0.2(a+A)=0.2a+0.2A \qquad (\mathrm{iv})$$

(iv) から (ii) を引いて
$$3T-4=0.4A \qquad (\mathrm{v})$$

(i) に 3/2 を掛けて
$$9/2-3T=[(0.9/2)A] \qquad (\mathrm{vi})$$

(v) に (vi) を加えて
$$0.5=0.85A$$

したがって
$$A=0.5/0.85=0.588\,\mathrm{m\,s^{-2}}$$

$g$ を $10\,\mathrm{m\,s^{-2}}$ としたことを思い出すと，$10/17=0.588$，したがって上の滑車の加速度は $g/17$．

もしも $g$ を $-9.81\,\mathrm{m\,s^{-2}}$ とした場合は，その加速度は 0.577 または $0.58\,\mathrm{m\,s^{-2}}$ となる．

〔必要なもの〕 2個の単滑車，下げることができるおもりのセット，糸，実験

用スタンド，クランプ，あとで解析するために運動を記録するのに使用するビデオカメラか，または3個の光ゲートによる速度計．

## 187. 手の力

手の力を求めるために，体重計を押す．体重計にもたれないように！
〔必要なもの〕 体重計．

## 188. 風船の中のエネルギー

ふくらませた風船のエネルギーを，計算によって，または放出してリニアエアトラックの運動エネルギーに変換されたエネルギーによって，もしくはポンプでふくらますときに必要なエネルギーによって求める．パーンと爆発させた場合，どれだけのエネルギーが破片の運動エネルギーになり，どれだけが音のエネルギーになるだろうか．

ゴムのシートを伸ばしたときのエネルギーは何か．気体の体積や圧力が変化するとき，どれだけのエネルギーが気体に蓄えられるか．

〔必要なもの〕 風船，リニアエアトラック．

## 189. 竹トンボ

これは短い竹や棒切れの上に，簡単な竹やプラスチックのプロペラがついたものである（シカモアの種に似たプロペラである）．それはプロペラの原理の非常によいデモンストレーションとなる．手のひらでうまくスピンを与えながら放つと，実験室を横切って飛ばすことができる．

## 190. カーペットを解く：むち打ち症

巻いてあるカーペットを解くとき，むち打ち症になることがある．それは，車が衝突したときの頭のむち打ち症の効果を説明するのに役立つ．

## 191. 振動するピンポン球と空気の粘性

空気の粘性と，その粘性が運動を減衰させる性質は，ある長さの糸に結び付けたピンポン球を振り子として使用することで，調べることができる．

〔必要なもの〕 ピンポン球，1m定規，スタンドとクランプ，糸．

## 192. 人工衛星の軌道

この実験のアイデアは，地上200 kmの人工衛星の軌道を，縮尺（2 kmを1 mmで表す）を使って描くことにある．6600 kmの軌道半径はこの縮尺では3.3 mになる．軌道の部分は長さ3.3 mの糸の先につけた鉛筆を使用して描き，その軌道上の1点で，弧の接線を描く．120秒間に衛星が落下するであろう距離を $s=1/2(gt^2)$ を使用して求める（$t=120$ s を使用して，$g$ は地上200 kmまで一定と仮定する）．接線からこの距離だけ垂直に落下した軌道上の位置に，しるしをつける．接線を書いた軌道上の点からこの落下地点までの弧の長さを測定して，それが全軌道の何割になるかを算出する．そこで全軌道を1周する時間を求めることができる．生徒に対しては，この大きな図から求めた周期を人工衛星の軌道に対する実際の周期の値に変えるとき問題になるのは，このデータの中の $g$ に対する値だけであることを，明確に説明することが重要である．

〔必要なもの〕　鉛筆，3.5 mの糸，大きな紙，1 m定規．

## 193. 惑星の軌道

円錐振り子を使用して惑星の軌道をシミュレートするか，もっとよいのは，衛星が空気の上層の摩擦によって，その軌道が崩壊していくのをシミュレートする．

軌道の崩壊はまた，大きなガラスの漏斗を使用してデモンストレートできる．衛星は渦巻き状に内側へと入っていくガラス球で表されるが，これは大気中の空気摩擦の影響による衛星の動きにたとえることができる．

## 194. ストローとジャガイモ

ジャガイモを半分に切る．その1つの切り口の平らな部分にプラスチックのストローを押し付け差し込んでみる．それはうまくいかない．ストローが曲がるだけである．今度はストローを素早くジャガイモの切り口に打ち込むと，それはまっすぐ中に入っていく．ストローを打ち込むときの歓声は，眠たいクラスをいつも目覚めさせる．

〔必要なもの〕　ジャガイモ，プラスチックストロー．

## 195. レーシングカーのタイヤ：異なる種類のゴム

レーシングカーのタイヤが，すぐに使い古されてしまうのはなぜだろう．それは触ってみるとねばねばする感じである．天気がよいときは，レーシングカーはつるつるしたタイヤを使用する．これらは実質的にはトレッド（溝形模様）のない滑らかなタイヤである．レースのスタートの際には，車輪は急速に回転させられ，タイヤは地面をスキッド（横滑り）して加熱し，表面が溶ける．この溶けたゴムが実によい滑り止めとなるのである！　しかし，それは雨の日は役に立たない．雨のときは摩擦がかなり減少するので，加熱されないのである．

## 196. 肺の体積

水が入った水槽の上に，水で満たしたメスシリンダーを逆さにして支える．その中に，息を吹き込むことによって，肺の体積を見積もることができる．メスシリンダーから吹き出された水の量が，肺の体積の近似値を与える．

〔必要なもの〕　水が入った水槽，数本の大きなメスシリンダーかまたは缶．

## 197. ローラー

これは斜面を転がり落ちる2つの円柱の実験である．1つはその軸が重く，もう1つは縁が重い（両方の全質量は等しい）円柱を使用するとよい．年少の生徒に対してはかれらに考えさせる，興味深いデモンストレーションとなる．年長の生徒には，慣性モーメントを解析させることができる．中心が重い缶の方が縁が重い缶よりも速く加速される．ブリキ缶の異なる場所に，余分なおもりを加えて使用する．

〔理論〕　固体の円柱（軸が重い缶）の慣性モーメント$= Mr^2/2$　ここで$r$は軸の半径．縁が重い缶の慣性モーメント$= Mr^2$　ここで$r$は缶の半径．

〔必要なもの〕　斜面，中心に荷重した缶と縁に荷重した缶．

## 198. 猿とバナナ

摩擦のない滑車にかけてあるロープ（質量は無視できる）に，猿がぶら下がっている．ロープのもう一端には，猿と質量が全く等しい一房のバナナがついている．猿がバナナに向かってロープを登りはじめたら何が起こるか．

バナナもまた猿と同じ加速度で上向きに移動する．こんどは猿がもしロープを

手放すと，バナナも猿も両方が落下して，それらの距離は等しいままである．猿が再びロープを摑んだとすると，おそらく猿は手をやけどするだろうが，かれらはともに静止する．

この問題をさらにひねってくれた同僚にわたしは感謝している．もしも猿が手を延ばしてバナナを食べ出したらどうなるか？

## 199. ねじればかり

自家製のねじればかりをつくるには，2つの支えの間に針金を張って，プラスチックストローのような軽い棒を針金に垂直に固定すると，正確なはかりとして使用できる（針金をピンと張るにはクランプが役に立つ）．それはまた，力の正確な測定のデモンストレーションや，または金属の剪断弾性係数の研究にも使用できる．

〔必要なもの〕 針金，2個の実験用スタンドのボスとクランプ，G形クランプ，軽い棒またはプラスチックストロー，下げることができるおもり（軽いもの）．

## 200. おもちゃの潜水夫

あるおもちゃ屋では，プラスチックの潜水夫のおもちゃを売っている．それは，管に息を吹き込んで潜水夫を上昇させ，吸い込んで沈ませることができる．それはどちらかといえば，デカルトの潜水夫（浮沈子）に似ている（「密度，浮力，アルキメデス」実験 35. 参照）．

## 201. 木の棒の上のプロペラ

この素晴らしく簡単なおもちゃは，断面積が約 1 cm²，長さが約 20 cm の片面に鋸歯状の切り込みが入った棒の一端に薄い木製のプロペラが釘で取り付けてあるだけのものだが，その中の物理はかなり複雑である．その鋸歯状の部分に沿って，小さな木片でこするとプロペラが回転するであろう．ほかの側面に沿ってこすると，プロペラをほかの方向に回すことができる．

〔理論〕 鋸歯状の刃による非対称な振動が原因で棒に楕円定常波が生じるのである．

## 202. 蹄鉄とカクテル棒

　図に示されているように，厚紙の蹄鉄がカクテル棒で支えられている．問題は，この蹄鉄とカクテル棒とを，手では触らずに，もう1本のカクテル棒だけで持ち上げることである．

　1つの可能な解：蹄鉄を前に少し倒して，それを支えている棒をその下に突き出させ，もう1本の棒の上に寝かせる．それからこれを使用して最初の棒と蹄鉄との両方を持ち上げる．

## 203. 重力場のためのゴムシート

　古い自転車の車輪（スポークは取り外す）をゴムシートで覆い固定すると，重力場を模した非常によいデモンストレーションができる．シートは糸でしっかりと車輪の縁全体に固定する必要がある．シートの中心から下げるおもりのセットで，中心の物体（惑星や恒星）の質量の変化を非常に簡単にシミュレートすることができる．それから（軌道を回る衛星や惑星を表す）ボールベアリングを転がす．ボールが中心の質量のまわりの円の接線に沿って動きはじめるように試みる．中心におもりの代わりに重いボールベアリングを使用すると，中心の質量が動くので，中心の質量と外から近づいてくる質量と，両方の効果を示すことができる．

　シートを転がる重いボールベアリングによって，シートが下がることは質量が大きな物体の重力場によって形成される空間の湾曲をシミュレートする．

　ほかの方法としては，大きなコーヒー缶の底を抜いて，一端を包装用ラップフィルムで覆って使用することである．全体の装置をOHPの上に載せれば，全クラスに見せることができる．

　〔必要なもの〕　スポークを外した自転車の車輪，薄いゴムシート，吊り下げられるおもりのセット，さまざまなボールベアリング．

## 204. エアブレーキ：カードの帆がついた台車

　斜面を下降する，おもちゃの車の探求実験の発展として，エアブレーキを使用して試みる．車に結び付けた糸のもう一方の端を，試験管の中に立てたガラス棒

のまわりに巻き付ける．その棒の上部に1枚のカード（はがきが理想的）を，エアブレーキとして働くように取り付ける．大きさが異なるカードが，車の加速度に及ぼす効果を調べる．カードの面積の逆数に対して，車が一定の距離走った位置での車の速度の2乗のグラフを描くことを勧める．

〔必要なもの〕 おもちゃの車，カード，時間または速度測定器，斜面のための木の板．

## 205. 簡単な滑車モデル

滑車のシステムの機械的利益の興味深く驚くべき例は，つぎのデモンストレーションによって示すことができる．2本の棒を2人の生徒に平行に持たせる（一対の実験用スタンドでもこれはうまくいくであろう）．その1本にひもをしっかり結び付けて，それから両方の棒に数回巻き付ける．ひものほかの端をあなたが持って引っ張ると，棒を持っている2人があなたに抵抗してどんなにしっかりと棒を保持しようとしても，あなたは両方の棒を一緒に引き寄せることができる．棒と糸との間に摩擦がなくて，たくさん巻き付けてあればあるほど，あなたはよりうまく成功することができるであろう．この結果は，一定の効率に対しては，大きな速度比があれば，大きな機械的利益がある，実際の滑車のシステムのまさによい例であることがわかる．

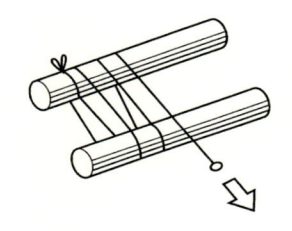

〔理論〕 滑車システムに対して，効率＝機械的な利益/速度比．

〔必要なもの〕 2個の丈夫な木の棒，ほうきの柄の一部，または実験用スタンドの棒，滑らかなひも．

## 206. 物体の振動の中心

1m定規の端から5cmのところをマッチ箱で支える．マッチ箱から下がっている定規の3分の2のところをハンマーで鋭く叩く．何が起こるか．さまざまな位置でこれを試みて，クリケットや野球などの打者が感じる力と関係づける．

## 207. 自転車の効率

自転車を逆さにして，機械的利益を測定し，その速度比から自転車の効率を算出する．機械的利益は1つのペダルにおもりを下げて，これに対抗する力を車輪

の縁に作用して，その力を力測定器（ニュートン計）で測定して計算する．速度比は，車輪の縁の1点がペダルの1回転で進む距離を測定することによって，計算できる．

〔理論〕　　　　　　自転車の効率＝［(機械的利益/速度比)×100］

〔必要なもの〕　自転車，大きな吊り下げられる質量，力測定器（ニュートン計），ひも，実験用スタンドとクランプ．

## 208. 橋をつくる競争

これを行うことは，一般的な興味のためにも，また，授業で構造の章について学習するためにも価値がある．これは，生徒たちにモーメントやベクトル解析について考えさせる有効な方法である．材料としてはプラスチックストローがかなりよい．それらを一緒に結合することが問題である．それらを糸で一緒に縫い合わせたこともある．

生徒たちに，与えられた材料で，できるだけ大きな溝にかかる橋をつくらせるか，または幅が決まっている溝にかける，できるだけ強い橋をつくらせるとよい．

〔必要なもの〕　プラスチックストロー，カード，接着テープ，糸．

## 209. 永久運動

木製の円盤を，その中心が，水槽の壁の中の軸によって支えられ，円盤の半分は空中にあり，ほかの半分は水中にあるように取り付ける．水中にある側は浮力を受ける（摩擦のない完全な遮蔽がされていて，水は漏れ出ることがないと仮定する）．なぜこの円盤は回らないのか．

## 210. 再び回転する石鹸膜

ブリキ缶の一端に石鹸膜を張り，その軸を水平にしたものを使用する．缶をモーターに取り付けて回転させて，半透明のスクリーンの後ろから100Wのランプでそれを照明する．缶が回転しているとき，石鹸膜は2つのことをする．それはその形を回転している液体表面のような形にゆがめ，中心が薄くなる．したがってそれは液体表面の形のデモンストレーションに使用できるだけでなく，厚さが変化する薄膜内の回折を見ることにも使用できる（「表面張力」実験180.も参照すること）．

〔必要なもの〕 ブリキ缶，石鹸液，モータ，100 W のランプ，半透明のスクリーン．

## 211． 氷上の猟師

これは大きさが等しく，向きが反対の力の興味深いたとえである．眠たげな北極熊に結びつけたロープをあなたが持って，凍結した湖に立っていると仮定する．あなたがロープを引くと，もし抵抗が無視できるならば，あなたも熊もともに動く．あなたが予想するであろうように，熊の方が質量が大きいので，熊はあなたよりゆっくり加速される．しかし，あなたと熊はどこで出会うのだろうか．実際に，もしも摩擦がないならば，あなたと熊はつねに $md_1 = Md_2$ となる，同じ場所で出会うことが証明できる．あなたの質量が $m$ であなたの動く距離が $d_1$，熊の質量が $M$ で熊は $d_2$ だけ動く．

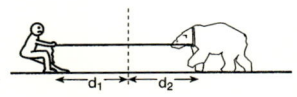

## 212． 油 と 酢

浮力の興味深い例として，1つのビンから注ぐサラダドレッシングの異なる割合での混合の問題がある．ある夫婦がピクニックに行ったが，かれらのサラダドレッシングとして，油と酢が入っている（油が酢の上に浮いている）1本のビンだけを持って行った．問題は2人が油と酢との異なる割合の混合を好むことにある．かれらは1本だけのビンから，それぞれの好みのドレッシングをどのようにして得ることができるであろうか．

〔解答〕 いくらかの油を注いでからビンを逆さにひっくり返す；油は酢の上にまだ浮いているので，それを逆さにするときビンの口を親指で覆っていれば，親指をずらすことで必要な量の酢を注ぐことができる．

〔必要なもの〕 口が狭いビン，油，酢．

## 213． 物体を拾うことと立つこと：バランスの問題

(a) バランスを取ることと人体の質量中心との興味深い例を示すために，生徒たちにかれらのかかとを壁に接して立たせ，たとえば，かれらの 50 cm 前に置いた物体を拾わせるとよい．これが可能とは思えない．

(b) バランスのほかの例は，生徒たちを背がまっすぐな椅子に姿勢よく座らせ，足はぺったり床に着け，ひざは垂直に曲げさせる．それからかれらに前に

かがむことなく立ち上がるようにいう．それは不可能である．生徒たちはかれらの体重の一部を椅子の支点より前に出さない限り，立ち上がることはできない．

## 214. 回転する糸巻き

この興味をそそるデモンストレーションは，糸巻きを使用する．ある長さの糸を糸巻きからほどくのだが，水平に対してある角度でゆっくりと糸を引く．水平に対して糸の角度が小さいときは糸巻きは前に進むが，大きいと後ろに進む．重要な点は，糸巻きが実験台に触れている点に，糸の線がいつ出会うかである．

## 215. 棒にかけたカギとマッチ箱

ある長さの糸の一端に1組のカギを結び付けて，もう一方の端にはマッチ箱を結び付ける．ボス（突起）に水平に固定した木の短い棒にその糸をかける．マッチ箱を棒と同じ高さまで持ち上げて支え，カギは棒から垂直に下向きに下がっている状態にする．そこで手を放すとカギは落ち，マッチ箱は下に振れるが，糸は棒のまわりに巻き付く．

〔必要なもの〕 実験用スタンドとボス，木の短い棒，マッチ箱，1組のカギかまたは50gの質量，糸．

## 216. エアブレーキとプロペラ

エアブレーキの非常によいデモンストレーションは，手づくりの風車を使用する．その風車をつくるには，数枚の厚紙の羽をコルクに取り付け，そのコルクはガラス管にはめて，ガラス管の底はガラス棒に固定する．このガラス棒に巻き付けた糸は滑車にかけて，加速用のおもりか，または斜面を下降する車に結び付ける．羽の大きさを変えることで，異なる減衰効果をつくることができる．

〔必要なもの〕 コルク，厚紙，ガラス管，ガラス棒とピボット（旋回軸），糸，車，斜面，滑車．

## 217. 大きな風船

空気の密度を測定するためには，大きなゴム風船の使用が役に立つ．風船は直径30cmにふくらませると，体積は約0.03m³で，したがって空気の質量は0.36gである．そうなるだろうか．風船をふくらませたとき，空気の圧力は変化するので，上皿天秤に載せて測定すると，空気の実際の質量は，標準の大気圧

での同じ体積の質量よりも大きい．これは年少の生徒に対してはよい導入となり，また年長の生徒に対しては気体の法則を学ぶのに使用できる．

〔必要なもの〕 大きな風船．

## 218. 3個の硬貨

運動量の保存則とニュートンのゆりかご（「運動量，衝突，爆発」の章の実験83.参照）は，テーブルの上の3個の硬貨でもデモンストレーションできる．2個を並べて置いて，第3の硬貨を指で滑らせて，第2の硬貨に衝突させる．第3の硬貨は静止して，第1の硬貨が飛び離れる．

これの大規模な変形はクロケットのゲームでデモンストレーションできる．2個のクロケットボールを互いに接触させて置き，その1つのボールの先に自分の足を置く．それからこのボールを打球槌で打つと，自由なボールが動いて離れる．

## 219. 角運動量の保存

これはいくつかの簡単な実験で，デモンストレーションできる．

(a) 回転台の上に生徒を1人，腕を広げて立たせる．その生徒が回転しはじめるようにやさしく押す．それからかれに腕を自分の脇に引くようにいう．かれの回転モーメントが減少するので，自転の速さは増加する．角運動量を保存するために，自転の速さはより大きくなる必要がある（生徒の両手に1kgの質量を持たせると，さらにうまくいく！）．

(b) ほうきの柄の先端に固定した円錐振り子を使用する．振り子のおもりをそれが円運動するように押す．糸は棒に巻き付き，軌道半径が小さくなるにつれて，回転の速さは増加する．

(c) はりから下げられているひもに円柱を固定する．その円柱の側面を持ってぐるぐる回す．軸を垂直にして円柱が落ちるとき，自転の速さは増加する．

(d) 回転している台に生徒を立たせて，1kgの質量のものをあなたに向けて投げさせる．

(e) OHPの上に電池で動く扇風機を載せる．扇風機のスイッチを入れると，羽が1方向に回り，扇風機の本体は反対方向に回る．

〔必要なもの〕 回転台，2個の1kg質量，ほうきの柄，OHP，扇風機，ひもと円柱．

# III

## 波動光学

# 共振と減衰

## この章のための一般的な理論

**共振**：子供のブランコのように，どんな物体も，押されると揺れはじめる．そして，もしも押す振動数がある特別の値であれば，ブランコの振動の振幅は大きくなっていくことがわかる．これは共振として知られている．いいかえると，駆動する振動数が振動系の固有振動数と等しい場合は，共振が起こる．

**減衰**：2つのタイプの減衰がある．
 (a) 内部—内力によって物体の振動の振幅が減衰する．
 (b) 外部—空気や液体のような外力によって物体の振動の振幅が減衰する．

これらのどちらも過小減衰，臨界減衰，過減衰をつくることができる．過小減衰では振動がゆっくり減衰していき，臨界減衰では1回の振動より短い時間に振動がかなり早く減衰し，過減衰では物体は振動することなく，長時間かかってその平衡位置に達する．

220．力学的共振：弓のこの刃
221．連成振り子
222．建物の間の共振
223．定常波
224．再び共振
225．共振と地震
226．棒の共振
227．連成振り子：2つの調和単振動
228．空気減衰
229．タコマ渓谷の橋
230．共振曲線と減衰
231．フィードバック
232．共振：タンバリン
233．連成振動と共振：ウィルバーフォース振り子

## 220． 力学的共振：弓のこの刃

力学的共振は，長さ30 cmの弓のこをクランプで垂直に固定したものを使用して，非常によくデモンストレートできる．信号発振器に接続した振動発生器を使用して，弓のこの刃の下の部分をそれで押して振動させ，刃の先端には工作用粘土の塊をくっつける．異なる共振振動数を得るために，弓のこの刃が大きく振動するまで，振動発生器の振動数を変える．われわれは装置が動かないようにす

るために，2個の5 kgのおもりをそれぞれ振動発生器とクランプの後ろに置く．その代わりに，実験台に2つの装置をクランプで固定してもよい．共振振動数は普通，10～20 Hzの範囲である．

この共振実験のもう1つの方法は，弓のこを水平に，振動発生器に直接取り付けて行う．それは，実験台の端に突き出した定規を弾いたときのようになる．

〔必要なもの〕 振動発生器，信号発振器，弓のこ，2個の5 kgのおもりまたはG形クランプ，2個の支持台付きクランプ，工作用粘土．

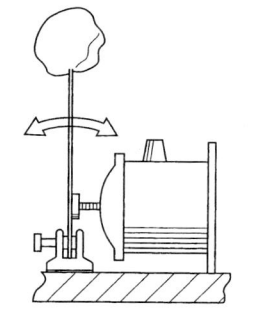

## 221. 連成振り子

ピンと水平に張った1本のひもから，1連の軽い振り子をすべて吊り下げる．そのひもに1個の重い振り子と，それと同じ長さの軽い振り子とを取り付ける．そこで，重い振り子を平衡位置からずらして放す．その重い振り子と，同じ長さの軽い振り子との間に共振が起こるであろう．すべての振り子がそれぞれ，重い振り子との間の位相差を伴って動くであろう．伝統的なこの種の連成振り子（バートン）は鉛の球と紙の円錐からなるが，わたしは，軽い振り子にはポリスチレンの球が非常に適していることを見出した．

〔必要なもの〕 5個の軽い振り子，1個の重い振り子，ひも，2個の実験用スタンド，2個のG形クランプ．

## 222. 建物の間の共振

わたしは，車庫で隣の家とつながっている家に住んでいた．どちらの家にも同じ大きさの間仕切りのない居間があった．隣の住人が居間でステレオを使用するとき，わたしの居間でもそれが大きい音で聞こえていた．その音は両方の家をつないでいるはりに沿って伝わり，わたしの家で共振した．低音の振動数の音が伝わるのは特に不愉快だった．低い振動数は体積が大きい部屋で共振してとどろきわたるのである！

## 223. 定　常　波

定常波と共振とのデモンストレーションのために，信号発振器に接続した振動

発生器を上下逆さに固定して使用する．発生器からばねを吊るして，ばねの下端にはおもりを下げる．この配置だと，下げるおもりを変えることによって，系の共振振動数を簡単に変えることができる．共振振動数を見つけるには，振動発生器の振動数を変化させて，おもりの最も大きな振動を探せばよい．その周期を，ばねの固有振動の周期の式，$T=2\pi(e/g)^{1/2}$ と比較するとよい．この式で $e$ は，質量 $m$ が下がっているばねが静止しているときの，ばねの伸びである．

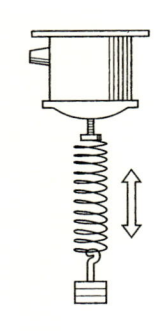

この実験の別の方法は，おもりを下げたばねを糸で吊るし，その糸を滑車を通して振動発生器に結びつける方法である．

〔必要なもの〕 滑車，振動発生器，信号発振器，糸，つるまきばね，吊り下げることができるおもり，実験用スタンドとクランプ．

## 224. 再び共振

振動発生器を使用した共振の実験のさらに異なる例は，実験用スタンドからばねを吊るして行う．そのばねにおもりを下げて，そのおもりの下にもう1つのばねを吊るす．このばねの下端を振動発生器に取り付けて，発生器のスイッチを入れる．振動発生器の振動数を調節すると，共振が起こる．

〔必要なもの〕 振動発生器，信号発振器，50gのおもり，2個のつるまきばね（伸びていないとき3cm×1cm），実験用スタンド，G形クランプ．

## 225. 共振と地震

この実験は，地震の効果をシミュレートする2つの異なる方法を提案している．

(a) 長さが異なる数本の木の棒（または弓のこの刃）を1枚の板に固定して，おのおのの棒の上端には異なる量の粘土をつける．それから地震をシミュレートするために，板を揺らす．板が揺れる振動数によって，棒のどれかは強く振動して，共振を示すであろう．

(b) 第2の方法は，1枚の厚紙に，直径が異なる

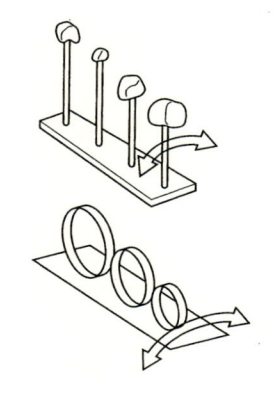

数個の紙の輪を貼り付けて行う．この輪が大きさが異なる建物を表している．それから厚紙を揺らして，その揺らす振動数が正しければ，輪の1つが共振する．揺らす振動数を変えていくと，異なる輪が共振するであろう．また，異なる材料でできた建物を表すために，厚紙やアルミホイルの輪でも調べるとよい．

これは，大きさや形や固さが異なる建物への地震の効果のよいシミュレーションとなる．

〔必要なもの〕 木の棒，工作用粘土，板，紙，厚紙，アルミホイル．

## 226. 棒の共振

長さが約1m，直径が約0.5cmの金属棒を使用する．その棒の中心を片手でつかんで，もう一方の手の親指と人差し指に松脂粉を塗りつけて，その両指で棒をなでる．棒は"鳴る"であろう．よい共鳴を得るには，棒をかなり強くしっかりと握る必要がある．

〔必要なもの〕 長さが約1m，直径が約0.5cmの金属棒，松脂粉（ロジン）．

## 227. 連成振り子：2つの調和単振動

漏斗を4本の糸で吊るして，2つの平面内で振動できるようにする．漏斗の下端の出口を指でふさいで，漏斗に砂を入れる．それから指をはずして，1枚の紙の上で振動させる．2方向の調和単振動を示す模様がつくられる．

〔必要なもの〕 漏斗，糸，砂，実験用スタンドとクランプ．

## 228. 空気減衰

ばねからおもりを下げる．おもりの上に，大きな厚紙の円板を取り付ける．溝がついたおもりのセットのハンガー（吊り手）を使用すると便利である．吊り手の底に厚紙の円板を載せて，その上にもう1つのおもりを載せる．おもりを下に引いて，振動させる．この効果をよく示すためには，最初の振幅が20cmくらいになるばね定数をもつばねが必要である．デモンストレーションとしては，スリンキーばねが非常にうまくいく．空気減衰の効果は，時間が経つにしたがって減衰していく振幅を測定することによって，簡単に調べることができる．高校最

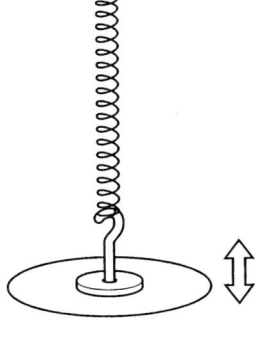

高学年の生徒に対しては，振動の回数に対する振幅の自然対数のグラフから，この運動の方程式，すなわち $A=A_0e^{-kn}$ を求めさせることができる．

異なる直径の円板を使用して，さらに進んだ研究を行うことができる．

〔必要なもの〕 つるまきばね（スリンキー），溝がついたおもり，直径 30 cm の厚紙の円板，支持台に立ててクランプで固定した定規．

## 229． タコマ渓谷の橋

このタコマ橋の崩壊の昔のフィルムを録画したビデオは，すべての物理教室に備えて，この橋の特別の構造に対する強風の効果で，橋が共振して崩壊したことを示すとよい．1人の人物が自分の車から離れていくのに注目するとよい．かれのペットの犬は実際，車に残され，車とともに川に落ちたとわたしは理解している．すべての吊り橋にとって，共振は問題である．実際わたしは中学校に通っていたとき，通学路の一部でシュローズベリーのセヴァーン川にかかっている小さな吊り橋の歩道橋を渡っていた．わたしたち2,3人が一緒に適当な速さで強く歩いて渡ると，その橋は揺れはじめた．この地方の陸軍幹部学校の生徒たちは，その橋を渡るときは歩調を落とすようにいわれていた．かれらは命令にいつも従うわけではなかった！

## 230． 共振曲線と減衰

ミルクビンの口を横切るように吹くか，または音叉を弾いてつくることができる音の性質は，振動系の減衰とその共振曲線の形との関係のよいデモンストレーションとなる．ミルクビンは広い共振曲線をもつが，急激に減衰する．音叉は鋭い共振だが，減衰は小さく，したがってその振動は減衰してしまうまで長く続く．音の減衰はマイクロホンと蓄積オシロスコープか，またはコンピュータセンサーで測定できる．

〔必要なもの〕 ミルクビン，共鳴箱に取り付けた音叉，マイクロホン，蓄積オシロスコープまたはコンピュータセンサー．

## 231． フィードバック

フィードバックは，系の出力の一部か全体が入力に戻って，それに影響する現

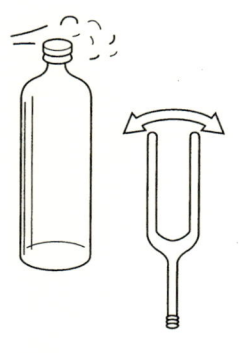

象である．これの簡単なデモンストレーションはつぎに示すが，運動会の拡声装置や，またはコンサートや演劇のために音響システムを準備しているときに，われわれの多くがよく聞く効果である．増幅器で駆動されているスピーカーの前に，マイクロホンを置く．わずかなノイズがフィードバックを示す高音のキーンと鳴る音をつくるであろう．

フィードバックが出力を増加させる正のフィードバックと，フィードバックが出力を減少させる負のフィードバックのアナロジーをつぎに示す．

正のフィードバック：丘を転がり落ちる雪だるま；大きくなればなるほど，より大きくなる．負のフィードバック：木の葉または泥が入っている，せまい溝を通る流れにおいて木の葉が多くなればなるほど，水の流れはより遅くなり，また，より多くの葉が入ってくる，というように続く．

## 232. 共振：タンバリン

1個のタンバリンをその膜が垂直になるように縁をクランプで固定して，軽いポリスチレンの球をタンバリンのその膜にちょうど触れるように吊るす．そこで，第2の同じタンバリンを最初のタンバリンに平行に支えて近づける．この第2のタンバリンを叩く．最初のタンバリンの共振効果で，球は膜から離れて振れる．

〔必要なもの〕　ポリスチレン球，タンバリン2個，実験用スタンドとクランプ．

## 233. 連成振動と共振：ウィルバーフォース振り子

装置は簡単で，ばねにおもりが下げられている．それは3つの振動モードを持っている．

(a) 揺れる運動
(b) ばねの軸に沿った垂直の振動
(c) ねじれ振動

この最後の2つのモードが同じ基本振動数を持つ場合は，その両者の間で，エネルギーが移動できる．おもりを変えないでねじれ振動を変化させる方法は，径の方向に4本のボルトを固定した木の円板を使用することである．おのおのボルトにはナットがついているが，そのナットを内側や外側に移動させることで，その質量を変えることなく円板の慣性モーメントを変えることができる．

〔必要なもの〕　ばね，おもり，前記のようなボルトとナットが付いた木の円板．

# ドップラー効果

### この章のための一般的な理論

この章ではドップラー効果—動いている波源または観察者によって生じる，観察される振動数や波長の変化—を取り扱う．波源や観察者が互いに近づいたり遠ざかったりして動いているときは，観察者が受ける波の振動数に，観察できる変化が生じる．この変化($\Delta f$)は式 $\Delta f = fv/c$ で与えられ，ここで $v$ は波源と観察者との相対的な速度で，$c$ は波の速度である．

- 234．マイクロ波のドップラー速度
- 235．ドップラーブザー
- 236．ドップラーアヒル
- 237．うなりとドップラー効果
- 238．チョコレート工場とドップラー効果
- 239．ドップラー効果の応用

## 234. マイクロ波のドップラー速度

動いている物体から反射されることによる（ドップラー効果による）振動数の偏移は，2.8 cm のマイクロ波の装置を使用して，非常に簡単に示すことができる．マイクロ波の送信機と受信機とを横に並べて，同じ方向に向けて置く．受信機は増幅器とスピーカーとに接続する．送信機や受信機の前には厚紙を垂直に立てて支持台にクランプで固定する．この厚紙のさらに先で，金属板を動かして近づけたり，遠ざけたりする．

ドップラー偏移はスピーカーからの音色として，容易に聞くことができる．金属板として，1 m 定規を振ると，特に効果がある．定規を速く近づけるほど，音は高くなる．壁からよく反射する実験室で行う場合は，厚紙はなくても，手だけで実験できる．警官がスピード違反車の取締りに使用するレーダーの振動数も，われわれ皆が学校で使用しているこのマイクロ波の振動数とまったく同じで，波長 $\lambda = 2.8$ cm である！

受信機の出力を増幅器を通してオシロスコープに接続すると，はるかに感度が高い結果が得られる．したがって厚紙の前でのどんな動きもスクリーンに大きな軌跡を与える．それから，その軌跡の実際の形も簡単に知ることができる．

〔理論〕 マイクロ波送信機はマイクロ波のビームを生じ，その一部は静止して

いる厚紙で反射して受信機に戻るが，また，厚紙を通り抜けて動いている物体で反射して受信機に戻るビームもある．動いている物体で反射した波はドップラー偏移している．すなわち，物体が厚紙に向かって動く場合は振動数が増加するが，厚紙から離れる場合は振動数が減少する．受信機に入ってくる2つの信号が増幅器に送られ，それらの信号の差がスピーカーから音として出てくる．

$$振動数の偏移(\varDelta f) = 2fv/c$$

〔必要なもの〕 2.8 cmマイクロ波送信機，2.8 cmマイクロ波受信機，電源，ラウドスピーカー，増幅器，支持台に垂直に固定されたA4判厚紙，1 m定規と金属板，オシロスコープ，できればビデオカメラ．

## 235． ドップラーブザー

音のドップラー効果を示す簡単な方法は，ピエゾ電気のブザーをぐるぐる回すことである．小さなブザーに長い導線をつないで，テープで安全なようにしっかりとめて，電池か電源に接続する．電池を手に持って，ブザーを頭上で回転させる．長さ1.5 mの（またはもっと長い）導線を2本使用すると，実によいドップラー効果が生じる．生徒たちに「実際にブザーを回転させている人は，ドップラー効果を聞くことができるだろうか」または「音の高さの変化は，ほかの人だけが聞くことができるのだろうか」と質問して，かれらの考えを聞くとよい．

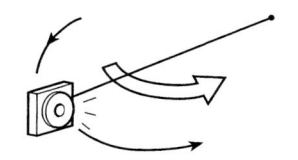

また，「回転させている人に，どのくらい近いかが関係するだろうか」と質問するのも興味深い．それは明らかに関係する．つまり，近ければ近いほど，高音と低音との音程がよく変化する（ピエゾ電気ブザーの代わりに，小さなスピーカーでもよい）．

〔理論〕 音の振動数の変化 $\varDelta f = fv/c$：発信される振動数が300 Hzで，半径1 mの円を毎秒2回転させたとすると，振動数偏移は11.5 Hzで，発信される振動数の半音より少し小さい変化である．

〔必要なもの〕 ピエゾ電気のブザー，電源または電池一式，2 mの導線2本，絶縁テープ．

## 236． ドップラーアヒル

わたしは水掻きがついたゼンマイ仕掛けのアヒルを使用して，水槽に波を起こ

し，ドップラー効果を示している．動くアヒルの前の波は縮まり，後ろの波は伸びる．なお，水槽は長いほどよい．わたしはよく，実験室に浴槽があると非常に役に立つと思った．わたしのアヒルは溺れかけている！ 水槽の上にビデオカメラを取り付ければ，この効果をクラス全体に示すのに役立つ．

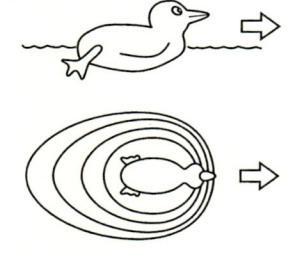

〔必要なもの〕 水槽，ゼンマイ仕掛けのプラスチックのアヒル，できればビデオカメラ．

## 237. うなりとドップラー効果

ドップラー効果による音の高さの変化は，2つの信号の間のうなりを与えるのに使用できる．2つの波源として，2つの小さなスピーカーに出力を送る2台の信号発振器が必要である．スピーカーの1つは力学台車（または線形エアトラック）に取り付ける．うなりを与えるように2台の発振器を調節してから，力学台車を動かすと，うなりの振動数が変化する．これはまさに，警官のレーダーによるスピード違反車取締りのシミュレーションであり，実験234の音波版である．

〔必要なもの〕 2個の小さなラウドスピーカー，力学台車または線形エアトラック，2台の信号発振器．

## 238. チョコレート工場とドップラー効果

ドップラー効果を説明するためのよいアナロジーは，あなたがチョコレート工場で，一定の速さで動いているベルトコンベヤーで運ばれてくるチョコレートを取って箱に詰める作業をしている，と想像することである．そのベルトのほかの端には別の人がいて，チョコレートを一定の割合でベルトに載せているとする．したがってチョコレートは，ベルトに載せられるのと同じ割合で，あなたのところに届く．

そこで今度は，チョコレートをベルトに載せる人が，あなたの方に向かって歩きながら，最初と同じ割合でチョコレートを載せると考えよう．あなたは前よりも速い割合でチョコレートを受け取るであろう．なぜなら，1つのチョコレートをベルトに置いたあと，つぎのチョコレートを置くまでに，その人はベルトと同じ方向に歩くので，チョコレートの間隔はその人が歩かないで載せる場合に比べると短くなっている．また，チョコレートを載せる人が歩かない場合でも，あな

た自身がその人に向かって歩きながらチョコレートを受け取るときも，その割合は速くなる．

もし，反対方向に歩けば，チョコレートの間隔は増加して，受け取る割合は遅くなる．つまり，ドップラー赤方偏移である．

このアナロジーで，チョコレートは波の山を表し，ベルトに載せる割合は波源の最初の振動数を表し，チョコレートを受け取る割合は観察者の振動数を表している．あなた（またはチョコレートを載せる人）の歩く速さは観察者（または波源）の速さを，ベルトの速さは波の速さを表している．

## 239. ドップラー効果の応用

1. 銀河の赤方偏移―後退している銀河の線スペクトルの赤い方への偏移．
2. プラズマ温度―速く動く原子からの線スペクトルのひろがり．
3. ドップラー盗難警報機―動いている物体からの信号の反射．
4. 太陽の回転―周縁部の後退や接近による振動数の偏移．
5. スピード違反車取締りのレーダー装置―動いている車による振動数の偏移．
6. 人体の血流の速さ―移動している血から反射される信号の振動数の偏移．

# 振 動 と 波

### この章のための一般的な理論
　振動とは実際，まさに揺れること．すなわち，左右，または上下の動きである．大きくて重く，結合がゆるい物体はゆっくりとした振動の固有振動数をもち，一方，小さくて軽く，堅い物体は速く振動する．

240．縄跳びのロープ：ある振動数のみ
241．波　　動
242．波と屈折
243．板の定常波：ドラム
244．振　　動
245．定常波
246．垂直のつるまきばね（スリンキー）の定常波
247．白いゴムひもでのメルデの実験
248．位相変化
249．ロープを伝わる波の速さ

## 240．縄跳びのロープ：ある振動数のみ
　縄跳びのロープを振るか，または引き伸ばしたゴムひもを揺らす．ある振動数のみが可能である．どんなに激しくやっても，すべての振動数が可能にはならない．ゴム管の調和振動の定常波は，実際の縄跳びのようにするよりも，管を円形に回転させることで，簡単につくることができる（「いろいろな力学」実験201. 参照）．
　〔理論〕　ロープやひもが基本振動数（最低の振動数）で振動するときは，ひもの長さが半波長である．より高いモードの振動に対しては，その長さは半波長の整数倍となる．
　〔必要なもの〕　縄跳びのロープ，ゴム管．

## 241．波　　動
　音叉の運動とそれによってつくられる音波は，つぎの装置を使用して観察することができる．3ないし4個の棒磁石をすべて同じ方向に揃えてテープで1つにまとめて，巻き数が3000回のコイルの中に入れ，コイルはオシロスコープに接続する．

音叉を磁石の上で振動させる．音叉は磁化するので，コイルに電位差を誘導し，それをオシロスコープで見ることができる．蓄積オシロスコープモジュールを使用すると，空いた時間に波形を調べることができる．

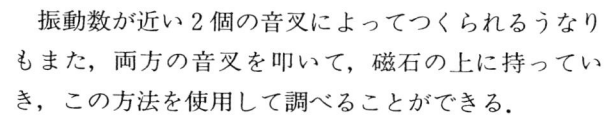

振動数が近い2個の音叉によってつくられるうなりもまた，両方の音叉を叩いて，磁石の上に持っていき，この方法を使用して調べることができる．

〔必要なもの〕 4個の強力な棒磁石，テープ，オシロスコープ，巻き数が3000回のコイル，音叉．

## 242. 波と屈折

光波の反射や屈折の性質を説明する有効な方法は，水波の反射や屈折と比較することである．水波は深いところから浅いところへ進むときに速さが遅くなり，光波は空気からガラスに進むときに速さが落ちる．勾配が一定の浜辺を波が上っていくとき，波の速さは落ちて，波長は減少するが，その波の振動数は変化しないままである．もしも入射角がゼロでない場合はいつでも（いいかえると，波が境界に垂直ではない角度で当たるときはいつでも），波は曲がり（屈折し）その進行方向は変化するであろう．これは波面の一方が他方よりも先に境界に達して，最初に速さが落ちるために，波の進行方向が変化することを実感することで説明できる．車を砂地から舗装道路に，ある角度で進ませると，同様な方向転換が起こる．

これはおもちゃの車を，透明なアクリル板の上で砂の境界へと走らせて，デモンストレートできる．全反射も見ることができる．

〔必要なもの〕 おもちゃの車，透明なアクリル板，砂，オーバーヘッドプロジェクター（選択）．

## 243. 板の定常波：ドラム

これは，振動発生器の上に取り付けた金属板を使用して調べる（堅い厚紙でもよい）．その板の上に粉末を散布して，振動発生器の振動数を変化させる．板の上に定常波の模様が見られるであろう．振動発生器のスイッチを切って，その板の上にオルゴールを置いて鳴らすと，興味深い音を聞くことができるであろう．

その板は，ある振動数に共振するであろう．

〔必要なもの〕 ドラム，またはピンと張った膜，振動発生器，金属板，粉末またはタルカムパウダー（滑石粉），オルゴール．

## 244. 振　　動

振動している物体の音の高さは，つぎの簡単な実験で明確に示すことができる．定規を実験台の端の上にその一部が載るように支えて，実験台から突き出ている部分を弾く．定規は振動してある音色をつくる．その音色の高さは，その定規を実験台からさらに外側へずらすか，実験台の上へ戻すかによって，変えることができる．また，木の定規をプラスチックの定規に変えることで，振動する物体の堅さとつくられる音色との関係が実験で示される．これは，振動の簡単なデモンストレーションとして使用できるし，また，さらに進んだ研究として，おもりを載せた1m定規を使用すれば，振動している一端が飛び出した棒（片持ちはり）の式を調べることにも使用できる．

$M$ を定規の質量，$L$ を実験台から突き出ている定規の長さ，$T$ を振動の周期として，$\log M$ や $\log L$ に対する $\log T$ のグラフを描くと，生徒たちはこの振動の式を推測できるであろう．

〔必要なもの〕 厚さや堅さが異なる定規．

## 245. 定　常　波

小さなスケールでの音の定常波は，ピエゾ電気ブザーと顕微鏡のスライドグラスを使用して行うことができる．ブザーとスライドグラスを向かい合わせに設置して，スライドグラスをブザーに近づく方向や遠ざかる方向に動かして，小さなマイクロホンで節や腹の位置を調べて記録する．

〔必要なもの〕 ピエゾ電気ブザー，顕微鏡のスライドグラス，スタンド，マイクロホン．

## 246. 垂直のつるまきばねの定常波

天井のはりからつるまきばね（スリンキー）を吊り下げて，その下端を振動発生器に固定する．振動発生器を調節すると，非常によい定常波がつるまきばねにできるであろう．節に色テープでしるしをつけると役

に立つ.

〔理論〕 節（振動しない点）間の距離は半波長である.

〔必要なもの〕 振動発生器, 信号発振器, つるまきばね（スリンキー）, 色つき粘着テープ.

## 247. 白いゴムひもでのメルデの実験

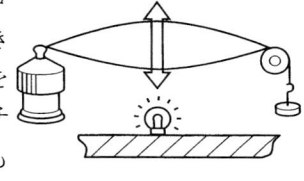

弦の定常波は, 振動発生器に一端を固定した白いゴムひもを使用して, 非常によくデモンストレートできる. そのゴムひもは滑車にかけて, その端には張力を与えるためのおもりを下げる. 振動発生器のスイッチを入れて, ストロボスコープでゴムひもを見る. おもりをさらに加えることで, 簡単に張力を変えることができる.

⚠ (保健と安全性：閃光が生徒たちに及ぼす影響について, つねに, クラス全体に注意する).

〔理論〕 　　　　　　　振動数 $f = (1/2L)(T/m)^{1/2}$

〔必要なもの〕 振動発生器, 信号発振器, 白いゴムひも, ストロボスコープ, 吊り下げることができるおもり.

## 248. 位相変化

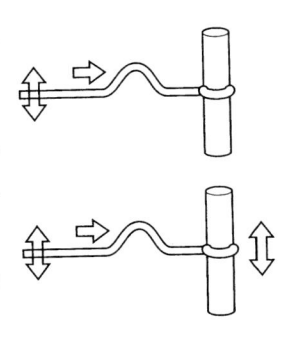

2本のロープを使用して, 波の反射で起こる位相変化をデモンストレートする. 1本のロープの端は柱に固定して, もう1本のロープの端は実験用スタンドのような垂直な棒に沿って滑る輪のようなものに取り付けて, 自由端とする. おのおののロープに1個のパルスを送ると, そのパルスは端で反射される. $\pi$ の位相変化は固定端だけで起こり, 山は反射して谷として戻ってくる. これは自由端の場合は起こらないし, また, 水波が港の壁の側面に当たった場合も起こらない. なぜならば水の粒子は自由に上下運動するので, そこでは位相変化は起こらない.

〔必要なもの〕 ロープ, ほうきの柄.

## 249. ロープを伝わる波の速さ

2本の等しい太いロープを,実験室を横切って横に平行に並ぶように設置する.おのおののロープの一端は壁に固定して,他端は滑車にかけておもりを下げ,ロープに張力を与えるようにする.両方のロープとも,一端から等しい距離のロープの上に,二つ折りにしたカードを置く.ロープの同じ位置をほうきの柄で同時に叩いて,二つ折りのカードを観察する.張力が大きい方のロープが振動をより速く伝え,このロープの上のカードが最初に跳ね上がるであろう.

〔理論〕 ロープを伝わる波の速さ $=(T/m)^{1/2}$, 単位長さ当たりの質量 $m=0.1\,\mathrm{kg}$ のロープに対しては,張力 50 N の場合の速さは $22\,\mathrm{m\,s^{-1}}$ で,張力 20 N の場合の速さが $14\,\mathrm{m\,s^{-1}}$ である.

〔必要なもの〕 2本の太くて長いロープ,2個の滑車,おもり,カード,ほうきの柄.

# 音

### この章のための一般的な理論

音は普通，人間の耳で検出できる振動数領域を持つ振動であると考えられている．これは約 50〜20000 Hz の間だが，この領域の最高レベルは年齢によって著しく減少する．11 歳と 18 歳との間でさえも，差異が認められている．

- 250．ワイングラス
- 251．貝殻による増幅
- 252．木片：音階
- 253．ホース管で演奏
- 254．のこぎりで演奏
- 255．歌う管
- 256．ビンに水を入れるにつれて高くなる音
- 257．ヘリウムの中で話す
- 258．ニワトリ：こすったひもの共鳴
- 259．紙コップ電話
- 260．音の速度：こだまの方法
- 261．異なる音色
- 262．音の反射
- 263．音の屈折
- 264．ベルジャーの中のベル
- 265．水中の音の伝搬

## 250．ワイングラス

ワイングラスを鳴らすことは，音と共鳴（共振）の興味深い導入となる．ワイングラスにはある程度の水を入れる．指の脂を取り除くために，少量のメチルアルコールで指を濡らす．グラスが鳴るように，ワイングラスの周縁をまるく指でなでる．

指とグラスの間に一定の圧力をかければ，よい効果が得られるであろう．音をつくるには，指をグラスに押しつけながら滑らせる動きのために，しっかり力を十分にかける必要があるが，力をかけ過ぎてグラスがこわれ，指をケガすることがないようにしなくてはならない！　グラスに入れる液体の量を変えると，音の高さが変化する．異なる量の液体が入っているグラスのセットを使用して，曲を演奏することができる．

〔必要なもの〕　ワイングラス，メチルアルコール（または少しのバイオリンロ

ジン（松脂粉）．

## 251. 貝殻による増幅

海の音は貝殻を耳に当てると聞くことができると思われている．できれば，大きな貝殻を使用して，これが本当かどうかを確かめるとよい．実際は，それで聞いているのは，小さな音の貝殻の本体による増幅効果である．小さな音が貝殻で増幅され，海の波が押し寄せるざわめきが聞こえるのであろう．説明し過ぎて，若い人達にとってのその効果の不思議さを損なわないように！

〔必要なもの〕　貝殻．

## 252. 木片：音階

つぎのような大きさの，1連の堅い木片を切り出す．断面積はすべて同じ，3 cm×0.5 cm で，長さは 22.0 cm, 22.8 cm, 24.2 cm, 25.8 cm, 27.2 cm, 28.3 cm, 29.5 cm, 30.5 cm でなくてはならない．それらを，1つが床に当たったらすぐにつぎを落とすというように，つぎつぎに堅い床に落とす．その効果は木琴のようである．

## 253. ホース管で演奏

管を演奏するときに出る音の基本的なピッチ（音の高低）は，管の長さに関係することが，この実験で印象的にデモンストレートできる．ホースの一端にクラリネットのマウスピースを当てる．よい音階に必要な管の長さをまず計算して，ホースにそのしるしをつけておき，刈り込み器具でホース管の長さを切り放しながら，上昇音階を演奏する．その長さが短くなるにつれて，管の基本振動数は高くなり，音の高さは上がっていく．21世紀の楽器としては，これには1つの大きな不利な点がある．すなわち，ホース管を非常にうまくくっつけることができない限り，音階を下降して再び戻ることができないのである．

〔必要なもの〕　長さのしるしがついたホース管，クラリネットマウスピース，刈り込み器具．

## 254. のこぎりで演奏

楽器でつくる音色への張力の効果のよい例は，普通ののこぎりの演奏で得られる．ひざの間でのこぎりを支え，それをS字型に曲げて，弓で滑らかな背を弾

く．のこぎりやひざを曲げて音の高低を変える．練習して運がよければ，演奏できる．わたしは童謡"Three Blind Mice"の1部をどうにか弾いたことがある．

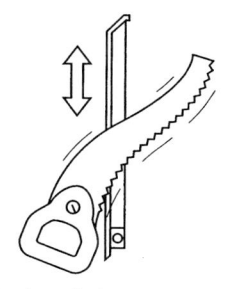

増幅器が必要ないことは強調する価値がある．のこぎりの表面積が大きいことは，たくさんの空気が振動しはじめることを意味するので，大きくてかなり優美な雑音がつくられる．

〔必要なもの〕のこぎり，チェロの弓，脚を保護するためのタオル．

## 255．歌 う 管

簡単な管で音をつくる2つの方法がある．

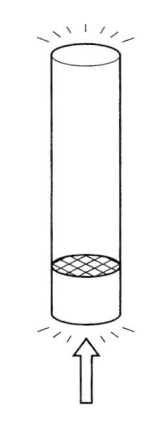

(a) 1つはプラスチックの管を頭上で回転させるだけで，そのときに出る音は，ミルクビンをビンの口を横切るように吹いたときの音と同じ方法でつくられる．管が回転するとき，管の口を横切る空気の急激な流れで，音が発生する．管の長さが異なると，異なる振動数に共鳴する．

(b) もう1つはもっと複雑である．ガラス管か金属管（長さは約1mで，直径が約5cm）を，垂直にクランプで設置する．管の下から約10cmくらいのところに，銅の網を1枚，管内を横切るようにはめ込み，その銅の網が赤熱して輝くまで，ブンゼンバーナーの炎で強く加熱してから，ブンゼンバーナーを遠ざける．その管は大きな音色で歌い，しばらくは歌い続ける．これは銅が冷えていくときに，管の中の空気が膨張したり，圧縮したりすることによる．

管を加熱し過ぎないことが重要である．もし加熱し過ぎると，その効果はかなり弱まる．それは，管内のすべての空気が熱くなり，圧縮効果がそれほど著しくなくなるからである．この理由のために，金属管の方がガラス管よりもよい．なぜなら，金属管は急速に冷えることができて，その熱は管の壁を伝わって逃げることができるからである．

〔理論〕銅の網が冷えるとき，そのまわりの空気は急激に収縮して，衝撃波が管の中にできて，管内の空気を振動させる．普通はその管に対する基本振動の音ができる（$L=\lambda/2$）が，わたしは倍音（$L=\lambda$）をつくったことがある．銅の網の

位置がかなり重要であり，それが管の端に近すぎると，何の効果も生じない．

〔必要なもの〕　プラスチック管，ガラス管または金属管，銅の網，ブンゼンバーナー，実験用スタンドとクランプ．

## 256. ビンに水を入れるにつれて高くなる音

楽器の体積の音の高さに対する効果は，ビンに水を入れながら，非常に簡単に示すことができる．水が入っていくとき，ビンの中の空気が乱されて音が生じる．ビンに水が入るにつれて，この音は高くなる．

〔必要なもの〕　ミルクビンと水を供給するもの．

## 257. ヘリウムの中で話す

もしも少量のヘリウムを吸い込むと，より軽い気体が空気中の音速に及ぼす効果，したがって声の高さに及ぼす効果を調べることができる．ヘリウムを吸い込むときは，いつも非常に注意しなくてはならない．それがわかっていないと，窒息する．水素は決して吸いこんではならない．それは爆発する！

コンサートホールが暑くなっていくとき，管楽器の音が高くなっていくのもまた，この効果によるのである．空気中の音速が増加すると，管の基本振動数は増加するが，空気の温度が高くなるとき，これが起こる．気体の密度は弦楽器からの音には影響を与えないことに注意するとよい．

## 258. ニワトリ：こすったひもの共鳴

長さが約5cmの厚紙の筒（直径もまた約5cm）を使用し，その下端は，ピンと張ったトレーシングペーパーで覆う．1本の糸をこのトレーシングペーパーに取り付ける．筒の上端にちょうど合うように切り取った1羽のニワトリを取り付ける．親指と人差し指とにロジン（松脂粉）を塗り，かなりしっかり糸を握って，糸に沿って両指を下に引く．この練習をすると，ほどよいニワトリやアヒルの鳴き声，コッコッコやガーガーの音をつくることができる！　これは共鳴と増幅のよい例である．

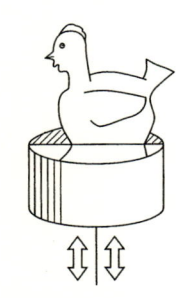

〔必要なもの〕　厚紙の筒とトレーシングペーパーとでつくったニワトリ，ロジン（松脂粉），糸．

## 259. 紙コップ電話

2個の紙かプラスチックのコップを取って，おのおのの底に穴をあける．その穴に長さ3mの木綿糸の端をそれぞれ通して，2個のコップをつなぎ，糸の端はコップの底にテープで止める．そこで糸をピンと張って，1人がコップに向かって話し，ほかの1人はもう1つのコップを耳に当てて聞く．最初のコップの中の空気が振動して，まずコップに伝わり，それから糸に伝わる．糸のもう1つの端では，糸の振動はコップに送られ，コップはその音を増幅する．

わたしの息子とガールフレンドは，トスカナの小さな村の2つのビルの間で，この方法で互いに語り合った．これを拡声器のアイデアに発展させるには，振動発生器の上に大きなコーヒー缶を置いて，振動発生器に接続した信号発振器かラジオによってつくられた音を増幅するとよい．

〔必要なもの〕 2個の紙コップまたはプラスチックコップまたは2個の小さな缶，糸，コーヒー缶，振動発生器，ラジオ．

## 260. 音の速度：こだまの方法

音速は，こだまの方法を使用して簡単に測定することができる．屋外で，離れたビルの正面で，スタート合図用ピストルを撃ち，こだまが戻ってくるまでにかかる時間を記録する．わたしは学校の壁を利用して，200m近く離れたところで行い，400mの距離を"行き来"させた．この方法の利点は，音がより長い距離を伝わり，かかる時間もより長く，測定がよりしやすいだけでなく，風による誤差が打ち消されることもある．副次的で些細なことを追加すると，ピストルを撃つ人も，時間を計る人も，クラス全員が一緒に1つの場所で実験できるのもよい．

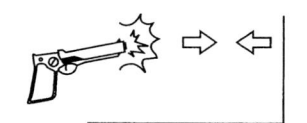

結果の議論では，大気の温度もまた音速に影響すること，すなわち，熱い大気では分子がより速く動いているから音速もより速くなること，を述べるように導く必要がある．

〔理論〕 音波は気体分子の運動や衝突で伝わるので，気体における音の速度は，気体分子の速度($v$)に関係している．

これは，式 $1/2(mv^2) = 3/2\,kT$ によって与えられ，そこで $v = (3\,kT/m)^{1/2}$．ここで $k$ はボルツマン定数 ($1.38 \times 10^{-23}\,\mathrm{J\,K^{-1}}$) である．

このように気体中の音速は，絶対温度とその気体の個々の分子の質量，いいかえると気体のタイプに関係する．したがって，音波は軽い分子をもっている熱い気体ではより速く伝わる．

〔必要なもの〕 巻き尺，ストップウオッチ，スタート合図用ピストルまたはかちんこ（映画撮影合図用拍子木）．

## 261. 異なる音色

音の重ね合わせは，笛の両側に1つずつ穴があいている，穴2つの審判用の笛か，または古い警官用の笛を使用して示すことができる（わたしは祖母にもらった1940年代からの笛を持っている）．それを吹くと，両側からの音が結合した音色を聞くであろう．それは副次的な第3の出力を与える．そこで，穴の1つに指を持っていき，そこからの音量を減少させ，ついにはまったくカットしてしまう．全体としての音の高さの変化が聞こえるであろう．

〔理論〕 2つの調和単振動 $y_1 = a \sin(2\pi f_1 t)$ と $y_2 = a \sin(2\pi f_2 t)$ との合成．
最後の波形は：振幅$(y) = 2a \cos 2\pi (f_1 - f_2) t/2 \sin 2\pi (f_1 + f_2) t/2$.

〔必要なもの〕 2個の穴がある審判用の笛または警官用の笛．

## 262. 音の反射

2個の大きな凹面鏡を使用して，音の反射をデモンストレートできる．小さなスピーカーを1つの凹面鏡の焦点に置き，もう1つの凹面鏡の焦点にはマイクロホンを置く．マイクロホンによって受けた音の強さは，増幅器とオシロスコープとを使用して示す．別の方法としては，第2の凹面鏡の焦点に自分の耳を置くだけでよい．

もっと簡単な方法は，1つの大きな凹面鏡を自分の前に向けて持って，しゃべりながらそれを自分の顔に近づける．あなたの口と凹面鏡との距離が鏡の曲率半径に等しいときに，大きな音が耳に聞こえるであろう．あなたの耳も口も鏡の曲面の中心にあるわけではないので，これは厳密には正確ではない．

〔必要なもの〕 直径が約45cmの2個の大きな凹面鏡，スピーカー，マイクロホン，増幅器，オシロスコープ．

## 263. 音の屈折

これは信号発振器，二酸化炭素を入れた風船，マイクロホン，オシロスコープ

を使用して，明瞭にデモンストレートできる．風船はレンズの働きをして，音を集束させる．

〔必要なもの〕　信号発振器，二酸化炭素の供給源，風船，マイクロホン，オシロスコープ．

## 264. ベルジャーの中のベル

音が伝わるには媒質が必要であることをデモンストレートするために，ベルジャーの中にベルを吊るして，真空ポンプを使用して，その中の空気を抜く．これの都合が悪い点は，このベルは力学的に振動していて，それに接続している針金によって振動を送っている．ベルジャーの底の板はフォームラバーの敷物の上に置いて，実験台の振動を減少させている．別の方法としてはピエゾ電気のブザーを使用し，それを糸で吊るしてベルジャーの内部で電池につないで，同様な実験を行う．

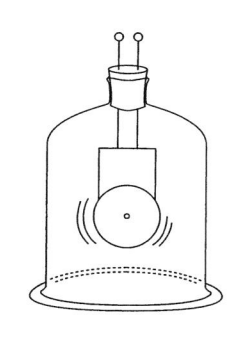

もしもこの実験を水が入った容器の中で行い，その水を外に出して簡単に真空にできれば，おもしろいであろう．

〔必要なもの〕　ベル，ベルジャー，真空ポンプ，フォームラバーの敷物，ピエゾ電気のブザー，導線と電池，糸．

## 265. 水中の音の伝搬

浴槽の中に横たわり，浴槽の水の下の側面を足か木片で軽く叩く．そこで横向きになり，片方の耳が水面下にあるようにする．その耳に聞こえる音ははるかに大きいであろう．水の密度が大きいことは，分子の振動が非常に効率よく伝わることを意味している．

〔必要なもの〕　浴槽，水．

# 幾 何 光 学

### この章のための一般的な理論
　幾何光学は可視光の反射と屈折の学習である．透明な1つの物体からもう1つの物体に進む光は（屈折），その速度が変化するが（速度が遅くなる場合，紫色の光の方が赤色の光よりも，より遅くなる），反射では速度は変化しない．すなわち，放射エネルギーが減少するだけである．

266．光と煙箱
267．光源のデモンストレーション
268．ピンホールカメラ
269．倍率可変のレンズ
270．ひずんだ図形
271．銀色に塗った自転車の反射鏡
272．金属被覆した膜：一方向だけの鏡
273．唐辛子の幽霊
274．立方体の中の光の反射
275．水中で曲がる鉛筆
276．屈折率：ビデオカメラ
277．クリスマスツリーの球
278．像の位置
279．木のたわみ：光線による測定；光てこ
280．左右の反転はない：90°の鏡
281．実際の深さ／見かけの深さ：側面から見た直方体
282．ピンホールカメラ：360°
283．浮かんでいる像
284．興味深い屈折率

# 全 反 射

### この章のための一般的な理論
　2つの透明な物質の境界に光がきたとき光は屈折するが，もしも屈折率がより大きな物質内から光が境界に達して，入射角が臨界角 $c$ よりも大きい場合は，光は最初の物質に反射されてしまうであろう．

　臨界角は式 $n = 1/\sin c$ で定義され，ここで $n$ は最初の媒質の屈折率である（この簡単化した式では，第2の物質は空気と仮定している）．

285．水中での日焼けした脚の色
286．臨界角：半円柱の透明な物体
287．光ファイバー
288．水流に沿った光
289．全反射：ガラスブロックの角
290．物体と像

291. 全反射とビデオカメラ
292. 全反射とすす
293. 水槽の中の鏡：屈折
294. 蜃気楼
295. 浮き上がる硬貨

## 幾何光学

## 266. 光と煙箱

前面はガラスの箱を煙で満たして，側面の穴からその中に光を入射する．その箱の中にさまざまなレンズを置けば，レンズを通る光線の光路を簡単に追うことができる．煙はぼろきれや段ボールの切れ端を煙発生器（養蜂家から入手できる）の中で燃やしてつくればよい．

〔必要なもの〕 一面がガラスの箱に煙を詰めたもの，煙発生器，大きなレンズ（直径 10 cm）．

## 267. 光源のデモンストレーション

これは，光学の話題を導入する魅力的な方法である．太陽，マッチ，ブンゼンバーナーの炎，炎の中の鉄のヤスリ粉やマグネシウム，炎の中の食塩の棒，白熱している金属線，電球，低エネルギー放電管，気体放電管（水素，カドミウム，ナトリウム，ネオン，クセノン，ヘリウム），発光ダイオード，レーザー，紫外線の光源，といったような，いくつかの異なる光源を"見せる"．光源の異なる色や，それらが輝く時間やエネルギー損失などについて考察する．

紫外線の光を使用して，シリーパテ（silly putty：実験 154.参照），粉石鹸，釘，ステージメイキャップ，蛍光時計，玩具，蛍光マーカーなどを照明すると，印象的な効果を示すことができる．

⚠ 〔安全性〕 教師と生徒の目を保護するために，前もってはっきりと警告する必要がある．必要な場合は防護用メガネをかける．紫外線の光やレーザーを直接見たり，また反射光を見たりしてはならない．

〔必要なもの〕 マッチ，ブンゼンバーナー，鉄のヤスリ粉，マグネシウム，電球，低エネルギー放電管，気体放電管，発光ダイオード，レーザー，紫外線防護用メガネ．

## 268. ピンホールカメラ

シャッターかブラインドの小さな穴は，壁に外の景色の素晴らしい眺めをつくり出すことができる．それは非常に大きなスケールのピンホールカメラである．普通それで見ることができるのは，太陽の丸い円盤だけであるが，ときどき，実際の景色が見られるのである．わたしはイタリアのソレントのホテルの部屋で，ブラインドの小さな穴によってつくられた景色を見た．太陽がベスビアス山の近くの丘の上を昇るとき，わたしの寝室の壁に山の全景の倒立した像がつくられたのである．太陽の像は，しばしば林の中で見ることができる．そこでは太陽光は，重なり合った木の葉の間の小さな穴を通って大地に達するのである．

〔必要なもの〕 太陽光，ブラインドの小さな穴がある部屋．

## 269. 倍率可変のレンズ

液体を入れたプラスチックの袋を使用して，袋を絞ったり引き伸ばしたりして，その曲率を変化させて，目の筋肉が目のレンズの形を変化させる方法をシミュレートできる．実験は，妥当な焦点距離を与えるための，曲率半径の正しい組み合わせを示唆するであろう．

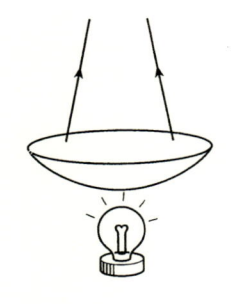

この変形としての非常に大きな装置をつくるには，自転車の車輪の縁に，透明なプラスチックかゴムのシートをピンと張って固定するとよい．その上から水を注ぐと，プラスチックのシートが垂れ下がる．その下に電球を置くと，その像が実験室の天井にできる．そのシートは十分に薄く，比較的少量の水でも膨張するものがよい．そうでないと，焦点距離が大きくなり過ぎて，体育館のような大きな部屋でしか像を見れなくなる．

〔理論〕 半径 $r_1$ と $r_2$ の球面を持ち，空気中に置かれたときのその物質の屈折率が $n$ であるレンズの焦点距離 $f$ は次式で与えられる．

$$1/f = (n-1)[1/r_1 + 1/r_2]$$

〔必要なもの〕 プラスチックの袋，スポークを外した自転車の車輪，薄いゴムシート（できるだけ透明な），電球．

## 270. ひずんだ図形

つぎの実習で，2つのおもしろい現象が観察できる．

(a) 物体を，磨いたブリキ缶のような曲面で反射した像を見て写生して，同様な方法でその絵を見る．

(b) ある角度で見たときだけ，その絵が明瞭となるようなひずんだ絵（アナモルフィック）を描く．これの非常によい例は，ホルバインの絵"The Ambassadors"の中の頭蓋骨である．

## 271. 銀色に塗った自転車の反射鏡

プラスチックの角錐でできていて，その1つの側面が銀色に塗られている（アルミ塗料で塗装したものがよい），きれいなプラスチックの自転車の反射鏡を手に入れる．その中を覗くと，完全に黒い反射鏡を見るであろう．これは単に自分の網膜の反射である．角錐の間のおのおのの"穴"は，反射する立方体の角のように作用するので，光は単に方向を逆転する（わたしはこの魅力的なデモンストレーションについて，エクセター大学の Roy Sambles 教授に感謝している）．

## 272. 金属被覆した膜：一方向だけの鏡

この反射膜にはいくつかの使用法がある．この膜の最もよい供給源は，包装紙を売っている店である．そこにはさまざまな色の金属被覆した膜があり，わたしは，反射型回折格子のものも見たことがある．光学では，その膜のどちら側からより強く照明するかによる，非常によい一方向の鏡となる．より強く照明した側から見たときは鏡のように見えるが，より弱い照明の側から見ると，膜を通して明るく照らされている領域が見える．それはまた，マラソン選手の，レース後の保熱のためにも使用される．したがって，熱の実験の一部としても使用できる．

〔必要なもの〕 金属被覆したプラスチックシート，透過光実験に対する光検出器．

## 273. 唐辛子の幽霊

これはガラス板からの炎の反射，あるいは炎の幻影的な像である．この方法によって，ロウソクの炎があたかも水が入ったコップの中で燃えているかのように見せることができる．実際，ロウソクの炎の像は水で満たしたビーカーと同じ位置にできる．これに使用するガラス板が大きければ大きいほど，また透明であればあるほど，よい像ができる．適当な縁がある窓ガラスが理想的である（*School Science Review*, 3月号1987年, p. 444参照）．

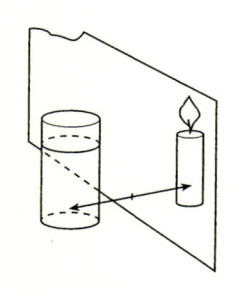

〔必要なもの〕 水が入ったビーカー，ロウソク，ガラス板．

## 274. 立方体の中の光の反射

光が立方体の角の内部から反射されるとき，どのように進むのかに注目する．それは入射光の最初の方向に関係なく，方向が逆転する．3枚の平面鏡を互いに直角に固定して，直角な角をつくる．これは，自転車の反射鏡がなぜこのようにつくられているかを，すなわち車のヘッドライトからの光を，その光がどんな角度で平面鏡に当たるかに関係なく，ドライバーに跳ね返すことを説明する．

## 275. 水中で曲がる鉛筆

液体中での屈折を示す最も簡単な方法の1つは，水が入ったコップに鉛筆を入れて，上からそれを見ることである．屈折の効果がはっきりとわかる．鉛筆は曲がって見える．すなわち，鉛筆の先はそれがあるべき位置よりはるかに水面近くにあるかのように見える．これは水中のものを拾い上げるために，そのものに達するのがむずかしいことの説明に使用できる，つまり屈折によって方向の判断を誤るのである．

〔必要なもの〕 水が入ったビーカー，鉛筆．

## 276. 屈折率：ビデオカメラ

側面が平らなプラスチックの水槽の水に木片を浮かべて，外から水の表面に沿ってそれを詳しく見られるように設置したビデオカメラで見る．その木片の一部は空気を通して見え，ほかの部分は水を通して見える．テレビのスクリーンに見られる木片の2つの部分の像の大きさを測定することによって，水の屈折率を算出できるであろう．

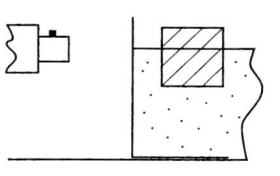

〔必要なもの〕 長方形のプラスチックの水槽，ビデオカメラ，木片．

## 277. クリスマスツリーの球

曲面鏡の公式は，反射表面が鏡の中心に限定されている場合にのみ，すなわち，光線が光軸に接近している場合にのみ適用できることが知られている．この条件が満たされない場合や球面の大部分から反射される場合は，ひずんだ像ができる．このよい例は，クリスマスツリーの飾りに使用される着色した球を用いて見ることができる．ビデオカメラを使用すれば，多くの聴衆にその効果を示すことができるであろう．

〔必要なもの〕 クリスマスツリーの球，使用できればビデオカメラ．

## 278. 像の位置

小さな平面鏡を実験台の上に垂直に固定して，その前にマジックペンを立てる（マジックペンは鏡より1ないし2cm高いものを使用する）．そのマジックペンの像を鏡の中に見ることができるであろう．2本目のマジックペンを，その先端がどこから見ても最初のペンの像と一致する位置（両者にパララックスがない位置）に立てる．第2のマジックペンの位置は，確かに最初のマジックペンの像の位置である．

〔必要なもの〕 垂直に固定した平面鏡，2本のマジックペンまたは鉛筆．

## 279. 木のたわみ：光線での測定；光てこ

光てこを使用して，実験台のたわみを検出する．これは小さな鏡を実験台に貼り付けて，その鏡で反射した光線が壁に光点をつくるようにすればよい．実験室のほかの側面に定規を固定して，そこに光点ができるようにすれば，さらによ

い．実験台に寄りかかる．光線は実験台の偏向角の2倍の角度偏向するので，光点が移動する．この方法はまた，だれかが壁に寄りかかったときの壁のたわみや，だれかが天井の上を歩いたときの天井の偏向を検出するのにも使用できる．指示器として光線を利用するのは，光は質量がゼロなので，特によい．

〔必要なもの〕　平面鏡，レーザーまたは光の細い光線，定規．

## 280．　左右の反転がない：90°の鏡

2枚の鏡を互いに直角になるように合わせたもので，両方を横切る像を見ると，左右の反転は見られないであろう．

〔必要なもの〕　互いに90°に固定した2枚の平面鏡，もし使用できればビデオカメラ．

## 281．　実際の深さ/見かけの深さ：側面から見た直方体

この実験は，透明な直方体（ブロック）の屈折率を決定するための簡単な方法で，実際の深さと見かけの深さの原理を使用する．ガラスやアクリルのブロックをその1面が1枚の紙の上に接するように置いて，1つの側面を通して，そのブロックの底を見る．そのブロックの下の紙が銀色に光っている部分の長さを計って，ブロックの見かけの深さを記すのは簡単である．

〔理論〕　ガラスのブロックの屈折率＝実際の深さ/見かけの深さ

〔必要なもの〕　ガラスのブロック，紙，鉛筆．

## 282．　ピンホールカメラ：360°

ピンホールカメラのスクリーンの紙を印画紙で置き換えて，写真を容易に撮ることができる．しかし，これの興味深い発展は，四方（360°）の写真を撮ることである．箱の中心にトイレットペーパーのロールを固定して，箱の垂直な4つの側面のおのおのに，ピンホールをあける．暗室かまたは光を遮蔽した袋の中で，印画紙をトイレットロール管のまわりに巻き付ける．屋外でピンホールの覆いを，太陽光の下では約10秒，曇りなら約30秒外して，その印画紙を露光する．その印画紙を現像して焼き付ける．360°の写真が得られるであろう．陽画をつくるには，安全灯だけを使用する暗室の実験台の上に，もう1枚の印画紙を感光面を上にして置き，その上に

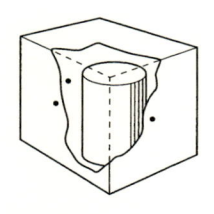

陰画のプリントを下向きに載せて，普通の電球の光を約30秒照射し，規定通りにプリントすればよい．

〔必要なもの〕 中心に円筒を固定したピンホールカメラ，印画紙，現像のための暗室と薬品．

## 283. 浮かんでいる像

スライドプロジェクターの焦点面の空中で，白い棒を振る．スライドの像が宙吊りになっているように見えて，人間の目の残像がデモンストレートできる．

## 284. 興味深い屈折率

ガラスの屈折率（約1.5）とほとんど等しい屈折率をもつ液体がある．この液体の中にガラスの物体を入れると，見えなくなる．グリセリン，$n=1.47$；キャスターオイル，$n=1.48$；キシレン，$n=1.51$．

### 全 反 射

## 285. 水中での日焼けした脚の色

日焼けした脚を水に入れると，なぜ空気中よりも水中の方がより白っぽく見えるのかということに，気づいたことがあるだろうか．これは脚の上の気泡の層によるのだろうか．おそらくそうではないだろう．それは光が水に入って全反射することによるようである．つまり光の一部は水中に"捕らえられる"ので，したがってそこでは脚はより明るく見えるのである．

## 286. 臨界角：半円柱の透明な物体

光線箱からの光かまたはレーザーを，半円柱の透明な物体の曲面から平面の中心に向けて入射する．そうすると，その光は曲面に垂直に入射するので，入射点では屈折は起こらない．その透明な物体の内部から平面に向かう光の，その平面への入射角が増加するように，平面の中心のまわりにその物体を回転していくと，臨界角を見つけることができる．さらに入射角を大きくすると，全反射が起こる．

〔必要なもの〕 光線箱，半円柱の透明な物体．

## 287. 光ファイバー

光ファイバーの利用例：通信，内視鏡検査，防護フェンス（光ファイバーが伝えているテレビプログラムを安全警備員が見ている場合は，かれらに知られることなく，その光ファイバーを切断することはできない），照明モデル．

## 288. 水流に沿った光

これは内部全反射のきれいな例である．ガラス管を直角に曲げて，水の噴出口として使用する．それを水道の蛇口にゴム管によって取り付け，クランプで固定する．ガラス管のちょうど曲がっている背後に小さな電球を置いて，水を流して電球を灯す．光は水の流れに沿って進み，水が流しの底に当たるところでは，きらめく斑点となる．それは光ファイバーに沿った内部反射とまさに同じ振る舞いをする．

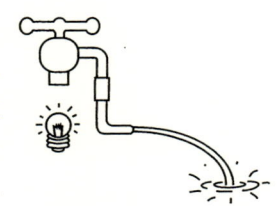

〔必要なもの〕　光源，L型のガラス管からの水流，クランプ，流しかバケツ．

## 289. 全反射：ガラスブロックの角

ガラスブロックの直角な角を横切る光は得られないことを示す．直角な2面を見通す方向でガラスブロックを見ると，もう1つの面は銀色の表面に見えるであろう．

## 290. 物体と像

平面鏡での左右の反転を示すために，一対のモデルカー——1つは英国の車で，もう1つはヨーロッパ大陸の車，それらは互いに異なる側にハンドルがついている——を使用する．それらを平面鏡で反射して，左右反転して見えることを示す．

## 291. 全反射とビデオカメラ

水が入った直方体のプラスチックの水槽を使用する（水波のデモンストレーションに使用するものが理想的）．水槽の外側の水面より低い位置のカメラで，水面を斜め下から見るようにカメラを上向きに向ける．素晴らしい銀色の表面を見ることができる．

〔必要なもの〕　直方体のプラスチックの水槽，ビデオカメラ，実験用ジャッ

キ，テレビ．

## 292. 全反射とすす

(a) これは，試験管を水中に沈めてデモンストレートできる．管の側面は銀色に見える．もっと優れていて調節できる方法は，ガラス管の使用である．管の中に水が入らないように，ガラス管の上端を指で閉じたまま管を水に沈める．管は空気に満たされているので，試験管のように銀色に見えるが，指を離して水が管内に流れ込むと銀色の効果は消失する．

(b) 内部全反射の別の例は，ロウソクの炎のすすで黒くした卵によって示すことができる．その卵を水に沈める；それは銀色に見える，なぜなら，水の外に持ち上げたときは黒くしか見えないすすの内部に，空気の薄い層が捕らえられているからである．

(c) もう1つの方法は，ピンポンの球をすすで覆って使用する．それを水中に入れると，それは銀色に見える．これは，すすにまといついている空気の膜のために内部全反射が起こるからである．

〔必要なもの〕 (a) 水が入ったビーカー，試験管，ガラス管，(b) 卵，水が入ったビーカー，ロウソク，(c) ピンポン球，水が入ったビーカー，ロウソク．

## 293. 水槽の中の鏡：屈折

つぎの実験は屈折と内部全反射の両方をデモンストレートするよい方法を示している．直方体の透明な水槽に水を入れて，光線が見えるように，水の中にフルオレセイン（蛍光性物質）を加える．水槽の一端の水中に糸をつけた鏡を入れて，糸で支える．第2の鏡を水槽の上に設置して，光線が下向きにまっすぐ水中の鏡に向かうようにする．水の表面に下から当たる光線の角度は，水中の鏡についた糸によって，簡単に変えることができる．全反射を示すには2つの鏡が必要であるが，空気から水への境界での屈折は，第2の鏡だけを使用して示すことができる．

〔必要なもの〕 直方体のプラスチックの水槽，2枚の平面鏡，強い光源からの細い光線またはレーザー，糸，フルオレセイン，水，工作用粘土．

## 294. 蜃気楼

　蜃気楼のよいデモンストレーションは，いくつかの（6個まで）投げ込みヒーターを，容器に入れた砂の中に埋め込むことで得られる．ヒーターのスイッチを入れるとまもなく砂の上の熱い空気に蜃気楼が見られるであろう．

〔必要なもの〕　6個の低電圧の投げ込みヒーター，6個の電源．

## 295. 浮き上がる硬貨

　どんぶりの底に硬貨を置いて，厚紙の筒を硬貨の少し上に向けて，その筒を通して覗くと硬貨が見えない角度に筒を固定する（代わりにビデオカメラを硬貨の上に向けてもよい）．

　そこで，どんぶりに水を入れる；その硬貨は不思議なことに浮き上がり，視野に入ってくる．これは水から空気へ光が進むときの屈折による．

〔必要なもの〕　硬貨，どんぶり，厚紙の筒とスタンド，ビデオカメラ（もしあれば）．

# 干　渉

## この章のための一般的な理論

この章では音と光との干渉現象を取り扱う．

強め合う干渉は，2つの波列の間の光路差が波長の整数倍のときに起こる．$\pi$ の位相変化は，たとえば空気からガラスのように，光学的により高い密度への境界における反射で起こる．

296．音の干渉　　　　　　　　　　　　298．干渉と蝶の羽
297．干渉と距離の測定

## 296．音の干渉

音の干渉は同じ信号発振器に接続した2個のスピーカーを設置してデモンストレートできる．生徒たちに音を出しているスピーカーの前を通りながら実験室を歩き回らせると，よい干渉模様が観察できるであろう．生徒たちは，音が大きくなる場所や，また比較的静かになる場所があることに気づくであろう（波長が約 $0.75\,\mathrm{m}$（振動数が $440\,\mathrm{Hz}$）がかなりよい）．単に座ったままで頭を左右に動かすだけの場合は，より小さな波長がよい効果を与える．この実験は，実験室の壁からの反射によって結果が影響されるようなことがない屋外の方がよりうまくいく．別の方法はマイクロホンの使用で，スピーカーの前に置いた $1\,\mathrm{m}$ 定規のような長い棒の上を，マイクを移動させて最大，最小を検出することである．マイクロホンの出力は，増幅器を通してオシロスコープに送り，スクリーンに示される波形の振幅で測定できる．

この実験の発展は，2つのステレオスピーカーを使用して，一方の位相を逆転して，両方を互いに向き合うように設置する．低音は消滅しがちである．

〔理論〕　2つのスピーカーそれぞれと生徒の耳との距離における音波の行路差が，波長の整数倍であれば，波は強め合って，最大に聞こえる．もしも行路差が半波長の奇数倍であれば，弱め合う干渉が起こり，音ははるかに静かになる．

〔必要なもの〕　信号発振器，2個のスピーカー，マイクロホン，オシロスコープ，増幅器．

## 297. 干渉と距離の測定

2枚のガラス板を使用して，それをナトリウムランプで照らして，ガラス板間の隙間による干渉を示す．実験台の上に2枚のガラス板を重ねて置いて，上からナトリウムランプの光を当てる．ガラス板間の隙間の変化による，不規則な干渉模様を見ることができる．ガラス板を上から押すと，これらの模様が変わるであろう．特にガラス板の一端で，2枚の板の間に1枚のティッシュペーパーを挟んだ場合は，模様の変化が著しいであろう．1つの小さな塵をガラス板の間に置くと，円形の干渉模様が示されるであろう（この場合ビデオカメラが特に役に立つ）．

〔理論〕 上のガラス板の下側の表面から反射した光と，下のガラス板の上側の表面から反射した光との間の行路差は $2dn$ であり，ここで $d$ は隙間の間隔，$n$ は空気の屈折率である．

〔必要なもの〕 ナトリウムランプ，2枚のガラス板，ティッシュペーパー．

## 298. 干渉と蝶の羽

蝶の羽の美しい色はその表面で反射された光の干渉による．これらの色が実際に干渉効果によることは，アセトンのような透明な液体を数滴，羽の表面に落とすことで示すことができる．鱗片の山の間の溝がその液体で満たされるので，羽の色は変化する．異なる色の光で羽を見てもまた，興味深い効果が示される．

モルフォ蝶の羽のクリスマスツリー構造は，特に豪華で，真珠光沢の青い色が形成される．また，鳥の羽を使って同様な実験ができる．孔雀の尾の羽は特によい．

〔必要なもの〕 蝶の羽，アセトンとスポイト，白色光源，フィルター．

# 回　　折

### この章のための一般的な理論

この章では回折を取り扱う実験，光や音やマイクロ波を使用した実験を論じる．

回折は，障害物のまわりや穴を通った放射が曲がることである．回折はまた，平坦でない表面で波が反射するときに生じる．波長が大きいほど，また，障害物や穴が小さいほど，回折は大きい．

299. CDとDVDの回折
300. 指と回折
301. フォークの歯での回折
302. 音波の回折格子
303. 音の回折
304. 回折と凝縮
305. 分解能
306. 音の回折
307. タイツでの回折

## 299. CDとDVDの回折

(a) CDはその上のトラックが反射型回折格子として作用するので，素晴らしい回折模様を与える．同じ効果は孔雀の羽やトンボの羽や玉虫色の甲虫でも得られるであろう．結局それらに色はない．すなわち，孔雀の羽は白色光を分けて，あでやかな色をつくるのである！

(b) デジタルビデオディスク（DVD）を使用すれば，回折模様の幅が大きくなる．これは，より高い密度のDVDの上のより狭いトラックが，より小さい障害物として作用して，より幅が広い回折模様を与えるからである．

(c) (b)の発展は，実験台に置いたCDにレーザーを使用することである．レーザーをCDにかすめながら入射させてCDに当たるようにする．さまざまな方向に反射するかもしれないレーザー光線に，特別に注意する必要がある．

〔理論〕 $\lambda = d\sin\theta$；決まった波長 $\lambda$ に対しては，格子間隔 $d$ が小さいほど，回折角 $\theta$ の値は大きくなる．

〔必要なもの〕 CDまたはDVD，白色光源，気体放電管，実験用レーザー(c).

## 300. 指と回折

2本の指だけで，ほかは何も使用しないで回折を観測できる！　2本の指を目の前に立てて，その小さな隙間を通して光源を見る．その狭いスリットでの回折によって広がった光による，細い暗い回折縞を見ることができる．光源に直線の蛍光管を使用すると最高である．

〔必要なもの〕　光源．

## 301. フォークの歯での回折

これは実験 300. で述べたのと同じ原理を使用した，もう1つの非常に簡単な回折のデモンストレーションである．フォークを持って，その歯の間を通して光を見ると，歯の間の間隙に暗い回折縞を見ることができる．フォークをその歯に平行に回転させると，より小さな間隔が効果的に与えられ，したがってより広い縞模様が見られる．

〔必要なもの〕　フォーク．

## 302. 音波の回折格子

音波の回折格子は音の回折を示すであろう．その1つは，大きな厚紙の管で，その端から端まで，直径 1 cm の穴が1列にあけてあるものでつくられる．その一端に小さなスピーカーを置いて，振動数をたとえば 500 Hz に調節する．マイクロホンを管に沿って平行に動かして，その出力をオシロスコープで観察すると，音の強さが上がったり下がったりする．

〔必要なもの〕　厚紙の管，スピーカーと増幅器，マイクロホンとオシロスコープ．

## 303. 音の回折

音波の回折はまた，スピーカーを使用して音波をつくり，生徒の1人をもう1人の生徒の頭の後ろに自分がくるように並ばせることで，簡単に示すことができる．その生徒たち自身の頭を左右に動かすことで，回折効果が観察できる．音波は障害物（生徒の頭）のまわりに広がって，極大，極小を検出できる．約 10 cm

(3 kHz) の波長を使用すると，頭のまわりの回折をよく示すことができる．
〔必要なもの〕　生徒，信号発振器とスピーカー．

## 304. 回折と凝縮

　曇ったガラスはよい回折効果を与える．わたしがこれを発見したのは，一対の冷たいガラスのコップを持って，風呂で本を読もうとしたときである．コップについた水蒸気の細かい霧を通して電球を見たとき，色づいた回折リングが見えたのである．ここでは凝縮の物理もまた，デモンストレートされた！　熱い空気は冷たい空気よりも多くの水蒸気を含むことができるので，一対の冷たいガラスのコップを熱い風呂に置いたら，コップの近くの空気は冷やされて，それに含まれている水蒸気の一部はコップの表面に凝縮する．わたしはまた，車でもこの効果に気付いた．その車は前日ヒーターを入れて使用したあと，寒い夜に外に放置してあった．車の中の空気は暖かかったので，かなりの水蒸気が含まれていたのが，夜通し冷えたため，この水がフロントガラスの内側の表面に凝縮したのである．
〔必要なもの〕　ガラスのコップ，ヤカン．

## 305. 分解能

　人間の目の分解能を示すために，板に貼った 1 枚の紙に約 2 mm 離して 2 つの点を描く．さまざまな距離からその 2 点を見て，それらが 1 つに合体して見えるとき，目の位置での 2 点に対する角度を計算する．また，詳細に分解する能力に対するほの暗い光の効果も調べる．理論的には，光のレベルが低すぎない限りにおいては，ほの暗い光の方が分解能は高くなる．なぜなら，円形の穴（瞳）の分解能は，その直径によるが，光が暗いと瞳の直径は大きくなるからである．
〔理論〕　直径 $a$ の円形の穴によって，波長 $\lambda$ の光を分解できる最小の角度 $\phi$ は，
$$\phi = 1.22\, \lambda/a$$
〔必要なもの〕　1 枚の紙に約 2 mm 離して描いた 2 個の小さな点．

## 306. 音の回折

　音の回折は単スリット回折の方法で示すことができる．スリットは 2 枚の板の間の幅約 10 cm の隙間である．この隙間の背後に置いたスピーカーから，振動

数約 10 kHz の音を出して，隙間の前でマイクロホンを移動して回折を観測する．マイクロホンの出力はオシロスコープかメーターに送れば，位置に対する音の強さが測定できる．

〔必要なもの〕 2枚の板，スピーカーと信号発振器，オシロスコープ．

## 307. タイツでの回折

　これは，不規則な障害物での回折でできる回折リングの非常によい例である．タイツの一部を両手で引き伸ばして，それを通して懐中電灯の豆球を見る．タイツの不規則な編み目での白色光の回折による，美しく色づいた回折リングが観察できる．タイツを目に近づけたり遠ざけたりすると，色づいたリングがよりよく見えるようにすることができる．

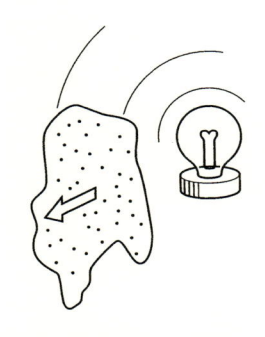

　この効果を，織り目が細かい清潔なハンカチーフでの規則的な回折模様と比較するとよい．自分で，不規則な点の集まり（製図用シェーディングフィルムが理想的）や規則的な点の集まりを写真に撮って，この実験のための障害物をつくるとよい．そのネガに光を当てる．適当な大きさの像をつくるために，その模様の最初の大きさをコンピュータや複写機を使用して変えるとよい．

〔必要なもの〕 小さな懐中電灯，タイツ，ハンカチーフ．

# 偏　　光

### この章のための一般的な理論

偏光した波は一方向にのみ振動する波である．人間の目は偏光した光と偏光していない光とを区別することができない．

マリュスの法則：これは偏光板を透過した光の強度 $I$ の式である $I = I_0 \cos^2 \theta$，ここで $\theta$ は偏光板の偏光面と検光板の偏光面との間の角度である．

ブルースターの法則：$\tan p = n$，ここで $p$ は偏光角で，$n$ は物質の屈折率．この角度で入射した光の反射光は完全な平面偏光である．

偏向（光）は縦波と横波とを区別する方法である：横波は偏向するが，縦波は偏向しない．

308．オーバーヘッドプロジェクターでの偏光と光弾性
309．反射による偏光
310．テレビ信号の偏光
311．偏光と電卓
312．水中のミルクと夕日

## 308． オーバーヘッドプロジェクターでの偏光と光弾性

偏光の効果をデモンストレートするために，オーバーヘッドプロジェクターの上に2枚の偏光板を重ねて置く（トランスペアレンシーに下から光を当てるタイプのプロジェクターを使用した場合にのみ可能である）．角度によって光の強度がどのように変化するかを示すために，1枚の偏光板を回転させる．この強度を光度計で測定すれば，マリュスの法則を確かめることができる．

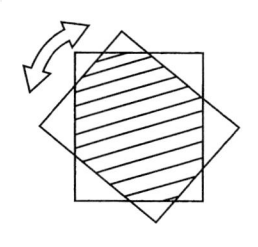

この演示の美しい発展は，交差させて置いた2枚の偏光板の間に1枚のプラスチックの袋か，または透明なプラスチックの定規か分度器を置いて，光弾性を示すことである．1枚の偏光板はプロジェクターのガラスの上に置き，その上にプラスチック定規を置いて，その上に2枚目の偏光板を置く．プラスチックは光の偏光面を回転させるが，光の波長が異なると，プラスチックの応力が加わった領域での回転の量が異なるので，その領域は美しく色づく．プラスチックの小さな

切れ目もまた，局部的な応力の模様を示す．

〔必要なもの〕　オーバーヘッドプロジェクター，2枚の偏光板，プラスチックの袋，透明なプラスチックの定規または分度器．

## 309. 反射による偏光

机や道路のぎらぎらと眩しい光を，1枚の偏光板か偏光サングラスを通して見る．偏光板を回転させると，眩しい光がカットされる．したがって車の運転には，偏光サングラスを使用するのである．前面がガラスの食器棚からの反射はまた，この効果を非常によく示す．ガラスに対する偏光角 $p$ は約 $57°$ だが，その偏光角の存在が簡単に示される．できればビデオカメラを使用して，この効果を一度に全クラスに示すとよい．

〔必要なもの〕　偏光板または偏光サングラス，前面がガラスの食器棚，できればビデオカメラ．

## 310. テレビ信号の偏光

テレビ信号の偏光面は，アンテナを回転して簡単に示すことができる．1本の棒の上にそれと垂直に数本の半波長の棒が取り付けてある屋外用のアンテナが最もよい．その領域のすべてのテレビ局は同じように偏光させているのであろうか，もしそうでなければ何が起こるだろうか．

〔必要なもの〕　テレビセット，テレビのアンテナ．

## 311. 偏光と電卓

電卓（またはノートパソコン）の液晶の表示（ディスプレイ）は偏光している．この事実を使用して，また，もう1つの非常に印象的でしかも簡単なデモンストレーションをすることができる．電卓のスクリーンの前に1枚の偏光板を置いて，表示が消えるまで回転する．ビデオカメラを使用してクラス全体に見せるとよい．

〔必要なもの〕　電卓，偏光板，できればビデオカメラ．

## 312. 水中のミルクと夕日

夕日，つまり小さな粒子による光の散乱と，散乱された光の偏光とを，つぎの2つの実験でデモンストレートできる．

(a) 直方体のプラスチックの水槽に，約4分の3水を入れる．それにミルクを数滴加える．ミルクを水によく混ぜて，その水を通るように光を照射する（プロジェクターが理想的）．電球と反対側の端から電球を見ると，夕日のように赤く見え，両脇から見ると，青く見えて，電球から遠ざかるにつれてだんだん緑っぽくなる．この色の違いは，ミルクの中の小さな脂肪での光の散乱によるもので，青い光の方が赤い光よりも多く散乱されるので，水槽を光が通るにつれて青い光はほとんど散乱されて，赤い光が残される．

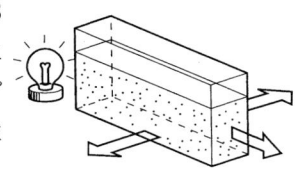

脇から見られる散乱された光を調べると，それはまた，偏光されていることを示す．ミルクを加えすぎないように．はじめは1滴か2滴で十分である．

これは，空がなぜ青いか：大気の粒子から散乱された光，また，夕日はなぜ赤いか：大気の厚い層を通ってきたあとの光は赤だけが残っていて，ほかの光は散乱されてしまっている，を説明する．地球よりも濃厚な大気をもつ惑星の空の色を推測させるとよい．

(b) 水槽の中の夕日の実験のほかの方法は，少しばかり専門的な液体を使用することである．水$1\,l$当たり$5\,\mathrm{mg}$のハイポ（チオ硫酸ナトリウム）溶液をつくる．それに（$1\,l$当たり）$0.5\,\mathrm{m}l$の濃縮した酸を含む$15\,\mathrm{m}l$の塩酸を加える．

わたしは眼球の虹彩の色は散乱によるものと推測している．英国の赤ん坊は普通，青色や灰色の目をもって生まれてくる；その分子は大きな鎖に結合していない．かれらが成長すると，鎖に結合するので，散乱は減少して，虹彩の色は褐色に変わる．

〔理論〕 散乱は振動数の4乗に比例する．

〔必要なもの〕 直方体のプラスチック水槽，プロジェクター，ミルク，スポイト，偏光板，チオ硫酸ナトリウム，硫酸．

# いろいろな波

313. 物理でのテープレコーダー
314. ナトリウムランプとヤングの複スリット
315. 油のしみの光度計
316. 廊下に絵を描く
317. 残　像
318. ナトリウムの吸収スペクトル
319. 盲点に対する十字と点
320. プロジェクターの前の色がついた円板
321. レーザー光と60Wの電球
322. 両眼の視野
323. 影光度計
324. 色減法
325. 歌う炎とうなり
326. シルエット写真
327. カオス系
328. 位相角
329. 紫外線の実験
330. P波とS波のシミュレーション
331. 感度が高い炎
332. 目
333. 色づく影
334. 波形をつけた厚紙と波動
335. メガネなしで読むのを助けるピンホールの使用
336. 定常波
337. 網織りのカーテンまたはネグリジェでのモアレ縞
338. オーバーヘッドプロジェクター上の色フィルター
339. 鏡を見て描く
340. テレビのストロボ効果：スローモーションの波
341. レーザーモデル：手

## 313. 物理でのテープレコーダー

　速さを切りかえることができる，リール式のテープレコーダーは，テープの速さを変えるとき，音の高さの変化をデモンストレーションするのに役に立つ．1音階の音をある速さで記録し，それからテープの速さを2倍にすると音階の高さが増加する．音楽家はそれが実際1オクターブ上がったことに気付くであろう．テープの速さを落とせば，もちろん，逆もまた真である．

　〔必要なもの〕　速さを切りかえることができるテープレコーダー．

## 314. ナトリウムランプとヤングの複スリット

古典的な複スリットの実験は，複スリットのセットと分光計を使用して実行できる．分光計の台のホルダーに一対の複スリット（スリット幅約 0.2 mm，間隔約 0.8 mm）を取り付ける．コリメーターはナトリウムの放電管に向けて，望遠鏡の対物レンズは取り除き，接眼レンズを調節する．よい干渉縞が得られるはずである．この結果を，レーザーを使用し，レーザー光を実験室を横切らせて，その大きな干渉縞を示す実験と比較する．レーザーの干渉縞は，レーザー光の単色性とより強い可干渉性によって，より鮮明である．

〔理論〕　縞の幅 $=\lambda d/D$　ここで $d$ はスリット間の距離，$D$ はスリットから縞模様までの距離，$\lambda$ は光の波長である．

〔必要なもの〕　分光計，ナトリウムランプ．

## 315. 油のしみの光度計

古い型の油のしみの光度計を使用して，ランプやまたは実際に太陽の輝度を簡単に測定できる．これは単に，1枚の紙片に落としてつけたロウソクのロウ（または油）のしみである．しみの照度が紙の両面で同じであれば，しみは事実上見えなくなる．しかし，もしも照度がより大きい方からそのしみを見ると，しみは周囲の紙よりもより暗く見えるであろう．ロウソクを 12 V の電球と比較するとよい．電球の輝度を変えながら，輝度に対する電力のグラフを描く．この伝統的な方法では光検出器の較正曲線を使う必要がない．

この実験の発展は溶けたロウを使用して大きな紙にメッセージを書くことである．紙を垂直に設置して，その背後から光を当てる．片面に当たる光の強さの増減で，書かれた文字が見えたり見えなくなったりする．

〔必要なもの〕　支えられている1枚の白紙に油のしみをつけたもの，電球，ロウソク，電源，電圧計と電流計．

## 316. 廊下に絵を描く

部屋や廊下に絵を描くときに最もよく反射する色は，光検出器とさまざまな色の紙を使用して調べることができる．紙を単に光で照らして，反射（散乱）した

光の強さを光検出器を用いて測定する．もっと詳しく調べるには，ルックス単位での照明による光検出器のデータシートを使用する．

〔必要なもの〕 光検出器，さまざまな色の紙，抵抗計，電源，ランプ．

## 317. 残　像

テレビでは，毎秒25画面を観る．人間の目は残像によって，これより速い変化を認識できない．これをデモンストレーションするために，1枚のカードの両端にそれぞれ2本の糸を付けて，カードの1面には飛び上がっている馬を，もう1面にはゲートを書く．糸をピンと張ったり，ゆるませたりしてカードを回転させると，馬がゲートを飛んでいるように見える．

〔必要なもの〕 1面に飛び上がっている馬を，もう1面にはゲートを書いたカード，糸．

## 318. ナトリウムの吸収スペクトル

ナトリウム放電管とブンゼンバーナーとスクリーンを1列に並べる．ブンゼンバーナーに火をつけて，放電管からの光でブンゼンバーナーの炎（青い）を照らす．スクリーンに見えるもののすべては，ある対流の影以外のなにものでもない．そこで，塩化ナトリウムのついた棒を炎に入れる．

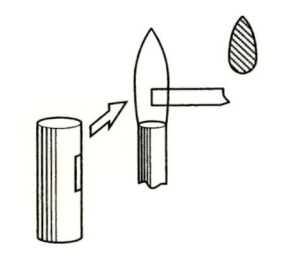

スクリーンにははっきりと黒い影が見えるはずである．その炎の中に木片（たとえば割り箸）の先を入れて燃やして，この場合は影が見えないことを示す．塩化ナトリウムがついた棒を炎の中に入れたときにつくられた暗い影は，その中のナトリウムが，ナトリウムランプによって放出される光の中から，まさにまったく同じエネルギーの光子を吸収することによる．明るい炎は光子の放出によるもので，ナトリウムに吸収された光子は，すべての方向に向けて再放出される．

〔必要なもの〕 ナトリウムランプ，塩化ナトリウムがついた棒，ブンゼンバーナーとスクリーン，実験用スタンド．

## 319. 盲点に対する十字と点

1枚の紙に十字と1つの点を12 cm離して描く．その紙を十字が左目のまん前にくるように，約50 cm離したところに支える．左目を閉じて，右目で十字を

見る．紙を前後に動かすと，点が見えなくなるところが見つかるであろう．それは右目の盲点に点の像ができたためである．

## 320. プロジェクターの前の色がついた円板

色がある物体を異なる波長の光で見ると，色が違って見える．これは，3枚の異なる色の色紙の円板を厚紙に貼り付けて，フィルターを通したスライドプロジェクターの光をそれに当てることで，デモンストレーションできる．最初は白色光を当て，それから緑または赤，または青のフィルターをそれぞれ通した光を当てる．これは，着色のスライドを準備して使用するか，またはアクリルの色フィルターを単にプロジェクターの前で支えればよい．この効果を，人工照明の下で服を買うときのむずかしさと関係づけるとよい（もしも大きな着色フィルムを持っているならば，それを厚紙の枠で固定して，オーバーヘッドプロジェクターの上に置くとよい）．

〔必要なもの〕 プロジェクター，赤，緑，青色の紙の円板が貼り付けてある厚紙，色フィルター．

## 321. レーザー光と60Wの電球

これら2つの光源の照明の強さを，目に危害を及ぼしうる光源として比較することは教育的である．まず，60Wの電球について考える．すべてのエネルギーが光に変換され，それはすべて一様に放射されると仮定すると，電球から1m離れたところでの仕事率密度は $4.8\,\mathrm{W\,m^{-2}}$ である．これをレーザーと比較しよう．学校で使用されるタイプのレーザーの電力は1mWに過ぎないが，レーザービームの面積は距離が増加してもかなり一定のままなので，およそ $2\,\mathrm{mm^2}$ であるとすると，仕事率密度は $500\,\mathrm{W\,m^{-2}}$ で，電球よりも100倍以上大きい．

## 322. 両眼の視野

深さの知覚を与える，2つの目の視野のわずかに異なる見え方を，この簡単な実験で示すことができる．2本の人差し指を並べて，それらを通して遠くを見る．それらの端は合体して1つの指のソーセージになったように見える．

## 323. 影光度計

これは2つの光源の明るさを比較する方法で，それらの光源が与える影の"濃

度"を使用する．白いスクリーンの前にサインペンを立てて，1つのランプの光がサインペンの影をスクリーン上につくるように設置する．第2のランプを，影がもう1つできるように，最初のランプの近くに置く．スクリーンから2つのランプまでの距離が等しくて，2つの影が同じ濃さであれば，2つのランプの明るさは等しいことになる．

〔必要なもの〕　サインペンか鉛筆，2つのランプ，電源とメーター．

## 324. 色減法

赤，青，緑の3枚のフィルターをオーバーヘッドプロジェクターの上に置き，互いに重ねると，色の減法を簡単に示すことができる．

〔必要なもの〕　オーバーヘッドプロジェクター，色フィルター．

## 325. 歌う炎とうなり

1cmのガラス管を引き伸ばして，内径0.5mmにする．それをガスの供給源に接続して，管の細い先端から出てくるガスに火をつけて，その炎が直径3.5cmで長さ83cmの大きいガラス管に入るようにする．大きなノイズが生じるであろう．そこで，長さが1cmか2cm短いもう1つの大きいガラス管でも同様に試みる．両方の炎がついているときに，異なる高さの音色の間でうなりが生じる．

〔必要なもの〕　ガラス管，内径が大きいガラス管，ブンゼンバーナー．

## 326. シルエット写真

これは写真術へのおもしろい導入である．暗い部屋と印画紙と薬品（現像液と定着液）と，それに一連のおもしろい形をした物体，木の葉，歯車，分度器，装飾品のようなものが必要である．赤い安全ランプだけを使用して，印画紙の上に物体を置く．2ないし3秒間主ランプを点ける．見えない潜在的な像が印画紙につくられるので，それを現像する．上に例としてあげたすべての物体が優れた陰画をつくるであろう．「幾何光学」実験282.に述べられている技術を使用して，陽画もつくることができる．

〔必要なもの〕　平らでおもしろい形をした物体，暗室，印画紙，現像液と定着液．

## 327. カオス系

(a) カオス系はいくつかの安定な状態を持っているが，これは大きな弓のこの刃のような長くて柔軟な金属片を使用して示すことができる．この金属片を垂直に立てて，下端をクランプで固定する．金属片を脇に引いて手放すと振動するが，つねに垂直な位置で静止する．その上端に工作用の粘土の塊を取り付けると，安定な状態は3つになる．すなわち前の垂直な状態のほかに，その両側に1つずつで，安定な状態が2つ増加する．最初の安定な位置から不安定にすると，それが最後に3つのうちのどの状態で静止するかは，決して明確にはできない（ブリストル大学のデモンストレーション）．

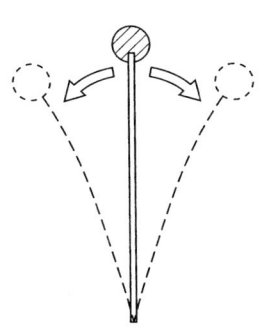

(b) さらに進んだカオスのデモンストレーションで，初期条件が結果に敏感に影響するものは，2個の磁石の上に吊るした1個のボールベアリングである．ボールベアリングを振らせると，それはカオス的な軌道を描き，最終的に静止する点の，それを手放した最初の点との関係は明確ではない．オーバーヘッドプロジェクターの上でこの実験を行えば，この運動をクラス全体に明瞭に見せることができる．

〔必要なもの〕 長い弾力性に富む鋼片で上端におもりがついたもの，ボールベアリング，糸，2個の磁石，オーバーヘッドプロジェクター．

## 328. 位相角

回転台にボールを固定して，それをランプで照らして，ボールの影をスクリーンに映す（ランプは回転台から離れたところに，スクリーンは回転台の近くに置く必要がある）．台を回転させてボールの位置と台が回転した角度を記録する．このとき，ボールの影が移動するその中心か，または一端をゼロにするとよい．台の回転角の正弦（または余弦）に対する影の変位のグラフを描く．

〔必要なもの〕 ボール，回転台，回転台の電源とモーター，プロジェクターまたはほかの適当な光源．

## 329. 紫外線の実験

安全のための正しい予防措置に必ず従えば，紫外線で非常によい効果を示すことができる．清潔な髪は緑がかった色を示し，歯はきらめき（これには紫外線用安全メガネを必ず使用すること），蛍光は緑色を示す．わたしはほかの物体のセットを集めているが，そのほとんどが贈り物の店から入手したものであり，蛍光Tシャツ，シリーパテ（「弾性」実験154.参照），岩石（ここでは正しい紫外線の波長が必要である），星図，安全用マーカー，降臨節カレンダーなどがある．

## 330. P波とS波のシミュレーション

地震では2種類の波が地面を伝わる．すなわち，縦波または押す振動の波である最初の波，P波と，横波またはゆさぶる振動の波である第2の波，S波である．これら2つの型の振動の異なる性質は，つぎの実験で示すことができる．プラスチックのビーカーを使用して，そのまわりにトレーシングペーパーを貼り，1つの側面に小さな電球を固定する．水が入ったガラスのビーカーをその中に入れて，この系を通過してくる光を観察する．側面にある電球は地震の震央を表し，2重のビーカーを通過してくる光はP波とS波を表す．

〔必要なもの〕 プラスチックビーカー，ガラスのビーカー，トレーシングペーパー，小さな電球と電池．

## 331. 感度が高い炎

細い炎への音波の効果を，この実験で示すことができる．直径1cmのガラス管を1mmまで引き伸ばす．これをガスの供給源につないで，ガラス管の先端でガスに火をつけると，細長い炎ができる．これを使用して，音波の定常波の節や腹のような，音のレベルを調べることができる．現代的な代替物として，音レベルメーターが使用できるが，この炎ほど視覚的に印象深くない．

〔必要なもの〕 ガラス管，ガス供給源．

## 332. 目

つぎの一連の簡単な実験では，目の物理を学ぶことができる．

（a） 微細なものを解像する能力：1枚の紙に約1mm離して2点を描き，これを壁に固定して，生徒がその壁からどれだけ離れたところに立てば，それら2

点が 1 点にしか見えなくなるかを調べる．

(b) 新聞の写真と実際の写真とをレンズを使用して眺め，比較する．

(c) レンズの助け：レンズを使用すると，印刷物を非常に拡大して読むことがいかに可能になるかを理解する．

(d) 光学的錯視：まさに楽しむために．

## 333. 色づく影

色の加法は，それぞれが異なる色フィルター（赤，青，緑）を内蔵している 3 つの光線箱から出てくる光で白紙を照らすことで，明瞭に示すことができる．おのおのの光線の強さを変化させれば，スペクトルのどんな色でも与えることができる．光の通り道に 3 本のマジックペンを立てれば，そのおのおのが 3 つの光線箱の中の 2 つだけの色の和になるような，3 つのあざやかな着色した影をつくることができる．

〔必要なもの〕 マジックペン 3 本，3 つの光線箱と電源，3 色の色フィルター．

## 334. 波形をつけた厚紙と波動

波形がついた正方形の厚紙かまたはプラスチックを使用して，波形に対してある角度で切り取って，正弦波の 2 つの軸を与えることができる．これは波動の式 $y = A \sin 2\pi (ft - x/\lambda)$ を教えるときの教材として使用できる．

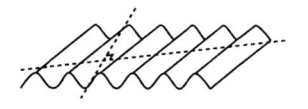

その正方形の 1 側面の波のような波形の稜は，$x$ 変量を，それに直角なほかの稜は $t$ 変量を与え，任意の点の高さが $y$ の値，または波の変位を与える．

〔理論〕
$$y = A \sin 2\pi (ft - x/\lambda)$$
1 側面は決まった $x$（たとえば $x=0$）に対して変化する $t$ による波 $y = A \sin 2\pi ft$ を与え，ほかの側面は，決まった $t$（たとえば $t=0$）に対して変化する $x$ による波，$y = A \sin 2\pi x/\lambda$ を与える．

〔必要なもの〕 波形がついた正方形の厚紙かまたはプラスチック（プラスチックの方がよい．波形がより大きくできる）．

## 335. メガネなしで読むのを助けるピンホールの使用

これは楽しい簡単な実験だが，メガネを忘れた人ならだれでも非常に助かる実験である．ピンホールをつくって，それを通して印刷物を見ると，メガネなしで

読むことができる．これは遠視の人にも近視の人にも通用する．この代わりとしては，人差し指と中指の指先と親指の腹で小さな穴をつくり，それを通して印刷物を見ることである．この方法の利点は，自分の指はいつも持っているし，穴の大きさを変えることができる．

この現象は，口径が小さいほど焦点深度が深くなることを理解することによって，説明できる．

〔必要なもの〕 厚紙にあけたピンホール．

## 336. 定常波

これは，弦の定常波の，張力ではなくて弦の長さによる効果を，非常に簡単に示す実験である．弦の一端は電気モーター（または振動発生器の先端）に取り付けられた車輪の，中心から離れた穴に固定する．弦のもう1つの端は手で支えるが，弦が自由に回転できるように，長さが短いプラスチック管か栓に通しておく．スイッチを入れて，手をモーターに近づけたり遠ざけたりして，弦の長さを変える．その結果，大きな定常波ができるであろう．

〔理論〕 長さ $L$，張力 $T$，単位長さ当たりの質量 $m$ の弦にできる定常波の基本振動数は，式 $f = 1/2L(T/m)^{1/2}$ で与えられる．したがって，振動数は弦の長さに反比例する．

〔必要なもの〕 弦，モーターと電源または振動発生器と信号発振器．

## 337. 網織りのカーテンまたはネグリジェでのモアレ縞

2枚の網織りのカーテンか，または薄いネグリジェの2枚の層の繊細な織布を重ねると，よいモアレ縞が示される．干渉はまた，複数の同心円を描いた2枚のプラスチックの円板を，オーバーヘッドプロジェクターの上に置いて示すことができる．

〔必要なもの〕 網織りのカーテンまたはネグリジェ，オーバーヘッドプロジェクター（随意）．

## 338. オーバーヘッドプロジェクター上の色フィルター

オーバーヘッドプロジェクターの上のトランスペアレンシーを覆ったフィルターを通った光によって，書かれた文字が見えなくなることを示す．たとえば，赤で書いたものに赤のフィルターを使用した場合，赤の適当なシェード（光をさえ

ぎるもの）を使用すると，書かれたものが見えなくなるはずである．

## 339． 鏡を見て描く

目と手の協調性は，つぎのいらいらする実験を使用してデモンストレーションできる．1枚の紙に大小2個の5つ星の，先端の点だけを描く．1個の星はもう1つの星の中に描く．それから平面鏡を使用して，鏡で像を見ながらそれらの点を結んで，星の輪郭を描いていく．

〔必要なもの〕 平面鏡，紙，鉛筆，直接見えるのを隠すための厚紙．

## 340． テレビのストロボ効果：スローモーションの波

ストロボスコープの効果と，張られた弦の波の運動との素晴らしい例を，テレビとゴムバンドを使用して示すことができる．テレビのスイッチを入れて，できれば静止した無画像のスクリーンにするか，またはビデオカメラをテレビのモニターに接続して，カメラを白色のボードに向ける．テレビのスクリーンの前でゴムバンドを引き伸ばして，弾く．波がバンドに沿ってゆっくりと移動するのを見るであろう．テレビの走査の性質がストロボスコープのように働く．バンドの長さや張力を適当に変えて試すと，波をほとんど静止させることができる．私は張力を変えるのに，バンドに下げるおもりを変えたり，また，糸の締め具を使用したりした．

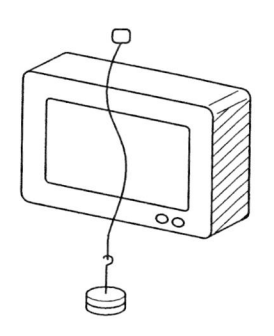

〔必要なもの〕 テレビ，ゴムバンド，おもりのセット，実験用スタンド，できればテレビカメラ．

## 341． レーザーモデル：手

レーザーからの誘導放出は，つぎのようにシミュレートできる．1つの棒から2本の糸で，厚紙を1枚吊るし，その下端には振り子のおもりをつける．扇風機を片手で持ってそのカードに空気の流れを吹き付ける．自分のもう1つの手を空気の流れの中で上げ下げする．その振動数が正しければカードの振動は大きくなっていくが，それはレーザーの軸に沿った光のビームの強度が，管の両端で反射されて，その間を行き来する間に強まるのとまさに同じような方法である．

〔必要なもの〕 カード，ヘアドライヤーか扇風機，糸，棒，振り子のおもり．

# IV
## 熱 物 理 学

# 固体と液体の膨張

342．金属の膨張
343．バイメタル：加熱と冷却
344．プロジェクターの中の鉄の棒：
　　金属の膨張
345．液体の膨張
346．跳び上がる金属円盤
347．ガラスの膨張と収縮

## 342． 金属の膨張

　台所用のアルミ箔の長い一片を2個のクランプの間に水平にピンと張る．それを下からロウソクで加熱する．するとアルミ箔は著しくたるむ（これを熱線電流計と比較するとよい；「電流」実験420.参照）．

　生徒に考えさせる質問はワッシャーの問題である．1個の金属のワッシャーを加熱すると，その中心の穴は大きくなるか小さくなるか．答えは，穴は大きくなる．なぜなら，その金属のすべての部分が膨張するが，中心に最も近い部分は膨張が最も少ないからである．

　固体の膨張の使用や影響に関係するもの：鋲，電話線，鉄道の線路，建物，橋，時計の振り子，コンクリートの自動車道路におけるタールマカダム舗装の隙間．

　〔必要なもの〕　2個の実験用スタンドとクランプ，ロウソクかブンゼンバーナー，アルミ箔．

## 343． バイメタル：加熱と冷却

　2種の金属を張り合わせに溶接してつくられているバイメタルは，異なる金属の熱膨張係数の差異をデモンストレーションするのに適している．バイメタルを加熱すると，よりよく膨張する金属（真鍮-鉄の場合は真鍮）が曲線の外側になるように曲がるであろう．バイメタルを使用する別のデモンストレーションは，それを冷蔵庫に入れることである（または水と氷を混

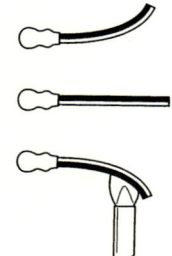

ぜたもので冷却する）．その場合は真鍮の層が内側になるように曲がるであろう．それは真鍮が鉄よりもよりよく収縮することを示している．問題は温度の変化であることを指摘するとよい．

〔必要なもの〕 ホルダー付きバイメタルまたは一対の火箸，ブンゼンバーナー．

## 344. プロジェクターの中の鉄の棒：金属の膨張

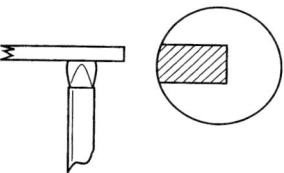

金属の膨張をデモンストレーションする非常に簡単な方法は，スライドプロジェクターの光線の中に鋼鉄の棒を置くことである（真鍮や銅でももちろん同様にうまくいくであろう）．古い型のプロジェクターが必要で，スライドキャリヤーの位置に棒の先端がくるようにしなくてはならない．プロジェクターのスイッチを入れると，その棒の拡大された影が数メートル離れたスクリーンに映るようにする．スクリーン上で棒の先端の影の位置にしるしをつける．棒を加熱して，その先端の影の動きを観察して，実際にその膨張に注目する．

これは簡単なデモンストレーションとして使用できるが，もしももっと詳しいことが必要であれば，プロジェクターによる倍率（影の幅/棒の幅）を測定し，棒の温度上昇の平均値を見積もって，その金属の線膨張率を求めることもできる．また，棒を冷却すると，それが最初の長さに戻ることも示す（だれも実験台にぶつかったりしないように気をつけること！）．

〔理論〕 長さ $L$ の金属棒が温度差 $\theta°C$ だけ熱せられた場合の膨張 $= L\alpha\theta$，ここで $\alpha$ は金属の線膨張率（ほとんどの金属に対して約 $10^{-5}$）．

〔必要なもの〕 プロジェクター，金属棒，実験用スタンドとクランプ，定規，ブンゼンバーナー．

## 345. 液体の膨張

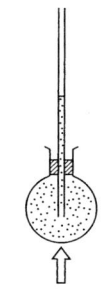

底が丸いフラスコを，縁までいっぱいに着色した水で満たす．長さ 1～2 m の長い毛細管の一端をゴム栓に差し込んで，そのゴム栓をフラスコの口に押し込む．フラスコを加熱して液体の膨張を観察する．注意深く見守ると興味深いことに，最初は液体の水面が下がることがわかる．ガラスが最初に膨張するが，ガラ

スは熱伝導が悪いので，熱が液体に伝わり，液体の温度が上がって膨張するには時間がかかるのである．

〔必要なもの〕 底が丸いフラスコ，毛細管，ゴム栓，ブンゼンバーナー，フラスコ用三脚，実験用スタンドとクランプ，防熱マット．

## 346. 跳び上がる金属円盤

このバイメタルの円盤については *Physics Education* (Vol. 22, No. 3, IoP, 1987) に書かれている．銀白色の裏面である凸面を圧すると，それはカチッと鳴って，その面が凹面の内側となる．この形態は不安定で最初の形に戻る．しかしこの円盤を指の間でこするか，または熱湯に入れて暖めると，しばらくは新しい形で安定している．それを平らな表面に放置しておくと，それは冷えるにしたがって収縮して曲がり，空中に跳び上がる（この円盤は構造においてバイメタル的である．すなわち，片面はニッケルで，もう1つの面はステンレスである）．

## 347. ガラスの膨張と収縮

砂漠では，太陽が沈んで夜になると急速に温度が下がる；岩石の外側は冷えるが内側はまだ暖かい（それにまた，内側は大きい）ので，外側の層が収縮しようとして，はげ落ちる．これは熱いガラスと冷たい水の実験で示すことができる．

(a) ブンゼンバーナーの炎でガラス棒を加熱して，それを冷たい水が入ったビーカーの中に沈める；ガラスは粉みじんになる．

(b) 火ばさみを使用してガラス玉をブンゼンバーナーの炎の中で加熱して，冷たい水が入ったビーカーの中に落とす；ガラス玉は粉みじんになる．それは水面下で壊れる．

⚠ 〔安全策〕 これら2つの実験を実行するときは，防護遮蔽板を使用して，保護メガネをかけること．

〔必要なもの〕 ガラス棒，冷たい水が入ったビーカー，防護遮蔽板と保護メガネ，ガラス玉，火ばさみ，ブンゼンバーナー．

# 気体の膨張

### この章のための一般的な理論

温度変化なしに（等温的に）気体が圧縮したり膨張するときは，圧力 $P$ と体積 $V$ との積は一定である；すなわち $P_1V_1 = P_2V_2$，これはボイルの法則である．

温度を一定に保つには，膨張の間は熱エネルギーが供給され，圧縮の間は取り除かれなくてはならない．

どの変化のもとでも，気体の性質を表す式は理想気体の式である；

$$PV = nRT$$

ここで $n$ は気体のモル数，$R$ は気体定数，$T$ は絶対温度である（$T = 273 +$ 摂氏温度）．

体積が一定に保たれる場合は，気体の圧力は絶対温度に比例して，圧力が一定に保たれる場合は，気体の体積は絶対温度に比例する．

348．気体の膨張：空気
349．爆発する風船：熱
350．石鹸膜：気体の膨張
351．ポップコーンと気体の膨張
352．膨張冷却
353．ブンゼンバーナーの上の金属の缶
354．自転車のポンプ：断熱変化と等温変化

## 348. 気体の膨張：空気

空気の膨張は，簡単だが正確な空気温度計をつくるのに使用することができる．底が丸い大きなフラスコの約3分の1まで着色した水を入れる．つぎに長い（少なくとも1.5 m）ガラス管をフラスコのゴム栓に突き通して，ゴム栓から下に約10 cm ガラス管が突き出ているようにする．ゴム栓をフラスコの口にしっかりはめ込んで，ガラス管の下端が水中に入っていることを確かめる．このフラスコの約3分の2には空気が閉じ込められている．自分の手かまたは非常に弱いブンゼンバーナーでフラスコを暖める．フラスコの中の空気が膨張して，着色した水を管の中に押し上げる．

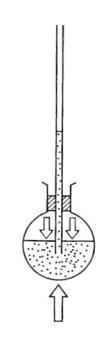

170　IV　熱物理学

　この温度計は，あなた自身の手の熱で普通十分大きな膨張を示すので，それは生徒の手のさまざまな温度の，興味深く感度の高い比較を可能にする．この装置を較正すれば，正確な温度計としても使用できる．
　〔必要なもの〕　底が丸い大きなフラスコ，ブンゼンバーナー，穴が大きい毛細管（膨張が見やすいようにするため）．

## 349． 爆発する風船：熱

　風船をふくらませて口を閉じ，口を上向きにしてブンゼンバーナーの炎の上でゆっくり加熱する．風船のゴムが融けることがないように，炎から十分高いところに風船を支える．風船の中の空気が膨張して風船を破裂させ，気体の膨張をデモンストレーションするであろう．
　〔必要なもの〕　風船，ブンゼンバーナー，防護遮蔽板．

## 350． 石鹸膜：気体の膨張

　楽しい簡単な装置を使用して，気体の膨張をデモンストレーションする別の方法がある．底が丸い大きなフラスコを使用して，その首を強力な石鹸液に浸して，石鹸膜でフラスコの首を覆う．手でフラスコを暖める；フラスコ内の空気が膨張して，その口によいシャボン玉ができる．ブンゼンバーナーの炎の上でそれを暖めた方が早くシャボン玉ができるが，かなり簡単にそのシャボン玉はポンとはじける．空気を冷やせば，シャボン玉はしぼんで平らな膜に戻る．
　〔必要なもの〕　底が丸い大きなフラスコ，石鹸液．

## 351． ポップコーンと気体の膨張

　ポップコーンの膨張を使用して，空気を加熱したとき，空気の体積が増加することをデモンストレーションする．わたしはいつも，何が進行しているかを生徒たちが見ることができるように，1 $l$ の背が高いビーカーを皿で覆って行っている．ビーカーの底をちょうど覆うように油を十分入れて，その中一面にポップコーンを撒き散らし，ブンゼンバーナーの上でゆっくりと加熱する．数分で十分高い温度に達したあと，ポップコーンは膨張する．
　実験前にビーカーを丸ごとよく洗っておけば，実験後に膨張したポップコーンを取り出して食べることができる．この授業を終わらせる評判がよい方法である！

〔必要なもの〕 ポップコーン（料理されていない），背の高い $1l$ のビーカー，ビーカーにかぶせる皿，料理用油，ブンゼンバーナー，三脚台，防熱マット，ガーゼ，砂糖（おいしくなる！）．

## 352. 膨張冷却

ガスボンベから気体が漏れ出るとき，ガスボンベのまわりに氷ができることは，膨張による冷却のよいデモンストレーションである．この効果の非常に印象的なデモンストレーションは，高圧の二酸化炭素ボンベから出てきた気体が膨張するとき，ドライアイスが形成されるのを示すことである．ソーダサイホンに使用するバルブに入っている少量の二酸化炭素でさえ，ドライアイスができるので，コンパスの先を使用して注意深くバルブに穴をあけ，気体が出てくるときの著しい冷却を示すことができる．膨張に転移したエネルギーについてなんらかのアイデアを得るには，木製の試験管はさみを使用して，水が入ったビーカーの中でバルブを支えてみるとよい．この実験を行うときはかならず，保護メガネを着用しなくてはならない．

〔必要なもの〕 二酸化炭素シリンダーと布，ソーダサイホンバルブ，バルブに穴をあけるための先が尖ったもの（コンパス）．

## 353. ブンゼンバーナーの上の金属の缶

温度が上がったときの気体の膨張は，つぎの実験できわめて印象的に示すことができる．金属のふたがきちっと閉まる，金属の缶を用意する．それを防護遮蔽板の後ろの三脚台に載せて，缶を加熱する．少したつと，缶の中の空気が膨張して，ふたを吹き飛ばすであろう（ふたをきつく閉め過ぎてはいけないし，また，もしもうまくいかないときに，チェックしに近寄ってはいけない．火を止めて，それが冷えるまで待つこと）．

⚠ 〔助言〕 缶には水を少し入れるとうまくいき，蒸気に気づく生徒もいるかもしれないが，確かによい爆発が起こる．防護遮蔽板を使用すること．

〔必要なもの〕 ふたがきちっと閉まる金属の缶，ブンゼンバーナー，防護遮蔽板，三脚台，防熱マット．

## 354. 自転車のポンプ：断熱変化と等温変化

自転車のポンプの中の空気の急速な圧縮（またはバルブを逆にしての膨張）は断熱変化を示す．正常にポンプを動かすときはポンプの中の空気を加熱するが，急速な膨張は冷却を示す．ゆっくりとした変化は熱の移動を許し，したがって温度は変化しない．これが等温変化である．

〔必要なもの〕 自転車のポンプ，温度計またはサーミスタ．

# 熱　伝　導

## この章のための一般的な理論

熱伝導は，分子の衝突による物質の中のエネルギー伝達によって起こる．金属では，温度がより高い場所からより低い場所へ自由電子が運ぶエネルギーによって，熱伝導はさらに増加する．

355．エスプレッソコーヒーまたは
　　　ビール：泡の中の伝導
356．ベークドアラスカ
357．セーターとアノラック：空気の
　　　熱伝導
358．水の熱伝導
359．伝導とサーモクロミック塗料
360．生徒の列：伝導
361．炎を持ち上げることと，揚げ物の鍋
　　　の上の銅の網：網の熱伝導
362．空気の伝導
363．木の棒と銅管

## 355．エスプレッソコーヒーまたはビール：泡の中の伝導

妻とわたしがウォータールー駅で座って，実に泡の多い1杯のエスプレッソコーヒーを飲んでいたときのことである．妻がコーヒーの上の泡を見ながらいった．「泡がコーヒーを暖かく保つのに役立っていると思うわ」と．

確かにエスプレッソコーヒーの上の厚い泡の層は，その下にある液体の断熱に役立っている．泡の中にはかなり多くの空気があり，それが断熱毛布の役をしている．

このアイデアを発展させて，質量が同じで泡が多いコーヒーと泡がないコーヒーとを，大きさが同じビーカーに入れて，同じ温度からはじめて，それらの冷却を調べるとよい．

〔必要なもの〕　泡が多いコーヒー，泡がないコーヒー，ビーカー，温度計．

## 356．ベークドアラスカ

このおいしいデザートはメレンゲの中の空気の断熱効果を示している．メレン

ゲを焼くとき，その中のエアポケットが断熱毛布の役をして，かなり急速に焼き上げる限り，その内部のアイスクリームは融けるほど熱くはならないのである．

## 357. セーターとアノラック：空気の熱伝導

空気の熱伝導が悪いことのデモンストレーションとして，1人の生徒にできる限り多くの服を重ね着させる（小さい生徒の方がよい．大人の服をより多く重ね着することができる！）．セーター，アノラック，プルオーバー，ジャケット，実験着などを使用する．長時間着させてはいけない．実際内側は暑くなる！ 衣服の下の温度を調べるために，温度計の探針を使用するとよい．

〔必要なもの〕 多くの大きくて厚い衣服．

## 358. 水の熱伝導

水の比較的悪い熱伝導を示すには，試験管の底に1個の氷を入れて，氷が底に留まるように，その氷の上に，上向きにくさび形にした銅の網を入れておく．その試験管に水を入れて，上の方を沸騰するまで加熱する．水の熱伝導は悪いので，上部で水が沸騰しているときでさえ，底には氷が固体のまま存在する．

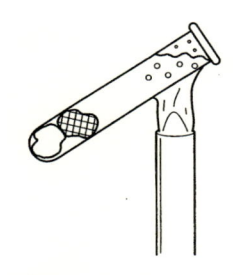

〔必要なもの〕 氷，試験管，水，ブンゼンバーナー，防熱マット，火ばさみ，金属の網．

## 359. 伝導とサーモクロミック塗料

この専門家用塗料を異なる金属棒に塗って，簡単な熱伝導の実験の変形を行うことができる．この簡単な実験では，異なる金属の2本の棒をブンゼンバーナーの炎の中で支えて，それらの熱伝導を生徒たちに比較させるが，生徒たちは熱くなりすぎない前に，最初に炎から外さなくてはならない棒はどれかを調べる．その棒が最も高い熱伝導を持つ．やけどを避けるために，棒にサーモクロミック塗料を塗り，伝導性がない（木製）クランプで支え，塗料の色の変化を観察する．

もう1つの方法は，塩化コバルトの溶液にフィルター紙を浸して，それを乾か

すことである．この紙は熱によく反応して，熱くなると青い色に変わる．三脚台の上にこの処理した紙を置いて，その上に前に記した実験の2本の棒の一端を単に置くだけでよい．そしてもう一方の端をブンゼンバーナーの強い炎で加熱する．棒に接している紙の色が青に変わる速さを比べることで，棒の熱伝導のよい比較ができる．

〔必要なもの〕 棒の熱伝導キット（真鍮，アルミ，銅，鉄，亜鉛，ガラス），ブンゼンバーナー，三脚台，防熱マット（2），サーモクロミック塗料，フィルター紙，塩化コバルトの溶液．

## 360. 生徒の列：伝導

これは固体の棒に沿った伝導を示すための，非常に簡単な昔からの考え，すなわち分子の振動によってエネルギーの伝達が起こるということ，に基づいている．おのおのの分子は単に振動していて移動せず，棒を伝わっていくのはエネルギーである．生徒に互いに腕を組ませて1列に並ばせ，端の生徒をゆさぶる．その端の生徒の振動は列に沿って伝わり，ついにはもう一方の端の生徒が動く．生徒たちが倒れかかるほど強く揺さぶってはいけない！　この簡単なデモンストレーションは非金属の固体に関係している．優れた教師は，多くのエネルギーが自由電子によって伝わる，金属での伝導を示す方法を工夫できるであろう．もしもあなたが実際に生徒のグループを体育館に連れ出す勇気があれば，生徒たちに多数のサッカーボールを蹴らせるとよい．実験室でやることは勧めない！

## 361. 炎を持ち上げることと，揚げ物の鍋の上の銅の網：網の熱伝導

この実験は銅の高い熱伝導を明瞭に示し，また，ガスが燃えるには十分高温になる必要があることを示す．ブンゼンバーナーを点火して，その出口の上に1枚の銅の網を持ってきて，ブンゼン管の上に置く．すると，網を通して炎が燃える．それからゆっくりと網を持ち上げると炎も網とともに持ち上げられ，網の上は燃えているが，その下は燃えない冷たいガスの領域となる．熱は網からあなたの手へ伝わってしまい，網の下のガスは冷た過ぎて燃え出すことができないままである．それは伝統的なデーヴィーランプ（炭鉱用安全灯）がどうして安全に機能するかを示すよいデモンストレーションである．炎

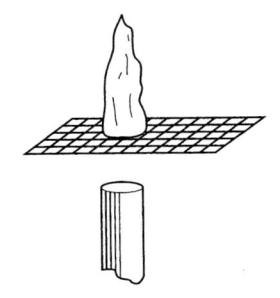

をすぐに持ち上げて，ガスの火を消すことができる．あとでガス栓をしめることを忘れないように！

これの実際的な応用として，油が点火しないように，揚げ物の鍋の上に銅の網を置くとよい．これは金属の熱伝導のもう1つの例である．

〔必要なもの〕　ブンゼンバーナーまたはロウソク，銅の網，防熱マット．

## 362． 空気の伝導

よく燃えているブンゼンバーナーの炎の脇に注意深く自分の手をもっていく．そこでは炎から手へ熱が伝わるのは空気の熱伝導によるだけなので，実際に熱さを感じない．これは空気の熱伝導が悪いことの非常に簡単なデモンストレーションである．炎の上に手をかざすと，はるかに熱く感じる．これは対流の原理，すなわち，熱せられた空気は膨張してその密度が小さくなり，したがって熱い空気は上昇するということを示している．

〔必要なもの〕　ブンゼンバーナーまたはロウソク，防熱マット．

## 363． 木の棒と銅管

これは熱伝導が異なることについての非常によいデモンストレーションである．装置は，その一端に木の棒をきちっとはめ込んである銅の管である．その木と銅の接合部に1枚の紙をしっかり巻き付けて，その接合部の上の紙をブンゼンバーナーの澄んだ青い炎の中でゆっくり加熱する．加熱する間，棒は回転し続ける必要がある，回転を止めると紙が燃え出すであろう．その紙の，熱伝導が悪い木の上の部分は黒くなるが，熱伝導がよりよい銅の上の紙は損傷しないままであろう．

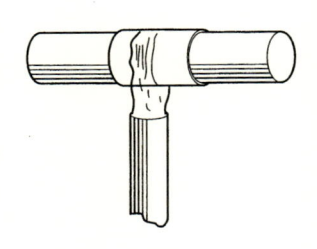

2つの物質の熱伝導性の非常によい比較は，裸足でカーペットの上を歩き，それからタイルの上を歩くことである．両方同じ温度でもタイルの床の方がより冷たく感じる．これはタイルの方がカーペットよりも伝導性がよく，したがって熱エネルギーが足から床へ伝わりやすいからである．

〔必要なもの〕　ブンゼンバーナー，防熱マット，木と銅を複合した棒．

対　流　*177*

# 対　流

## この章のための一般的な理論

　この章は流体の対流を扱う．ここで，流体は液体か気体である．ほとんどの人が「熱いものは上昇する」という言葉を記憶しているが，それはなぜだろう．

　対流が起こるのは，流体が熱せられると膨張するからである．膨張はその密度を減少させ，したがって密度が低い流体は密度がより高い流体の中を上昇するであろう．したがって対流は，よりエネルギッシュな分子（"より高温"の分子）の移動による，1つの場所からほかの場所への熱エネルギーの伝達である．

364．クリスマスのテーブルデコレーション：対流の流れ
365．対流：カードの蛇
366．炎における対流
367．若い動物からの熱の損失：表面積の効果
368．対流の流れ
369．落下するロウソク
370．溶岩ランプ
371．高い煙突と2本の煙突の中の対流

## 364． クリスマスのテーブルデコレーション：対流の流れ

　これは，どこででも買えるかわいい木製のテーブルデコレーションを使用する．基盤のまわりには1セットのロウソクがあり，最高部には一連の角度が大きい刃がついた回転台がある．回転台には人物や動物を含むいろいろな飾りが取り付けてある．ロウソクから上昇する熱い空気が回転台を回し，すべての展示物が回転する．

　〔必要な装置〕　テーブルデコレーションとロウソク，マッチ．

## 365． 対流：カードの蛇

　紙かカードかまたはアルミ箔を蛇のような渦巻き状に切り取って，糸で電球の上に吊る．上昇する熱い空気がその蛇を回転させ，気体における対流の簡単だが効果的なデモンストレーションとなる．その順序は，

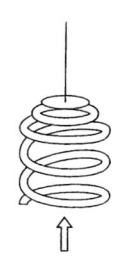

熱エネルギーが空気を膨張させ，その空気の密度が減少し，この密度がより低い空気が上昇する．

〔必要なもの〕 紙の蛇，糸，スタンド，ホルダー付き電球，カード（わたしは，直径約 15 cm のカードの円を切り抜き，それに約 1.5 cm 幅の渦巻きになるような切り込みを入れるが，中心は円盤のまま残しておいて，その真中に糸を取り付けている）．

## 366. 炎における対流

炎の中の対流の流れは，炎の影をスクリーンに投影することで見ることができる．プロジェクターを用いて，ロウソクやブンゼンバーナーの青色で静かな炎を投影して，炎の上の密度が低い空気の運動を示すとよい．

〔必要なもの〕 ブンゼンバーナー，防熱マット，プロジェクター．

## 367. 若い動物からの熱の損失：表面積の効果

かつては，小さな哺乳動物を紙筒で包むことによって，その表面積を見積もったものであるが，今日では適当ではないかもしれない．しかし，今でも質量に対する表面積の比率を，若い動物と年老いた動物とで比較することができる．これは質量に対する表面積の比率の計算に発展できる．たとえば，与えられた材料では，質量に対して最も小さな表面積の比率をもっているのは球である．積み木で背が高い痩せた人や背が低く太った人をつくることができる．背が高い痩せた人は，質量に対する表面積の比率は最大となるであろう．したがって，その表面から熱を失うのが最も速いであろう．生徒の表面積は，生徒を新聞紙で包むことによって，近似的に求めることができる．

煮沸したじゃがいもを使用して，小さく切ったものがどんなに速く冷えるかを測定する．より小さいものの方が質量に対する表面積の比率がより大きいので，最小のじゃがいもが最も速く冷える．

〔必要なもの〕 積み木，鍋，じゃがいも，温度計，新聞紙．

## 368. 対流の流れ

液体の中の対流の流れは，水の中の過マンガン酸カリウムの結晶で簡単に示すことができる．この実験は水が入ったビーカーか，製造業者から入手できる特別のロの字型の試験管を使用して行うことができる．ビーカーでは，単にビーカー

の1側面近くの水の中にいくつかの結晶を落とす．結晶はビーカーの底に落ちるであろうが，そこは反対の側面に近い底を熱すると，その色は底を横切るように引き出されて，熱せられている側で上昇する．

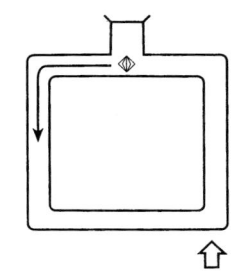

図にあるようなロの字型の管では，数個の結晶を上の口から入れて，底の角の1つを熱する．結晶は溶けて，色が管を回って移動し，水の対流が示される．動いている色をブンゼンバーナーを動かして捕らえ，流れの方向を変えることができる．

別の方法は，水中にアルミ塗料を吊るすことで，より長く観察できる．過マンガン酸カリウムでは，しばらくすると水がピンクに変わってしまって，対流は観察されなくなる．

〔必要なもの〕 ビーカーまたはロの字型の試験管，ブンゼンバーナー，過マンガン酸カリウムの結晶，防熱マット．

# 369. 落下するロウソク

この興味をそそるデモンストレーションは，対流の効果が"相殺"されるとき何が起こるかを示す．缶の内部の底に固定したロウソクに火をつけて，缶を落下させる．酸素が十分供給されるように，缶は十分に大きくなくてはならないが，それでも炎は消えてしまう．

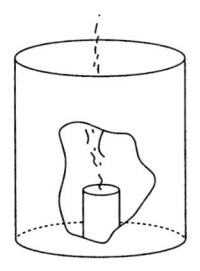

〔理論〕 自由落下する缶の中では，実際上無重量となるので，対流の条件の1つが適用されない．すなわち，燃焼で生成された気体はロウソクの炎の中で熱くなって膨張するが，それは上昇せず，炎から逃げない．なぜならその気体も炎もともに落下しているからである．これは缶の中には対流がないことを意味している．したがってロウソクはそれ自身の燃焼による廃棄物（二酸化炭素）の中で燃えようとするが，そこでは燃えることはできない．ヘレン・シャルマンはロシアの宇宙船の中で，自分自身が吐いた息で呼吸困難にならないために，換気扇から送られてくる通風の中で眠らなくてはならなかったことについて述べている．ミカエル・ホエルも宇宙船ミールで同様な経験をしている．

〔必要なもの〕 ブリキの缶，ロウソク，マッチ，床のための保護（古いカーペット），もし使用できればビデオカメラ．

## 370. 溶岩ランプ

これは市販されている溶岩（ラヴァ）ランプである．それが暖められると液体の中の物質が上昇しては落下して，美しい対流の流れを示す．それはある面でガリレオの温度計に似ている．もしも塩水の中にアニリンを入れる実験がまだできるのであれば，それは非常にうまくいくのだが，アニリンは発癌性があるので避けるべきだとわたしは思っている（「密度，浮力，アルキメデス」実験41.参照）．

## 371. 高い煙突と2本の煙突の中の対流

(a) この最初の実験は，高い煙突の中の対流の効果を示す．煙突の中の対流の流れを示すために，長い金属の管を使用する（わたしは長さが1.5mで，直径が10cmの金属パイプを使用している）．ブンゼンをこの煙突の下に置く．小さないくつかの紙片を炎の中に引き込まれるようにすると，上昇する空気の流れによって，それらは煙突の上から追い出されてくる．それは，最初のクリスマスツリーを4階建の一番下のわれわれの部屋で火にくべたときのことを，いつもわたしに思い出させる．対流の流れはものすごくて，それは"たいまつのように飛び出した"．だから，これは勧められない！

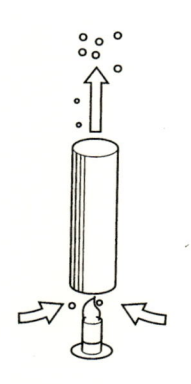

(b) もう1つの優れたデモンストレーションは，市販されている2本の煙突の使用である．それは単に前面がガラスの箱で，その上には2本のガラスの煙突が付いていて，それらのうち1本の煙突の下にロウソクが置かれている．ロウソクを灯すと対流ができて，熱い空気が一方（第1）の煙突から出て行き，他方（第2）の煙突には冷たい空気が引き込まれてくる．ロウソクを外して，くすぶっている灯心を第2の煙突の上にもってくると，煙がその煙突の中に引き込まれて，第1の煙突から熱い空気の流れで排出されることが示されるであろう．

この実験の別の方法は，ロウソクを実験台に置いて灯し，その上に大きなガラス管（長さ0.5mで，直径は少なくとも6cm）をかぶせる．そのガラス管の下

端は実験台に直接接触させて，台の上に管が立つようにする．酸素の欠乏でロウソクはすぐに消えるであろう．そこで金属板をそのガラス管の中心に吊り下げるが，金属板がロウソクの炎のすぐ上までくるように下げて，この実験を繰り返す．炎は燃え続ける．この場合は，熱い気体は金属板の片側から上に逃げて，"新鮮な空気"がもう一方の側で下へ引き込まれる．

〔必要なもの〕 金属の煙突，実験用スタンドとクランプ，2本の煙突の装置，ロウソク，ブンゼンバーナー，マッチ．

# 放　　射

## この章のための一般的な理論

赤外線の波長領域はおよそ 750 nm から 10000 nm（$7.5 \times 10^{-7}$ m から $10^{-5}$ m または 1 mm の 100 分の 1）である．長波長の熱放射はガラスを透過しない．熱い金属の物体は約 500℃ の温度に達したとき，輝きはじめる．

黒い表面は光沢のある白い表面よりもより多くの熱放射を放出し，吸収する．光沢のある表面は最高の反射板である．

- 372. 温室効果
- 373. クルックスのラジオメーター
- 374. 赤外線放射：テレビやステレオのリモコン
- 375. 温度計からの放射
- 376. 温度検出器（サーモスコープ）：放射検出器

## 372. 温室効果

このシミュレーションのためには，きれいな食品用プラスチック容器 1 個，温度計 2 本と晴天が必要である．1 本の温度計はプラスチック容器に入れて，もう 1 本の温度計は容器の外で，両方を太陽が当たる地面に置く．風が当たらないように風よけをするとよい．1 時間放置して，温度計への効果を観察する．

〔理論〕 温室効果が起こる原因は，太陽（表面温度 6000℃）からの放射は広い波長領域にわたり，その強度のピークはおよそ 500 nm のところにあり，この放射は大気中のメタン，水蒸気，二酸化炭素，一酸化窒素，CFC などの雲を透過できる．しかし，太陽の放射が地上に達したとき，それは大地を約 20℃ の温度に上げるに過ぎない．この温度の物体から放出される放射は約 12 $\mu$m（12000 nm）のところにピークがあり，この太陽光より長い波長の放射は，ガスの雲や，この実験でのプラスチックを透過できない．したがってその下にある空気は暖められる！

〔必要なもの〕 食品用プラスチック容器，温度計 2 本，もしも直射日光がない場合は放射暖房機．

# 373. クルックスのラジオメーター

これは，黒く鈍い表面の方が光沢がある表面よりも，熱放射をよりよく吸収することをデモンストレーションするための優れた装置である．このガラス管には低圧の空気が入れてあり，羽根に放射が当たるとき，黒い表面は銀色の表面よりも多くの放射を吸収して，黒い表面近くの空気を暖め，膨張させ，したがって羽根はその空気に押されて回る．

1枚のガラスかまたは水が入ったビーカーを，熱源（小さな電気ヒーター，ロウソク，電球またはブンゼンバーナー）とラジオメーターとの間に置いて，透過する赤外線へのこれらの物質の効果を調べるとよい．

〔必要なもの〕 クルックスのラジオメーター，熱源，ガラス，水が入ったビーカー．

# 374. 赤外線放射：テレビやステレオのリモコン

テレビのリモコンは理想的な赤外線の収束した線源である．これを使用してつぎの研究ができる．
(a) 赤外線のガラスやプラスチックによる吸収
(b) 赤外線の平らで粗い表面からの反射
(c) 赤外線の狭いスリットでの回折：赤外線に対する"狭いスリット"とは何かを決定するのは読者におまかせする！

赤外線に対する最良の検出器は小さなビデオカメラであるとわたしは思う．カメラをカラーテレビの受信機につなぎ，テレビのリモコンをカメラに向ける．スクリーンに明瞭な像ができるようにカメラの焦点を合わせる．そこでリモコンのボタンのどれかを押してみる．リモコンから放出されるどんな放射も人間の目では見ることができないが，カメラは赤外線を拾い，明るい閃光がテレビのスクリーンに見られるであろう．わたしの18歳の生徒はこの光の色について質問した．

〔必要なもの〕 テレビのリモコン，ガラス，プラスチック，金属板，狭いスリット，ビデオカメラとテレビ．

# 375. 温度計からの放射

異なる表面による熱放射の吸収の異なる量は，つぎの簡単な実験を使用して研究できる．2本の温度計のうち1本の球は，すすか黒い塗料で黒くして，両方の

温度計を沸騰している湯に入れる．両方が100℃に達したら（またはできるだけそれに近い温度，その日の水の沸点による）温度計をすばやく取り出して，空気中にクランプで固定する．冷却の速さを観察する．黒くした方の温度計がはるかに速く冷えるであろう．これは黒い表面の方が光沢がある表面よりもより多くの熱を放出することを示している．

黒い表面による熱の吸収は，スイミングプールのまわりのタイルを歩くときに，非常にはっきりする．暗い色のタイルは太陽からの熱エネルギーをより多く吸収するので，より熱くなる．それらは熱すぎて裸足では踏めないことがある！

〔必要なもの〕 2本の温度計（1本はすすか黒い塗料で黒くしたもの），沸騰している湯，スタンドとクランプ．

## 376. 温度検出器（サーモスコープ）：放射検出器

これは2つのガラス球（丸いフラスコでもよい）をガラス管とゴム管でつないで，一部に水を入れたものでできている．一方のフラスコは黒くして，もう一方のはアルミ塗料で銀色にしてある．ランプを2つのフラスコの間に置く．2個のフラスコによる放射の吸収量が違うので，一方は他方よりもより多くの熱エネルギーを得て，黒いフラスコ内部の方が蒸気圧がより速く増加して，水はガラス管を通って黒い球から光沢がある球へと移動する．中にエーテルが入っているものを購入することができるが，これはエーテルの蒸発性によってはるかによく機能する．しかしそれを実験室でつくるのは，おそらくあまり安全ではないであろう．

# 比 熱 / 潜 熱

### この章のための一般的な理論

物体に熱エネルギーを与えると，その温度は上昇する．

$$\text{熱エネルギー} = \text{質量 } m \times \text{比熱 } c \times \text{温度変化 } \theta$$

エネルギーがジュールで，質量が kg，温度が ℃ であれば，比熱の単位は $J\,kg^{-1}\,℃^{-1}$．

物質の状態が変化するときは，その変化のためにエネルギーが必要となる．蒸発熱（液体 1 kg が蒸発するのに必要な熱エネルギー；気化熱ともいう）．融解熱（固体 1 kg が液体に状態変化するのに必要なエネルギー）．

電気ヒーターの使用：入力エネルギー＝電力×時間＝ $VIt = (V^2/R)t$

### 比　熱

377．ロウソクのエネルギー
378．ミルクはいつ入れるか
379．炎の熱エネルギー
380．最も効果的な投げ込みヒーター
381．ブンゼンバーナーの仕事率
382．蒸しプディングと比熱

### 潜熱，融解，沸騰，蒸発

383．蒸　発
384．寒い日のミルクビンの口
385．潜熱：ヤカン
386．寒　剤
387．複氷と氷の塊
388．減圧での水の沸騰
389．融けた氷の体積変化：鋳鉄のフラスコ
390．融けた氷の体積変化：ビュレット
391．減圧での沸騰：別の方法
392．池の魚
393．浮かぶアイスキューブ

## 377．ロウソクのエネルギー

ロウソクによって放出される熱エネルギーは，つぎの実験で概算できる．アルミの熱量計に約 250 g の水を入れてロウソクで熱し，温度上昇を測定する．そして，燃えたロウソクの長さと，それによって与えられたエネルギーを計算する．それからロウソクの全長を測定して，1本のロウソク全体で供給されるエネルギ

186　IV　熱物理学

ーを算出する．最後に，ヒーターが接続されている主電源の使用と，ロウソクの使用とでは，供給されるエネルギー1kWhの価格がどれだけかかるかを求めて比較する．ロウソクより電気の方がはるかに安く，10分の1以下であろう（水の比熱：4200 J kg$^{-1}$ ℃$^{-1}$；アルミの比熱：1000 J kg$^{-1}$ ℃$^{-1}$）．

〔必要なもの〕　ロウソク，熱量計，アルミ箔，はかり．

## 378． ミルクはいつ入れるか

これは昔からある冷却の実験である．カップ1杯の熱いコーヒーと，いくらかの冷たいミルクを与えられたとしよう．問題は，その混合物がより低い温度に最も速く達するためには，いつミルクを入れればよいかということにある．

〔理論〕　ニュートンの冷却の法則によれば，物体から逃げる熱の速さは，その物体の温度と周囲の温度との差に比例する．したがって温度が高いほど，コーヒーは速く冷えるであろう．ミルクを加えるとすぐに温度が下がるので，ミルクを入れる前にしばらくコーヒーを放置して，温度差が高いときの急速な冷却を利用した方がよい．

〔必要なもの〕　熱湯が入ったビーカー，冷水が入ったビーカー，温度計，ストップウオッチ．

## 379． 炎の熱エネルギー

生徒たちにとって，熱エネルギーと温度との概念を区別することが困難な場合がよくある．この実験は，その困難を解決するために計画されている！　ロウソクの炎のエネルギーを風呂の湯のエネルギーと比較させる．濡れた手でマッチの炎をつまんで消し，それからバケツに入っている湯に手を入れる．炎の方がバケツの湯よりもはるかに熱いが（バケツの湯の60℃に比べて，炎の温度は約800℃），炎に含まれているエネルギーは，バケツの湯のエネルギーよりずっと少ない．手は少ししか暖められないが，炎は冷える．手の方が炎よりはるかに大きな質量なので，手の温度上昇はほとんどないのである．

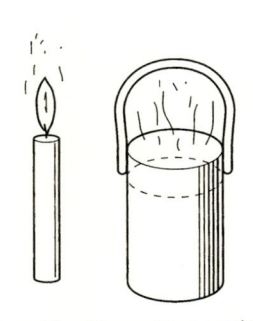

〔安全性〕　この実験はすばやく行う必要がある．さもないと，手の一部がかなり熱くなる！

〔理論〕　もしも炎の質量が1 mgで，比熱が2000 J kg$^{-1}$ ℃$^{-1}$，温度が820℃

と仮定すると，それが室温まで冷えるのに放出する熱エネルギーは，まさに 2 J 以下である．しかし，バケツに 4 kg の湯が入っていたとすると，最初 60℃ の湯が室温まで冷えるには，672 kJ を放出するであろう．

〔必要なもの〕 ロウソク，マッチ，湯 (60℃) が入ったバケツ．

## 380. 最も効果的な投げ込みヒーター

種類や大きさが異なる針金を使用して，100 ml のビーカーに入れた 75 g の水を加熱する．一定の電圧を使用して，抵抗が低い針金，すなわち短くて太い針金でできたものが，最良のヒーターであることを示すことができる．これは非常によい探究実験の課題となる．

〔理論〕 ヒーターの電力 $= VI = V^2/R$，したがって与えられた電圧に対しては，出力は電流に正比例する．そこで抵抗には逆比例するので，抵抗が小さい針金の方が抵抗が大きい針金よりも，より大きな出力を与える．比抵抗 $\rho = RA/L$，したがって出力 $= V^2A/L\rho$．そこで時間 $t$ の間の出力エネルギーは $V^2At/L\rho$ である．これは $mc\theta$ に等しいので，上昇する温度 $(\theta)$ は $V^2At/L\rho mc$．

〔必要なもの〕 電流計，電圧計，種類や直径が異なる針金，ビーカー，電源，ストップウオッチ．

## 381. ブンゼンバーナーの仕事率

この実験は比熱について学ぶのに役に立つ導入となる．アルミ鍋に入っている既知の量の水（たとえば約 1.5 kg）をわかっている時間（3 ないし 5 分）加熱して，温度上昇を測定する．その時間に供給されたエネルギーの量を知って，ブンゼンバーナーの仕事率を算出する．水と容器の比熱はわかっているものと仮定する．

わたしの生徒たちが求めたブンゼンバーナーの仕事率は，かれらは熱損失を考慮していなかったので，ブンゼンバーナーの型や加熱時間によるが，0.3～0.5 kW の範囲であった．

〔理論〕 ブンゼンバーナーでのエネルギー供給＝仕事率×時間＝〔(水の質量×水の比熱)＋(容器の質量×容器の比熱)〕×上昇温度．

〔必要なもの〕 ブンゼンバーナー，アルミ鍋，ストップウオッチ，はかり．

## 382. 蒸しプディングと比熱

　この実験は，「蒸しプディングの中のジャムはいつもプディングより熱い」という説をテストするために計画されている．これを行うには，実際に実験室で鍋の中の沸騰している湯にプディングが入ったブリキの缶を入れて，蒸しプディングを料理する．2本の温度計を使用して，プディングとジャムの温度を測定する．加熱が終ったときは両方が同じ温度（およそ100℃）で，そこから測定をはじめるが，すぐにそれらの温度の間には10℃ほどの大きな差が生じるであろう．ある実験では実際に，プディングをお皿に出して温度計を入れたら，ジャムが70℃でプディングの中心は55℃であった．この温度差はジャムのはるかに高い比熱によるもので，したがってジャムは非常にゆっくりと冷える．間違って缶の反対側を開けると悲惨で，気体の圧力の効果のデモンストレーションになる．つまり，やけどするようなジャムが実験室を横切って吹き飛ばされてくる！（わたしはそれを経験したのでわかっている！）この実験を発展させて，質量がわかっているジャムに投げ込みヒーターを入れて加熱し，ジャムの比熱を測定することができる（注意：この実験には，ジャムプディングの方がシロッププディングよりよい）．

　〔必要なもの〕　蒸しプディングの缶詰，2本の温度計，鍋，三脚台，ブンゼンバーナー，防熱マット．

## 383. 蒸　　発

　この実験は，蒸発によって冷却する簡単なデモンストレーションである．香水かメチルアルコールの1滴を皮膚につける（まず，アレルギー反応についてチェックすること！）．液体が蒸発するとき，それは手から熱エネルギーを奪うので，冷たく感じる．これはまた，アルコールを温度計か温度計探針につけてもうまくいく．これは安全だが，おそらくあまり記憶には残らないであろう．

　〔必要なもの〕　香水，メチルアルコール，温度計（選択）．

## 384. 寒い日のミルクビンの口

　凍るような寒い朝，戸口に置かれたミルクビンはまもなく凍ってしまい，凍ったミルクはキャップを押し上げる．これをシミュレートするには，ミルクビンを水で満たして，アルミ箔をビンの口にかぶせてしっかり固定し（ゴムバンドを使

用するとよい），冷凍庫に入れる．水が凍って，アルミ箔は上向きに押されてふくらむであろう．

〔必要なもの〕 ミルクビン，アルミ箔，ゴムバンドまたは絶縁テープ，凍結を促進するもの．

## 385. 潜熱：ヤカン

　水の潜熱は，台ばかりの上に置いたピカピカの電熱ヤカンを使用して，非常に簡単に測定できる．ヤカンに水を入れて台ばかりの上に置き，スイッチを入れて沸騰させる．激しく沸騰しているとき，はかりの目盛りを読む：測定時間（たとえば 3 分）の間沸騰させ続けて，その時間の終わりにまた，新たに目盛りを読み，記録する（ヤカンの電源を切ってはならない）．この 2 つの目盛りの差は，その間に水蒸気になった水の量を与える．

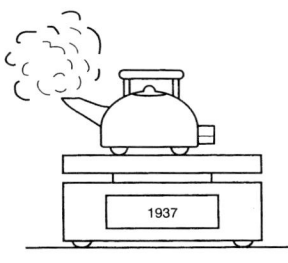

　ヤカンの電力を知れば，水の蒸発熱を計算で求めることができる．光っているヤカンは熱損失が小さく，この方法で実際よい結果を得ることができる．1.5 kW の電熱ヤカンは 100℃ で，3 分間に約 120 g の水を蒸気に変える．

〔必要なもの〕 電力がわかっているピカピカの電熱ヤカン，ストップウオッチ，台ばかり．

## 386. 寒　剤

　低温は，氷に塩を加えることで実際に得ることができる．これは氷と塩との混合物の凝固点は水の氷点より低いためで，普通の水の凝固点ではこの混合物は液体である（－10℃ の温度は簡単に得られる）．寒い気候では，舗道に塩を使用することを話すとよい．塩は，水と塩との混合物が凍結する温度を下げるので，大気の温度が氷点下でも塩水は液体のままである．

〔必要なもの〕 ビーカー，氷，塩．

## 387. 複氷と氷の塊

　靴箱の大きさの氷をつくる．その氷の両端を 2 個の腰掛けで支えるが，氷の下

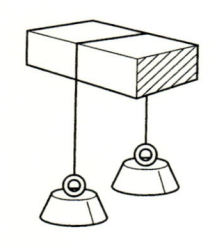

には紙タオルを敷く．それぞれ1kgのおもりを両端につけた銅線を，氷の中心にかけて下げる．銅線は氷の塊を切断しながら氷の中を下がっていくが，その銅線の上側では複氷して氷が線を覆う．これは，圧力が増加すると水の融点が低くなることを明確にデモンストレーションする．もしも2つのおもりを下げる銅線を，ひもに取り替えてこの実験を繰り返すと，うまくいかない．なぜならひもの熱伝導は，氷の融解熱を運ぶほど十分大きくはないのである．この実験を，アイススケーターは氷ではなく，水の上を滑っていることや，氷河の運動（氷と岩との間の融解した水）に関係づけるとよい．

〔必要なもの〕 氷の塊，1kgのおもり2個，銅線，融けた水を受ける容器，支持台としての腰掛け2個．

## 388. 減圧での水の沸騰

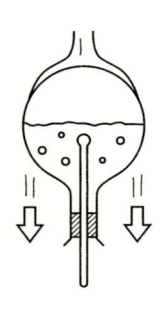

丸いフラスコにいくらかの水を入れて，その口には温度計とガラス管を差し込んだゴム栓をする．そのガラス管の先にはゴム管をつけて，ゴム管用クランプで閉じることができるようにする．フラスコの中の水をブンゼンバーナーの上で沸騰させて，激しく沸騰したら，クランプでゴム管を閉じて，すぐにブンゼンバーナーの火を消す．それからフラスコを逆さにして，その上から冷たい水を注ぐ．フラスコの中では水が凝縮して圧力が下がり，再び沸騰がはじまる．さらに冷やすとさらに減圧し，40℃に下がっても沸騰が見られる．わたしはかつて，実験室のフラスコで"体温"(37℃)で水を沸騰させたことがある（ここでは防護スクリーンの使用を勧める）．

温度による水の飽和蒸気圧： 37℃：$0.06 \times 10^5$ Pa，60℃：$0.19 \times 10^5$ Pa，75℃：$0.38 \times 10^5$ Pa，85℃：$0.57 \times 10^5$ Pa，100℃：$10^5$ Pa．

〔必要なもの〕 ガラス管と温度計が挿入されたゴム栓がついている底が丸いフラスコ，水，ブンゼンバーナー，実験用スタンドとクランプ，防護スクリーン，平らな容器．

## 389. 融けた氷の体積変化：鋳鉄のフラスコ

鋳鉄のフラスコに冷たい水を満たして，ネジぶたをきつく閉める．それからそのフラスコを寒剤（粉砕した氷と塩の層でもよい）（「比熱/潜熱」実験386.参照）が入ったプラスチックのビーカーの中に置く．しばらくすると（数分後），壊れる音がする．水が凍るときにその体積が増加して，フラスコは壊れる．したがって，プラスチックのビーカーが必要である．これを冬の水道管の破裂に関係づけるとよい．

この実験はまた，小さなプラスチックボトルに縁まで水を入れて行ってもよい．ビーカーの中の寒剤の中にうまく入らない場合は，1授業時間前から冷凍庫に入れておけばよいであろう．

〔必要なもの〕 プラスチックビーカー，鋳鉄フラスコ，寒剤．

## 390. 融けた氷の体積変化：ビュレット

円錐形のフラスコを融けかけている氷で満たす．その中にビュレットを入れて上に栓をする．ビュレットの一部には軽油を入れておく．すべての氷が融けたとき，体積が減少して，ビュレットの油の高さが下がるに違いない．別のやり方としては，最初にフラスコを純水で満たして寒剤の中に置き，水が凍ったときの膨張を測定する．

〔必要なもの〕 ビュレット，油，寒剤，円錐形のフラスコ，栓．

## 391. 減圧での沸騰：別の方法

低い温度での水の沸騰をデモンストレーションする簡単な方法は，温度が約50～60℃の水を注射器に，その体積の約20％まで吸い込むことである．それから注射器の先を密閉して，注射器を急速に膨張させると，中の圧力が下がり，水は沸騰する．

〔必要なもの〕 注射器，湯．

## 392. 池の魚

氷の凍結による魚の運命の図解では，氷と水の相対的な密度の重要性を強調し

ている.0℃ では氷の密度は水の密度よりも小さいので,氷は浮かぶ;密度がより大きな水(4℃)は,その下に沈む.これはまさに素晴らしいことである.そうでなければ,大洋は底から上に向けて凍り,海水の量が減少して深刻な状態になる！

## 393. 浮かぶアイスキューブ

　外側に紙の目盛りを張り付けたビーカーの水の中に,純水の角氷を浮かべる.氷が融けるようにして,氷が融けるとき水面が下がるかどうかを実際に見る.水面に変化はないはずである.氷はそれ自身の重さに等しい水の体積に置き換わっているので,氷が融けてもその水は,それが置き換わっていたのとまったく同じ体積を占めるはずである.それを海水(塩水)で試みるとよい.今度は何が起こると予測するか.極地の氷冠が融けたら,海水の高さはどうなるだろうか.北極と南極とでは違いがあるだろうか.

　〔必要なもの〕　氷の塊,水が入ったビーカー,定規,もし可能ならば水が入った,側面が平行なプラスチック容器とビデオカメラ.

# 熱の効果と分子

### この章のための一般的な理論
気体の温度はその分子の平均の運動エネルギーに関係している．

$$PV = [1/3]Nmv_{平均}^2 = nRT$$

1個の分子の平均の運動エネルギー＝$[3/2]kT$，

ここで$R$はモル気体定数＝$8.3\ J\ mol^{-1}\ K^{-1}$，

$k$はボルツマン定数＝$1.38 \times 10^{-23}\ J\ K^{-1}$．

394．ブラウン運動と発光している象  
395．素焼きのポットと拡散  
396．ランダムウォーク  
397．気体の拡散  
398．静かな運動論  
399．防湿層のシミュレーション  
400．アルコールと水を混合する

## 394． ブラウン運動と発光している象

　煙箱を使用するブラウン運動の実験は，箱の中を顕微鏡で見ると，煙の粒子が激しく動いているのが見えて，空気の分子のランダムな運動を示す優れた方法である．透明な円筒の中に小さなボールベアリングの球を多数入れて振動させる分子運動論モデルの装置も，分子運動のシミュレーションとして役に立つ．振動を激しくすれば球の動きは速くなり，温度の増加をシミュレートできる．またほかにも，この効果をデモンストレーションするのに使用できるさまざまな類似例がある．

　暗くした体育館に，発光塗料を塗った1匹の象（煙の粒子を表している）がいると想像しよう．そのホールにはまた，多数の子供たち（空気の分子を表している）がいる．子供たちは黒い服を着ているので，屋根の天窓の明かりで体育館内を見ている観察者には子供たちは見えない．子供たちは走り回っていて，互いにぶつかり合い，また，壁や発光している象ともぶつかる．観察者には何が見えるだろうか．発光している象が激しく振動しているのが見えるだけである．その象

は，見えない力であちこちからぶつかられているのである．

## 395． 素焼きのポットと拡散

ガスや空気の拡散の速さが異なることは，素焼きのポットを使用して示すことができる．ポットの口に栓をして，栓には管を挿入し，ガス源からガスをそのポットに入れる．水が入ったビーカーの上でポットを逆さにして，ポットの口に差した管がビーカーの水の中に入るようにする．ガスはポットの壁を通って外に拡散するが，そこから中に入ってくる空気はガスより重く拡散が遅いので，管の中に水が上昇する．別のやり方は，もう1つのガラスのビーカーをこの素焼きのポットにかぶせて支え，そのビーカーをガスで満たすことである．ガスの泡が水を通って出てくる．

〔理論〕　グレアムの法則によると，気体の拡散の速さは気体の密度の平方根に反比例する．重い気体は軽い気体よりも，よりゆっくりと拡散する．

〔必要なもの〕　素焼きのポット，ビーカー，栓と管，水が入ったビーカー，実験用スタンドとクランプ，ガス源．

## 396． ランダムウォーク

気体分子のランダムな性質は，isometric グラフ用紙（斜眼紙）とサイコロを使用して示すことができる．6面のサイコロは，3次元の世界での運動が可能な6つの方向を示している．斜眼紙はその表面のどんな交差からも6つの可能な方向をもっていて，人込みの中の酔っ払いの動きに似ているランダムウォークを表すのに使用できる！

## 397． 気体の拡散

つぎは可能なデモンストレーションである．

（a）　実験室の前で香水のビンをあけて，クラス全員に，においはじめた時間を記録させる．

（b）　昔からある実験で，ガラス管の1端にはアンモニアを含ませた脱脂綿を，反対の端には塩酸を含ませた脱脂綿を，同時に差し込む．しばらくすると，2つの化学物質が出会うことによって，管内に白いリングができる．分子の質量が異なるので，それらは異なる速さで管内の空気中を拡散する．したがってアンモニアと硫酸が出会って管内につくる白いリングは管の中心ではない．

(c) アンモニアと硫酸のビンを互いに近づけて，単に同時に開いて拡散を示す．まずアンモニアがきて，それから少したって"白い煙"がくる．

⚠ 〔安全性〕 濃縮アンモニアや硫酸のビンを扱うときはいつも注意すること．
〔必要なもの〕 香水のビン，アンモニアと硫酸の濃縮溶液，長さ1mのガラス管，脱脂綿，実験用スタンドとクランプ，滴下ピペット，2個の保護皿．

## 398. 静かな運動論

気体の中の粒子のランダムな運動は，オーバーヘッドプロジェクターの上に載せたガラスの皿の中の水面に，樟脳の粒子をばらまいて簡単にシミュレートできる．樟脳は不規則に溶けて，その結果，粒子はまさに気体分子のようにランダムに走り回る．溶けるにつれて運動はゆっくりとなり，冷えていく気体のよいシミュレーションとなる．

〔必要なもの〕 オーバーヘッドプロジェクター，樟脳の結晶，水が入った大きいガラスの皿．

## 399. 防湿層のシミュレーション

家に水が入らないようにするために，防湿層がいかに重要かということは，多くの人が知っている．この簡単なシミュレーションは，平たい容器の上に角砂糖で2つの壁をつくり，一方の壁の角砂糖の第1層と第2層との間に，1枚のプラスチックを入れることでできる．そこで，着色した水をお盆に注ぎ，2つの壁を着色した液体が上がっていく拡散と，プラスチック層の"防湿層"効果に注目する．

〔必要なもの〕 角砂糖，着色した水，平たい容器．

## 400. アルコールと水を混合する

この簡単な実験は，分子間の隙間のアイデアを与える．250 m$l$ のメスシリンダーに 100 m$l$ の水を入れて，それにちょうど 100 m$l$ のアルコールを入れる．その結果の体積は，約 195 m$l$ に過ぎない．分子は混ざり合い，互いに隙間を埋め合う．ほかの例は，水に砂糖を加える場合である．

〔必要なもの〕 200 m$l$ メスシリンダー，100 m$l$ メスシリンダー，アルコール，水．

# 熱 い ろ い ろ

401. ガリレオの温度計
402. 紙袋の中で沸騰する水
403. 熱に敏感なマット：液晶
404. ゴムバンドへの熱の効果
405. ベルジャーの中の雲
406. 赤鼻：熱効果
407. 冷やしたゴムバンドを引き伸ばす
408. シルト（沈泥）メーター
409. ポリスチレン
410. エントロピーの増加
411. 絶対ゼロ度
412. 水飲み鳥
413. 力学的エネルギー：熱エネルギー転換
414. 熱気球：ロウソク
415. よい群がり
416. 浮遊する水滴

## 401. ガリレオの温度計

　これはかなり高価だが，流体の密度と浮力への温度の影響に関する美しいデモンストレーションである．1連のガラス球が，その球の密度に非常に近い密度の液体の中に入れられている．ガラス球はそれぞれ異なる量の空気を含んでいて，その下部からは異なる質量の小さな金属の飾りが下がっているので，温度変化によって上昇したり下降したりする．寒いときはより多くの球が円筒の上部にくる．液体の密度が高くなり，より大きな浮力が与えられるからである．液体が暖められると，球への浮力は減少して，球は底の方へ沈みはじめる．

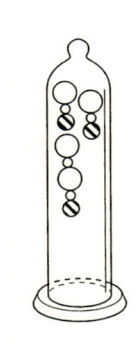

## 402. 紙袋の中で沸騰する水

　水を紙袋の中で沸騰させることができるが，紙はなぜ燃えないのだろうか．これはまた，紙コップを使用しても簡単にデモンストレーションできる．コップの中の水は紙を発火点以下の温度に保つ（『華氏451』1960年代に製作された空想科学映画参照）．

　〔必要なもの〕　ブンゼンバーナー，紙コップと紙袋．

## 403. 熱に敏感なマット：液晶

透明な表面の下に液晶の層があるこのマットは，贈り物店で購入できる．熱い飲み物のカップをその上に置くか，または，単に手を載せただけで，美しい色の効果がつくられる．生徒たちの手のさまざまな温度は，かれらの手をマットに置かせたときの色によって知ることができる．

## 404. ゴムバンドへの熱の効果

長いゴムバンドの端におもりをつけて，水が入っている背が高いビーカーの中に吊り下げる．ビーカーは背が高いほど，ゴムバンドは長いほど，そして水の中にゴムバンドのより多くの部分が浸っているほどよい．それから水を加熱して，バンドの長さの変化（それは縮む）を測定する．水に浸っている最長のゴムバンドを得る方法は，下端にゴム栓がついた長いガラス管を使用することで，その管を湯槽の中に入れて加熱する．その湯槽には背が高い1 $l$ のビーカーを使用する．ゴムバンドの近くの水の温度は，長いガラス管に吊り下げられた温度計によって求める．

〔必要なもの〕 細長いゴムバンド，ガラス管（直径5 cm，長さ 0.5 m），背が高いビーカー，栓，ブンゼンバーナー，三脚台，防熱マット，温度計．

## 405. ベルジャーの中の雲

もしもベルジャーの中の空気が断熱膨張したら，ベルジャーの中に雲ができる．ベルジャーの底に1 cm ほど水を入れて，ベルジャーに空気を吹き込む．内部の空気は圧縮される．それが膨張するとき，断熱膨張の結果としての冷却で雲が見えると期待するであろう．しかし雲はできない．雲を得るには，水蒸気が凝結する核となるものを与えるために，空気を少し汚染する必要がある．これは煙で与えられる．煙を少しジャーに吹き込むと，直ちに雲ができる（水の蒸発を促すためにジャーを暖めるとよい）．

フラスコに空気を吹き込んだあと，雲を得る別の方法では，核を与えるためにくすぶっているマッチを落とす．そうすると雲ができる．

〔必要なもの〕　ベルジャー，ゴム管，煙発生器．

## 406. 赤鼻：熱効果

イングランドにおける，コミックリリーフディに入手できるプラスチックの赤鼻は，素晴らしい熱的な効果を示す．それらを湯に入れると，赤から黄色や赤からピンクに色が変化する．また，同じように色が変化するさまざまな動物を入手することもできる．わたしは加熱すると茶色から緑に変わる恐竜モデルや，ビーカーの中の氷水に入れると足が赤く"痛ましく"なる，小さなプラスチックの一対の犬をもっている！　その足を指で"よくなる"ようにさすってやると，足は暖まり，赤い斑点は消えてしまう！

## 407. 冷やしたゴムバンドを引き伸ばす

ゴムバンドの温度変化による効果は，冷却実験でもまた調べることができる．ゴムバンドを吊り下げて，その下端におもりをさげて，引き伸ばす．冷凍スプレーを使用して，バンドの一部分を冷却して，暖かい部分と冷たい部分のバンドの幅を観察する．キスで唇が縮むとき，それらは実際に冷えるといわれたことがある．これを示す実験の考案は，あなたの発明の才にゆだねる．

〔必要なもの〕　ゴムバンド，吊り下げられるおもり，冷凍スプレー，実験用スタンドとクランプ．

## 408. シルト（沈泥）メーター

この実験は川の汚染のシミュレーションである．おのおののグループは，水が入った大きなビーカーを使用して，その中に牛乳を数滴加える．ビーカーの片側に低電圧の電球を置いて，その液体を透過してきた光を観察し，光検出器で検出する．牛乳をさらに加えていくと，それほど多く加えるまでもなく，透過光の強度は落ちて，汚染した川の効果をシミュレートできる．牛乳の方が泥よりも汚れは少ない．これは評価が高い探求実験であることがわかった．この発展として生徒たちに，知られていないサンプルの牛乳の濃度を，かれらがこの実験の最初の部分で得た較正グラフを使用して，推定させるとよい．

〔必要なもの〕　光検出器，較正グラフ，水が入ったビーカー，牛乳とスポイト，電源，電球．

## 409. ポリスチレン

この教材は，カーペットのような不良熱伝導体の効果のまた別の例である．カーペットの上を裸足で歩くと暖かく感じるであろう．しかしタイルの床の上に踏み出すと，その床もカーペットも同じ温度なのに，はるかに冷たく感じるであろう．同様に，ポリスチレンの一片に触ると，それは実験室の他の物体と同じ温度でも，暖かく感じるのである．しかし，最初の温度がポリスチレンに等しい長い金属片に触ると，より冷たく感じる．

これらの事実はともに，タイルや金属はあなたの身体から熱エネルギーを外へ伝えて，手足を冷たくすることを，実感することによって理解できる．これをデモンストレートする定量的な実験は，等しい水が入った2つのビーカーの片方にポリスチレンの板を，もう一方に金属の板を入れて，冷却の速さを測定することである．

〔必要なもの〕 ポリスチレンの板，できればポリスチレンと同じ大きさの金属の板，温度計2本，ビーカー2個，ストップウオッチ．

## 410. エントロピーの増加

エントロピーや無秩序はつねに増大する！ これは落下するブロックの山のビデオを逆回しにして示すとよい．エントロピーはつねに増大するのであるから，このフィルムが順回しかどうかは，外からの人間の影響が作用していない場合は，無秩序が増加するので，そのことによって判断できる．このことから，宇宙の終末，すなわち，最終状態は不連続な熱い点ではなくて，汚れた暖かさらしいと述べることができる．

## 411. 絶対ゼロ度

ご存じと思うが，熱力学の法則の1つに，絶対ゼロ度（−273.15℃）には決して到達できないということがある．実際，温度が低くなればなるほど，エネルギーの階段はますます小さくなり，エネルギーを取り除くのはますます困難になる．それは決して終わりがないエスカレーターで降りていくようなものである．エスカレーターの階段もまた，一番下に向かってだんだん差が小さくなるが，温度の場合，エネルギーの階段は永遠にこれが続くのである．

## 412. 水飲み鳥

昔からあるこの素晴らしいおもちゃは今でも買うことができる．コップのそばに置くと，鳥は頭を下げて冷水を飲む．鳥の身体の中の液体が蒸発すると，それが液体を首に押し上げて，鳥のバランスが変化して，それで鳥は頭を水の中に入れる．

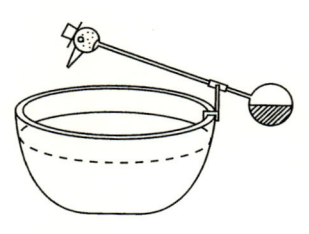

鳥の頭が濡れていない場合は，非常に教育的な別の実験ができる．鳥は水を飲もうとしないが，湯を入れた台皿を鳥の底部の下に置くと，底部は加熱されて液体が蒸発する速さが十分に増加し，鳥は振動しはじめる．エネルギーが湯から与えられるのである．何もないところから何かが起こることはない！

コップの中の水の代わりにアルコールを使用して，この実験を試みるとよい．蒸発はより大きく，鳥はより速く頭を液体に入れたり出したりする．

〔必要なもの〕 水飲み鳥，ワイングラス．

## 413. 力学的エネルギー：熱エネルギー転換

力学的エネルギーの熱エネルギーへの転換を2つの実験で示す．

(a) 断熱した短い木材をのこぎりで引き，その破片をビーカーの水に入れる；もちろんのこぎりの刃も十分熱くなる！

(b) 鉛の一片を金づちで叩いて，熱電対でその温度上昇を測定する．

## 414. 熱気球：ロウソク

大きなビニール袋で熱気球をつくって，それをロウソクにかぶせて，"飛ばす"．ブンゼンバーナーを使用するよりも熱エネルギーが少ないので，この実験はより調整しやすい．

## 415. よい群がり

暖かさを保つために動物が群がる効果を示すには，7, 8本の試験管を用意して，すべてに同量の水を入れる．それらを水が入った容器に入れて（水が入った大きなビーカーでよい），同じ温度に熱して，容器から取り出し，1本はそのまま1本だけで放置して，ほかは一緒にまとめてグループとして放置する．時間に

対するおのおのの試験管の温度を記録する．束ねたものに比較すると，1本だけのものは，はるかに速く冷却する．これは1本だけの方が，体積に対する表面積の比率がはるかに大きいからである．

この実験のおもしろい発展は，湯を入れた風船を使用して，冷却の速さに対する質量や表面積の効果を調べることである．風船の中に入れた温度計探針でそれらの温度を測定して，つぎの実験を行う．

(a) 大きさが異なる球型の風船，
(b) 質量が同じ球型とソーセージ型の風船，
(c) 大きさも質量も同じ球型の風船で，1つは空気中に吊り下げて，もう1つは室温の水が入ったバケツの中に吊り下げる．

〔必要なもの〕 口が反っていない試験管8本，水が入っている容器，温度計8本，試験管を束ねるもの，種々の風船，温度計探針．

## 416. 浮遊する水滴

つぎの実験は気体（この場合は水蒸気）の断熱性の魅力的なデモンストレーションである．直径10 cm 厚さ0.5 cm の金属板をガスバーナー（金属全体を熱くするには，ブンゼンバーナーよりもよい）の上に置く．金属板を強く熱して，その上に小さな水滴を落とす．水は直ちに蒸発する．しかし，金属板が200℃に達すると，水滴の下部の表面からあまりにも急速に蒸発するので，その結果できた水蒸気が水滴の上部を断熱して，上部は蒸発しない．この状態に達したら，水をより多く加えれば，水蒸気の断熱層の上を"浮遊する"水滴の大きさは増加する．直径2 cm の浮遊する水の円盤をつくることができる．

〔必要なもの〕 ガスバーナー，スポイト，金属板，もし使用できるならビデオカメラ．

# V

## 電磁気学

## 電　　流

### この章の一般的な理論

抵抗＝電圧/電流；抵抗＝抵抗率×長さ/断面積

金属に対しては，抵抗＝0℃での抵抗（1＋抵抗温度係数×温度変化）．

連続的な直流または交流電流の健康な大人への平均的な影響

| 電流(mA) | 生物的影響 |
| --- | --- |
| 1 | 感じるしきい値 |
| 10～20 | 回路から自分で手を離すのは不可能 |
| 25 | 筋肉収縮のはじまり |
| 50～200 | 心室の細動または心拍停止 |

上にあげた数字はまた，身体を流れる電流の経路による．たとえば，雷雨の屋外にいる場合は，身体の最高部と地面との間に稲妻の通り路をつくって，脳や心臓を通らないようにすることが重要である．

417．電子の障害物競走
418．針金のヒューズをとばす電流
419．電球に流れる電流の急増
420．熱線電流計
421．ガラスの伝導性
422．嘘発見器
423．抵抗：導電性のパテ
424．人間電池
425．アルミ箔の反発
426．並列回路
427．高圧電線にとまる鳥
428．電荷の流れ
429．レモン電池
430．並列回路：風呂の類似例
431．直列の電球
432．直流と交流とを見えるようにする
433．炭素抵抗と熱：半導体か否か

## 417． 電子の障害物競走

このたとえは，直列回路でのエネルギー損失を説明するためのものである．電子が障害物競走のコースを走り回っていると想像しよう．電子たちが走り回るとき，かれらはエネルギーを失う．これは，障害物競走

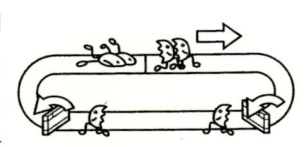

のトラックではハードルを乗り越えるときにエネルギーを失うが，回路では電球を通過するときにエネルギーを失うのである．電子たちがトラックまたは回路の終りに到達したとき，かれらが持っているエネルギーは低くなっていて，かれらがつぎに回路を回る前に，たとえば電池によって，エネルギーをさらに入力してもらう必要がある．この障害物競走について，2つの重要な規則がある．

(i) 電子がレースを放棄することは許されない；出発点を離れたのと同じ数の電子が終点に到着しなくてはならない（これは，直列回路のすべての点における電流の定常性を強調している）．

(ii) 電子の速度は不変のままである．平地では，電子たちはエネルギーをたとえ失ったとしても多くは失わないと仮定する．これは回路の導線の中では，その低い抵抗によって，エネルギー損失も低いことの類推になる．

## 418. 針金のヒューズをとばす電流

針金が溶けて断線する電流の値を見つけよう．電流を徐々に大きくしていくことによってか，または急に大電流を流すことによって，針金を断線させる．このためには，スチールウールを使用するとかなりうまくいく．また，2つの実験用スタンドの間に張った1本の抵抗線が，溶ける前に放つ白熱した黄色い輝きはまことに壮観である．年長の生徒に対しては，この針金から放出される放射について考えさせ，シュテファンの法則（絶対温度 $T$ の黒体から放出されるエネルギー $= \sigma A T^4$，ここで $A$ は表面積で $\sigma$ はシュテファン定数）の学習に導くこともできる．針金の表面積のような因子や，針金の直径に対するヒューズをとばす電流の比率について調べることができる．

〔必要なもの〕 スチールウール，抵抗線，電流計，12 V の直流電源（8 A），防熱マット．

## 419. 電球に流れる電流の急増

(a) コンピュータセンサーを使用して，電球のスイッチを入れたときの電流のサージ（急激な変動）を調べる．電球が最も切れやすいのは，スイッチを入れたときであることを述べる．フィラメントが冷たいときはその抵抗は低く，したがって大きな電流が流れ，加熱が急速に起こり大きな熱膨張が生じて，この熱的な衝撃の結果フィラメントが切れるのである．

(b) 電球のフィラメントの抵抗の温度による変化は，前記(a)を発展させて，

非常に簡単に見ることができる．電源を約 60 W に調節しておいてスイッチを入れると，小さな電球は光り輝く．その 60 W の電球はまだ冷たいので，その抵抗は低い．それが温まると（これにかかる時間は 1 秒より少し短い），抵抗が上昇して電流は落ちるので，この小さな電球の輝きは減少する．

〔理論〕 金属導体の抵抗は温度が上昇すると増加する．温度が上昇すると金属内の原子の熱運動がそこを通る電子の運動を妨げ，したがって抵抗は上昇する．

〔必要なもの〕 適当なソケット付きの電球，コンピュータ，コンピュータに接続するデジタル電圧および電流センサー．

## 420. 熱線電流計

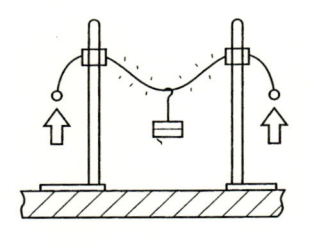

絶縁体の上に固定した 2 つの実験用スタンドで，その間にピンと張った銅線を吊るす．銅線に一定の張力を与えるために，銅線の中心に 50 g のおもりを吊るす．銅線に電流を流して，おもりの下降を測定する．電流に対する下降のグラフを描く．これは直流でも交流でも行えることを心にとめておくこと．

〔理論〕 針金に電流が流れていると，針金は加熱され，膨張する．その中心に吊り下げられているおもりは，針金をたるませる原因となる．

〔必要なもの〕 28 SWG の銅線，実験用スタンドとクランプ，8 A まで供給できる 12 V の直流電源，吊り下げられる 50 g のおもり，実験台に垂直に取り付けた 30 cm の定規，できればビデオカメラ．

## 421. ガラスの伝導性

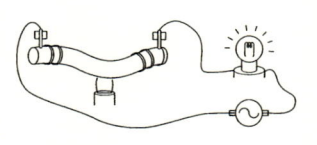

これは魅惑的なデモンストレーションである．軟質のガラス棒の両端に，2 本の太い銅線をそれぞれ巻き付けて，それらの銅線と 100 W の電球とをコンセントに直列につなぐ．スイッチを入れると，ガラスは電気的な絶縁体なので何も起こらない．そこでガラスをブンゼンバーナーで強く加熱すると，ガラスは溶解しはじめ，電気を伝導するようになり，電球が光りはじめる．主電源（コンセント）を使用すると，いったん伝導がはじまったとき，ガラスを流れる電流自身がガラスを強く加熱するので，多くの場合それは電流を流し続けるのに十分で，非常に印象的である．

⚠ この実験は，回路の一部に遮蔽できない主電源からの電気を使用するので，安全性の考慮が重要である．12 V の低電圧電源を使用してもよいが，それほど印象的ではない．

〔必要なもの〕 可変変圧器，軟質ガラス棒，ブンゼンバーナー，2 本の長い裸の銅線，木製のクランプ，わに口クリップ，防熱マット，ソケット付き 100 W の電球，3 本の表面が絶縁体で被覆されている導線．

## 422. 嘘発見器

この実験は抵抗についてのおもしろい応用実験で，嘘発見器または困惑度のメーターのシミュレーションである！ 2 個のトイレットペーパーの芯の紙筒に 2 枚のアルミ箔をそれぞれ巻き付けるか，または 2 枚のアルミ箔を実験台にテープで止める．アルミ箔とスポット検流計と 1.5 V 電池とを直列につなぎ，生徒の 1 人にアルミ箔が巻き付けてある筒を両手で握らせることで，回路は閉じる．そこで生徒をどぎまぎさせると，皮膚の電気伝導率が変化して，その結果検流計の読みもまた変化する．志願者は，かなりしばしば，そこに座っただけでどぎまぎさせられる．志願者に秘密にされていることは，クラスのほかの全員は知っていることが，志願者にはわかっているのである．両手の間の抵抗は 200 kΩ のオーダーである．

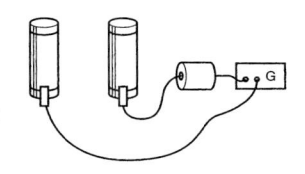

ここでは気を配る必要がある．わたしは，だれの私生活でも他人の前にさらさせることは決してしない．志願者がストレスを受ける場合も，同じ効果が生じる．したがって，かれらに物理の質問をするとよい！

⚠ （これを学校外では決して行わないように警告する；1.5 V しか使用しないこと，また，生徒の頭近くには決して接続しないこと．）

〔必要なもの〕 2 個の紙筒，伝導性があるテープ，アルミ箔，スポット検流計，1.5 V 電池，わに口クリップ．

## 423. 抵抗：導電性のパテ

この市販されているパテを使用して，異なる形の試料をつくり，試料の形や大きさの抵抗への効果をデモンストレーションする．直列や並列の回路もつくることができる．電気的な接点をつくる方法として，一対の金属円盤を使用して，試料のおのおのの端に押しつけるとよい．

〔必要なもの〕 導電性のパテ，12Vの直流電源，電流計と電圧計，わにロクリップ，2枚の金属円盤．

## 424. 人間電池

片方の手を銅板の上に置き，もう一方の手を亜鉛板の上に置いて，この2枚の金属板の間の電位差を測定する．2つの異なる金属と手の湿り気との間の電気化学反応によって，約0.7Vの電圧がつくられる．嘘発見器の場合のように，"志願者"にストレスを与えて，その効果を試すとよい！

〔必要なもの〕 電圧計，亜鉛板，銅板．

## 425. アルミ箔の反発

2枚のたるんだアルミ箔を，互いに向き合わせて垂直に取り付けたものを使用して，電流間の力を示すことができる．電流が流れるとき，アルミ箔が互いに接触しないことを確かめる．1枚のアルミ箔を折って使用すると，電流は一方が下向きで他方が上向きというように，互いに反対方向に流れるので，電流の反発力を示すことができる．

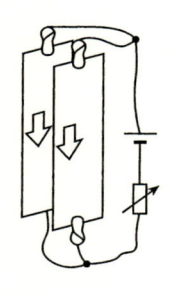

〔必要なもの〕 2枚のアルミ箔，支持台，電源，電流計．

## 426. 並列回路

生徒は，回路に抵抗を加えると電流は減少するであろうと教えられる．したがって，2個の抵抗が並列のときは，1個の抵抗だけのときよりも，電源からはより大きい電流を流すことができるといわれたとき，混乱する．これを説明するのには交通の類似例を用いるとよい．町を巡るバイパスを加えることは，実際に幹線道路の交通の流れを増加させるであろう．同様に，最初の抵抗と並列にしたもう1つの抵抗は，電源からより多くの電流を流れさせる（また，実験430.を参照すること）．

## 427. 高圧電線にとまる鳥

なぜ鳥たちは，高圧ケーブルに危険なくとまることができるのだろう．鳥が地面に接触しない場合や，片足は電流が流れているケーブルに，もう一方の足は中

性のものにということがない場合は，もちろん大丈夫である．鳥たちが1本のケーブルにとまっているときは，かれらの両足間の電位差は，危険になる値よりはるかに低いので，まったく安全である．

## 428. 電荷の流れ

これは，液体中のイオンのドリフト（移動）速度を測定するための実験である．これは，両端に電位差がある1枚の金属内の，電子のドリフト速度についてのアイデアを与える．長方形の濾紙を水酸化アンモニウム溶液に浸して，それを顕微鏡のスライドの上に置く．おのおのの端を横切るように光学ピンを置いて，それらをその位置にわに口クリップで止める．

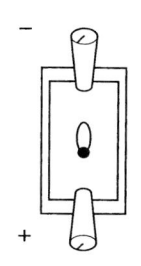

高電圧電源をその両端に接続して，その紙の中心に過マンガン酸カリウムの結晶を置く．わに口クリップ間に100Vの電圧をかけて，紫色が1cm移動するのにかかる時間を測定する．0.5mmの目盛りがついたプラスチック片の上で，すべての実験を行うとよい．ビデオカメラを使用して，スクリーンでスライド全体が見えるようにすればよりよいであろう．

〔理論〕 導線の電流は式 $I = nAve$ で与えられ，ここで $v$ は電子のドリフト速度で，$A$ は導線の断面積，$n$ は立方メートル当たりの電子の数，$e$ は電子の電荷である．この $v$ に対する値と似た値が，このドリフト速度の実験で得られる．3ないし4cm離れた電極間の電位差が100Vの場合，普通ドリフト速度の値は毎分数mmである．

〔必要なもの〕 高電圧電源（50〜200V），わに口クリップ，2個の光学ピン，顕微鏡スライド，濾紙，1mm定規，ストップウオッチ，過マンガン酸カリウム，水酸化アンモニウム．

## 429. レモン電池

2個の異なる金属の電極（たとえば銅と亜鉛）を1個のレモンに挿入する．それらの電極間に約1Vの電位差が得られるはずである（普通，レモンは1.05Vで，オレンジは0.95V得られる）．これは低電圧電球（より印象的である）でも，また，デジタル電圧計でも検出できる．実は最近，わたしは電球を灯すことには成功していないが，電圧計はそこで起こっていることを示した．

この実験をより印象的にする方法は，いくつかのレモンを直列につないで使用して，コンデンサーに細流充電することである．それからこれを発光ダイオードを通して放電すると，カメラのフラッシュのようなフラッシュ光を放つ．

〔必要なもの〕 レモン，銅と亜鉛の電極，わに口クリップ，低電圧電球，発光ダイオード RS 586 447，220 mF のコンデンサー，25 V の直流電圧計．

## 430. 並列回路：風呂の類似例

2個の穴と2個の栓がついている風呂に水が入っていると想像しよう．穴は風呂の水をタンクに落とし，そのタンクの水はポンプで蛇口に戻される．さて，蛇口とポンプを開き，また栓の1つを外す．水は循環して風呂の水位は同じままで変わらないとする．

そこで，もう1つの栓も外す．風呂の水位を前と同じに保つには，ポンプは2倍激しく働かなくてはならない．つまり，蛇口からの水の流速は2倍になるが，最初の穴からの水の流速は変化しない．これは並列回路のよい類似例である．2個の穴は並列回路の岐路を表し，ポンプは電池に，蛇口は電流が分かれる前の導線に置き換えられる．風呂の水位は回路の電位差に類似している．

## 431. 直列の電球

わたしは電圧のアイデアを導入するのに，数個の電球を含む回路を巡っての電圧降下を，階段を降りるときの位置エネルギーの降下と比較してきた．おのおのの階段はそれぞれの電球を表す．そして，これをデモンストレーションするために，つぎの2つの実験へと進むのである．

最初の実験では，2.5 V の懐中電灯の電球を 12 V，24 W の電球に直列につなぐ．回路の電圧をゆっくり上げていき，小さい電球が切れないことを示す．両方の電球には同じ電流が流れるが，最大の電圧降下は大きな電球で起こる．この実験を 2.5 V，0.6 W (0.25 A) の懐中電灯の電球と 100 V，25 W (0.25 A) の主電源（コンセント）用電球とで行えば，両方の電流は約 0.25 A となり，もっとはるかに印象的である．ここでは，裸のコンセント端子を決してだれも触らないようにするための，安全性の警告が必要である．

第2の実験では 2.5 V の懐中電灯の電球 20 個を 50 V，1 A の電源に直列につ

なぐ．すべての電球が灯る．つまり，どの電球にも同じ電流が流れて，おのおのの電球での電圧降下はほぼ同じ，約 2.5 V である．

〔必要なもの〕 25 W，0.25 A のコンセント用電球，2.5 V，0.25 A の懐中電灯用電球 20 個，可変電圧器，電流計 0～10 A（デジタル）．

## 432. 直流と交流とを見えるようにする

1 枚の厚い吸い取り紙を，薄く溶かした澱粉（または小麦粉）糊にヨウ化カリウムを混ぜたものに浸す．それを乾かして金属の台の上に貼る．わに口クリップを使用して，その台を電源の端子の 1 つに接続する．電源のもう 1 つの端子に接続した探針を，その紙の表面に沿って動かす．最初は直流電源を使用し，つぎに交流電源を使用する．直流電源は連続の線を与えるが，交流電源では一連の断線となるであろう．

電気の作用はヨウ素イオンを放ち，そのイオンは正の端子に向かって移動する．正の端子では，ヨウ素イオンは澱粉と反応して暗い青色を呈す．

〔必要なもの〕 吸い取り紙，澱粉または小麦粉，探針，電源，ヨウ化カリウムの結晶，わに口クリップ，金属の台．

## 433. 炭素抵抗と熱：半導体か否か

炭素抵抗の温度上昇の効果はつぎの方法で調べることができる．10 MΩ の炭素抵抗を高電圧抵抗計に接続して，支持台に取り付ける．ヘアドライヤーを使用してその抵抗を加熱し，温度が変化するときの抵抗を測定する．最初は抵抗が落ちて，それから再び上がるのが見られる．

〔理論〕 最初は炭素の半導体的性質がより重要で，したがってより多くの自由電子がつくられて，抵抗は落ちる．温度がより大きくなるにつれて，増加した熱運動が抵抗をより大きく上げていくので，抵抗は最小値に達してから，上がりはじめる．

〔必要なもの〕 ヘアドライヤー，10 MΩ の炭素抵抗，高電圧抵抗計．

# 磁　　気

## この章の一般的な理論

同じ極は反発し，異なる極は引き合う．距離が増加すると力は減少する．

普通の磁性物質：鉄，鋼，コバルト，ニッケル．

- 434. 磁場とテープレコーダー
- 435. 磁石と台ばかり：ニュートンの第3法則
- 436. 磁場の模様
- 437. 空中に浮かぶ磁石を支えるガラス棒
- 438. 3次元の磁場
- 439. 高価な磁気の玩具
- 440. キュリー効果：鉄
- 441. インドのロープ「縄が空中に立ちのぼっていき，男がそれをのぼっていったというインドの奇術」
- 442. 磁　力

## 434. 磁場とテープレコーダー

(a) 音は磁気テープに，テープ内の小さな磁区の模様として蓄えられる．これは記録されたテープへの磁石の効果を示すことによって，明瞭にデモンストレートできる．談話をカセットテープに記録して，そのカセットを強い磁極の間を通過させる．それからそのカセットを再生すると磁気模様は変化してしまっていて，その音はひどく破壊されているか，完全に消えていることさえあるであろう．そのテープはあとで再び使用できる．ビデオテープの再生装置があれば，これをビデオテープで試みるとよい．それを再生するとき，画像への興味深い効果が見られるであろう．

(b) この実験の第2の部分には，リール式のテープレコーダーと鉄のヤスリくずと発信機が必要である．発信機を使用して，テープに50 Hzの正弦波を記録する．テープのその部分をテープレコーダーから外して，その上に鉄の細かいヤスリくずを散布する．ヤスリくずはそのテープにくっつき，信号が最も強いところ，つまり正弦波の山や谷にはより強力にくっつく．異なる波形の波や振動数が異なる波も調べるとよい．テープの速度が速いと，もちろん，はるかに明瞭にこの効果が示されるであろう．

(c) 磁気テープを使用した記録するテープの効果のシミュレーションは，細

かな鉄粉で覆った接着テープを使用して行うことができる．

〔必要なもの〕 リール式のテープレコーダー，マイク，強い磁石，空テープ，鉄のヤスリくず，発信機またはピッチ（音の高低）可変の管楽器．

## 435． 磁石と台ばかり：ニュートンの第3法則

2個の磁石間の力は，上皿天秤の上に1個の磁石を取り付けて，もう1つの磁石を図に示されているように，4本のガラス棒の間に入れて上から近づけることで，簡単に示すことができる．これはまた，ニュートンの第3法則のよい例でもある．

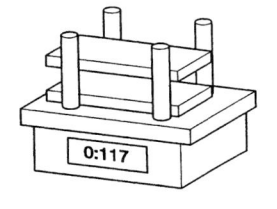

〔必要なもの〕 2個の磁石，木片に垂直に取り付けた4本のガラス棒のような適当な磁石の支持台，台ばかり．

## 436． 磁場の模様

永久磁石の磁場を本実験の中の1つによってデモンストレートするとよい．

(a) オーバーヘッドプロジェクターのガラスの上に棒磁石を置いて，それをアセテートフィルムで覆う．そのフィルムの上に鉄のヤスリくずを散布して，その像をクラス全体で観察できるようにスクリーンに投影する．アセテートフィルムは鉄くずが磁石にくっつくのを妨げる．市販のプラスチックの筒に導線が巻き付けてあるコイルを使用すれば，電磁石の磁場をデモンストレートできる．

(b) 磁石の磁場を永久的に記録する1つの方法は，安全光だけを点けた暗室で感光紙の上で同様な実験をすることである．磁石の上に感光紙を載せて，鉄のヤスリくずを散布する．よい磁場模様ができたら，感光用のランプを数秒灯す．それからその感光紙を現像してプリントし，その磁場模様のシルエット写真を使用して像を保存する．

(c) この実験は，磁石の磁場を永久的に記録するもう1つの方法である．溶かしたロウに紙をちょっと浸してロウ紙をつくる．これは缶に入っている溶けるロウをブンゼンバーナーの上で加熱すれば簡単にできる．磁石を実験台の上に置いて，その上にロウ紙を置く．その紙の上に磁場のよい模様ができるまで，鉄のヤスリくずを散布する．それからがむずかしい部分である．その紙を水平に保ちながら，垂直に注意深く持ち上げて磁石から遠ざける．明るい青いブンゼンバーナーの炎の中を，滑らかに素早くその紙を前後に通して，ロウを溶かす．炎から

遠ざけて，ロウを固化させると，永久の磁場模様が得られる．最後にはその模様を保護するためにクリヤーブックカバーフィルムを使用して，本の中で固定する．

これらの3つの実験すべてにおいて，紙の端を少しばかり軽く叩くと，鉄のヤスリくずが動いて，模様が改良される．

〔必要なもの〕

(a) 磁石，鉄のヤスリくず，オーバーヘッドプロジェクター，アセテートフィルム．(b) 磁石，鉄のヤスリくず，感光紙，暗室の使用，写真用薬品．(c) 磁石，鉄のヤスリくず，ロウ紙，ブンゼンバーナー．

## 437. 空中に浮かぶ磁石を支えるガラス棒

木製の台に垂直に取り付けた数本のガラス棒は，永久磁石を磁気で空中に浮かばせる実験で，磁石を支えるのによい方法である（実験435.参照）．ガラスは磁性がないし，ガラス棒と磁石の間には摩擦がない．

## 438. 3次元の磁場

磁石の3次元の磁場はゼリーを使用して調べることができる．透明なゼリーの型にゼリーをつくり，それを固める前に鉄のヤスリくずを加える．よく掻き混ぜて磁場をかけるか，または，ゼリーの型の中に磁石を入れて，その上にゼリーを流し込んで，ゼリーを固める（多様なつくり方が使用できる！）．ゼリーにカビが生えるまで，どのくらい保つことができるのか，実はわたしもよく知らない．おそらくだれかが，代わりの物質を示唆できるであろう．

〔必要なもの〕 ゼリー，磁石，透明なゼリーの型，コイルと電源，鉄のヤスリくず．

## 439. 高価な磁気の玩具

これらの玩具は見るだけでよいが，どの学校も1つか2つは持っている必要がある．これらは磁気の効果や，パーツのバランスや接触点の摩擦が低いことについて，多くの議論を刺激する．

〔必要なもの〕 高価な磁気の玩具．

## 440. キュリー効果：鉄

鋼の棒が磁化される性質への熱の効果は，キュリー効果を使用して研究するこ

とができる．鉄の棒を三脚台の上に載せて，その一端に小さな磁石をくっつけて下げる．ブンゼンバーナーの炎でその棒を強く加熱する．棒が十分熱くなると，磁石は離れて落ちる．もしもその磁石をだめにしてもよいのであれば，磁石自身を熱する方がより効果があるであろう．磁石の磁区の熱による運動は，磁石全体にわたる磁気を破壊するに十分で，棒が磁化するのを妨げる．

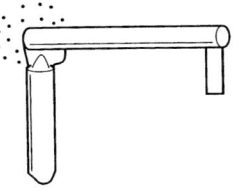

〔必要なもの〕 鉄の棒，磁石，ブンゼンバーナー，三脚台，防熱マット．

## 441. インドのロープ「縄が空中に立ちのぼっていき，男がそれをのぼっていったというインドの奇術」

小さな鋼のネジに糸をつけて，その糸の先は実験台に固定する．中に磁石を隠している管を，ネジの上の方にクランプで支える．糸の長さは実験台上の磁石の高さよりも少し（数 cm）長い必要がある．そうすると，ネジは支えなしに空中をのぼっていくように見える．しかし実際は，見えない磁石に引かれて，持ち上げられている．支えているものはないことを示すために，ネジと磁石の間に手を差し込むとよい．もちろん手は磁場に影響しない．それから，金属板を差し込んでみる，最初はアルミでつぎに鋼を差し込むとよい．

〔必要なもの〕 ネジ，糸，磁石，磁石を隠す管，実験用スタンド．

## 442. 磁　　力

磁石間の力はつぎの方法でデモンストレートできるし，確かに測定もできる．セラミックの磁石を，その極の1つが上面になるように実験台に固定する．この磁石の上に弓のこの刃の先端がくるように設置して，その刃の先端にはセラミック磁石を固定するが，その磁石が実験台に固定した磁石と互いに同じ極が向き合うようにする．そうすると刃は上向きに曲がるであろう．曲率を測定して，おもりを刃に載せて実験を制御していけば，磁石間の力の大きさについて知ることができるであろう．

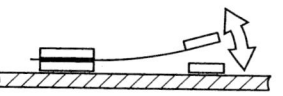

〔必要なもの〕 2個のセラミック磁石，弓のこの刃，適当なクランプ，おもり，定規．

# 電　磁　気

### この章の一般的な理論

　直線コイル（ソレノイド）の形をした電磁石の強さ（磁束密度）は式 $B = \mu NI/L$ から計算できる．ここで $N$ はコイルの巻き数，$I$ はコイルを流れる電流（単位アンペア），$L$ はソレノイドの長さである．$\mu$ はコイルの芯の物質による定数である．鉄芯の場合，この値は約 $0.002\,\mathrm{H\,m^{-1}}$ で，空気の場合はその約 2000 分の 1 小さい．

　電磁石の強さは，メートル当たりのコイル数を増加するか（同じ電流に対して），コイルを流れる電流を増加するか，またはその中心に 1 本の軟鉄を入れることで増加できる．

　電流 $I$ が流れている長さ $L$ の導線を，強さ $B$ の磁場に垂直に置くと，導線には $BIL$ の力が，導線自身にも磁場にも垂直な方向に働く．磁場や電流が大きければ大きいほど，導線の長さが長いほど，その力は大きくなる．

| | |
|---|---|
| 443．電磁力：吊るしたコイル | 447．磁場の中の電流に作用する力 |
| 444．電磁石の強さ | 448．カタパルト場 |
| 445．電流間の力 | 449．ファラデー効果 |
| 446．ラウドスピーカーのモデル | |

## 443． 電磁力：吊るしたコイル

　コイルに電流が流れるときにつくられる磁場は，導線に接続された軽い針金のコイルを磁石の近くに吊り下げることによって検出できる．コイルに電流が流れるとその電流の方向によって，コイルと磁石との間に働く力がコイルを引き付けるか，または反発するので，コイルは磁石に近づくか，または遠ざかるように振れる．

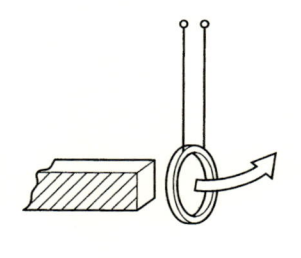

　〔必要なもの〕　細い針金のコイル，電源，磁性がないスタンドに取り付けた磁石．

## 444. 電磁石の強さ

　電磁石の強さを見積もる非常に簡単な方法は，その磁石がスチールの紙クリップをどれだけ多く下げることができるかを知ることである．電磁石を電源に接続してスイッチを入れ，磁石の下端から紙クリップを数珠つなぎに吊るす．電流を変えると電磁石の強さが変化するが，その強さは磁石に吊り下げることができる紙クリップの数によって測定できる．実験を行う前に紙クリップは磁化していないことをチェックする必要がある！

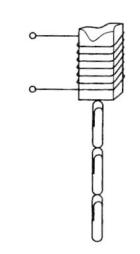

〔必要なもの〕　電磁石，電源，電流計，紙クリップ．

## 445. 電流間の力

　電流間の力を実験で示す方法は，しなやかな金属の小さなばねを使用することである．わたしはコイルの直径が3cmしかないばねを買った．これを垂直に吊るして下端は自由にしておいて，そのコイルに直流電流を流す．ばねの隣り合った輪を流れる電流は同じ向きなので，ばねは縮む．すなわち，同じ向きの電流は引き合う．透明なプラスチック定規をコイルの前に置けば，コイルを流れる電流を変化させたとき，コイルの輪の間隔の変化を測定することができる．

　交流を使用して，ばねの下端に小さなおもりを加えてばねの張力を変化させると，興味深い共振効果を見ることができる．

〔理論〕　距離$d$だけ離れている平行な2本の無限に長い直線電流（$I_1$と$I_2$）に働く単位長さ当たりの力は，式$F = \mu_0 I_1 I_2 / 2\pi d$で与えられる．われわれのばねは直線電流からはほど遠いが，少なくともその力について，どのような関係になりうるかということについて，推測できる．

〔必要なもの〕　コイルの直径が3cmのしなやかな金属の小さなばね，実験用スタンド，導線としての細い銅線，電源（直流と交流），透明なプラスチック定規，できればビデオカメラ，軽い吊り下げられるおもり（10g以下）．

## 446. ラウドスピーカーのモデル

　興味深いスピーカーのモデルを，紙と絶縁された導線と4個の強い棒磁石で簡単につくることができる．大きな紙の円錐をつくり，底の部分は切り取り，そこ

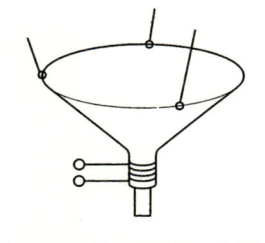

に紙の円筒を挿入して固定する．その円筒の突き出ている部分に細いエナメル線をコイル状に巻き付ける（たとえば 20 回）．4 つの棒磁石を極を同じ方向にしてテープで止めて，実験台の上に垂直に立て，その上に円錐の先の円筒の部分をかぶせる．円錐は，3 個以上の実験用スタンドから細いゴムで吊る．円筒に巻き付けたコイルを発振器に接続し，スイッチを入れる．低い振動数の電圧を使用すると，円錐が振動する動きをはっきりと見ることができる．

〔必要なもの〕 紙，絶縁された導線（エナメル線），4 個の強い棒磁石（長さ約 8 cm），電源または発振器，ゴム糸，3 個の実験用スタンド．

## 447. 磁場の中の電流に作用する力

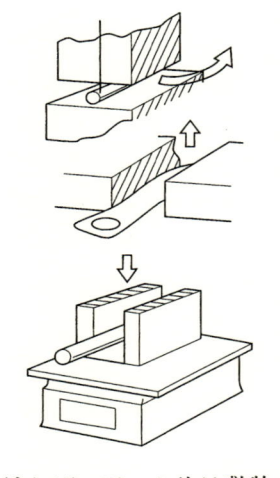

つぎの実験は，磁場の中の電流に作用する力のデモンストレーションである．

(a) 2 本の細い導線で軽い棒を吊って，その棒が強力な磁石（大きな U 字型磁石で両極間の磁束密度が約 0.5 T）の両極間に水平に下がり，自由に振れるようにする．磁場は棒全体に垂直に作用する．その 2 本の導線と棒とに電流を流すと，棒は磁場の内外に振れるはずである．

(b) 第 2 の実験は，細長くゆるいアルミホイルの一片をコルクの敷物にピンで止めて，その上に大きな強い（0.5 T）磁石を，アルミ片が極の間に横たわるように置く．アルミ片に電流を流して，その方向が正しければ，アルミ片は敷物から立ち上がる．磁場内の電流に作用する力の明瞭なデモンストレーションとなる．

(c) 第 3 の実験では，力を上皿天秤で測定する．天秤の上に載せた馬蹄形磁石の両極の間を金属棒が通るように，金属棒を水平にクランプで固定する．金属棒に電流を流して，このときの天秤の読みの変化を用いて，磁場による棒への力をデモンストレーションできる．棒の電流と天秤の読みの変化を測定すれば，磁場の強さを計算することができる．また，棒に作用する力の法則を証明することも可能である．

〔理論〕　　　　　　　　磁場内の電流に作用する力 = BIL
ここで $B$ は磁束密度，$I$ は導線を流れる電流（単位アンペア），$L$ は磁場内の導体の長さである．わたしが使用した大きな磁石の強さは約 0.5 T で，小さな磁石の強さは約 0.05 T である．

〔必要なもの〕
(a) 2本の細い導線で吊った軽い棒，馬蹄形磁石．
(b) 強力な馬蹄形磁石，コルクの敷物にピン止めしたアルミ箔片，わにロクリップ，電源．
(c) 上皿天秤，堅い金属棒，馬蹄形磁石，電源．

# 448. カタパルト場

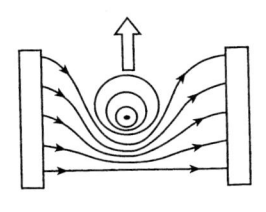

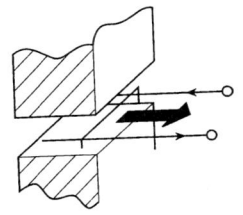

磁場における導線に作用する力を引き伸ばしたゴムやトランポリンのベッドの力と比較することができる．たとえば，トランポリンの上で人がジャンプした場合，そこには結果として生じるトランポリンに垂直で上向きに人を投げ出す（カタパルト）力がある．磁場に垂直に置かれた導線に電流が流れているとき，同様な運動が観測されるので，この導線と磁石とでつくられた合成場はしばしばカタパルト場と呼ばれる．これを示すには，2本の太い裸の銅線（たとえば 24 SWG）を強力なU字型の磁石の極の間に水平で平行になるように置く．そして3番目の銅線を2本の平行な銅線の上にそれらを横切るように載せる．これらの銅線に電流を流すと，上に載せた自由な銅線は滑り出すであろう（図参照）．確かに，電流が十分大きければ（数アンペア），その銅線は磁石の端まで投げ出される．

〔必要なもの〕2本のまっすぐで長い（10 cm 程度）堅くてきれいな銅線，1本の長さが短いより細い銅線，高電流電源，U字型磁石．

# 449. ファラデー効果

実験室を光線が横切るように照明して，その光が2枚の偏向板を通るようにする．第2の偏向板は第1の偏光板に対して偏光面が垂直になるようにして，2枚の偏光板を通すと，光はすべてカットされてしまうようにする．そこで，強力な

磁石（0.5 T）を2枚の偏光板の間に持ってきて，光線がその磁場を通過するようにして，光の偏向方向に変化が生じるかどうか，いいかえると，今度は，第2の偏向板を通過する光があるかを調べる．

〔必要なもの〕 2枚の偏光板，電磁石，光源．

# 電 磁 誘 導

### この章の一般的な理論

コイルに変化する電流が流れているとき，近くにあるコイルに変化する電位差が誘導される．誘導電位差の大きさは，両方のコイルの巻き数と関連の仕方，つまり，そこに軟鉄の芯があるかどうか，によっている．誘導電位差が生じるのは，第1のコイルの電流によってつくられる磁場が変化するからであり，この磁場の変化はまた，コイルの近くで永久磁石を動かすことによってもつくることができる．

誘導電流はまた，金属板の近くで磁石を動かすことによって，金属板内にもつくられる．これは渦電流と呼ばれ，その電流によってつくられる磁場は，最初の運動を減少させるように作用する．

450．渦電流
451．電磁ブレーキ
452．誘導：電球とコイル，交流と直流
453．コイルの中で振動する磁石
454．跳び上がるリングとドライアイス
455．発光ダイオードとコイル：電磁誘導
456．揺れる磁石の下のアルミ板
457．管の中の磁石：電磁誘導
458．変圧器：チョークの働き
459．電磁誘導の類似例
460．放射を検出する
461．厚さの測定：インダクタンス
462．電磁分離器
463．渦電流とリニアエアトラック
464．オーディオループ
465．テープレコーダーシミュレーション
466．交流電源の振動数
467．マイクロ波の中の電球

## 450． 渦 電 流

この実験は渦電流減衰を示す非常に簡単な方法である．大きな永久磁石（磁束密度約0.5 T）の極の間に銅の円柱を糸で吊り下げる．手放したとき円柱が垂直軸のまわりをねじれ振動するように糸をねじる．この円柱の運動はその中に生じる渦電流のために，かなり早く減衰することが示される．そこで，小さな銅または真鍮の硬貨を積み重ねて

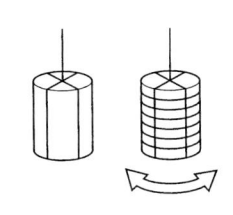

テープでしばったものを使用してこの実験を行うと，減衰ははるかに小さい．なぜなら，硬貨間の溝がその硬貨の積み重ねの中を流れる渦電流をかなり減少させてしまうからである．

〔必要なもの〕 小さな銅貨を積み重ねたもの，銅の円柱，糸，実験用スタンド，大きなU字型磁石．

## 451. 電磁ブレーキ

渦電流減衰は，一対のセラミック磁石を反対の極が約1cm離れて互いに向き合うように垂直に設置して，その間で非磁性の金属円板を回転させることでまた，示すことができる．円板を垂直面内で回転させるには，円板の軸に木綿糸を巻き付けて，それを滑車にかけ，その先におもりをつけて，そのおもりを自由落下させる．磁石がない場合は，おもりの落下は円板の回転を連続的に加速するが，磁石があるときは終端速度に達する．

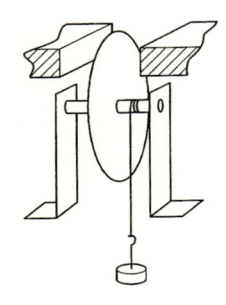

この実験を空気減衰実験（「共振と減衰」実験228.）と比較するとよい．

〔必要なもの〕 水平な軸に取り付けたアルミ円板，スチールヨーク付きセラミック磁石，木綿糸．

## 452. 誘導：電球とコイル，交流と直流

回路におけるコイルの自己誘導の効果はつぎの実験で示すことができる．

(a) 2個の電球を並列に直流電源に接続する．1つの枝路では電球と直列に抵抗器をつなぎ，もう1つの枝路では電球と直列にコイルをつなぐが，このコイルは鉄芯付きで，抵抗器と同じ抵抗を持つ．スイッチを入れると，コイルが直列につながれている電球は明るくなるのにより長い時間がかかり，コイルの誘導効果が示される．

(b) 電球とコイルを直列に，最初は直流電源に，つぎには交流電源に接続する．交流でのコイルのインダクタンス効果による電球の輝きの変化に注目する．

〔理論〕　　　コイルのインダクタンス：$L = \mu_0 \mu_r N^2 A / l$

ここで $l$ はコイルの長さ，$A$ は断面積，$N$ は巻き数．長さ5cmで2cm平方の鉄芯付きで，巻き数1200のコイルは，30Hより少し小さい自己インダクタンスを持つ．芯が空気の場合は0.15H（150mH）に減少する．$V = L \, dI/dt$ なの

で，0.15 H のコイルにかかる電圧を 0.2 A まで上げるのにかかる時間は，2.5 V の電源に対して 12 ms となる．時間が 1 秒またはそれ以上かかる場合は，インダクタンスは 12.5 H 以上のはずである．

〔必要なもの〕 低電圧電球，電流計；直流と交流両方，コイル，抵抗器．

## 453. コイルの中で振動する磁石

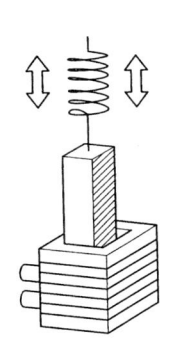

オシロスコープに接続されたコイルの中で，磁石が上下振動するように，磁石をばねで吊り下げる．磁石を釣り合いの位置からずらして，上下振動させる．その結果コイルに生じた誘導電圧を調べるとよい．誘導電圧の向きに注目し，磁石の運動の方向と比較する．

実験する前に，生徒に，このデモンストレーションで渦電流減衰を見ると思うかどうか，質問するとよい．

〔理論〕 磁石がコイルの中で振動するので，誘導電圧が生じるであろう．誘導電圧の大きさは磁石の速度に比例するので，調和単振動のよいデモンストレーションになる．

〔必要なもの〕 実験用スタンド，磁石，らせんばね，600 巻きコイル，オシロスコープ．

## 454. 跳び上がるリングとドライアイス

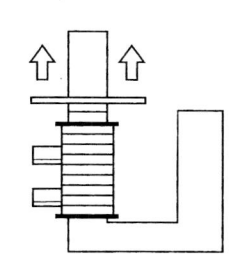

(a) 2 つの電流によってつくられる磁場の間の反発力は，跳び上がるリングの実験として知られており，この実験で示すことができる．分解できる変圧器を開ける．主コイルは交流のコンセントに接続し，1 次コイルとして使用する．2 次コイルとして，アルミのリングを使用する．芯の本来水平に置かれる部分を，コの字型の芯の上に垂直に立てて，その芯に通したリングが滑らかに上下に動けるようにする．電流のスイッチを入れると，リングは空中に投げ出される．高学年の生徒には，直流電源ではどうなるか，質問するとよい．

〔理論〕 リングに誘導された電流がつくる磁場は，コイルの磁場と同じ方向なので，リングは反発される．

(b) 主コイルを実験用スタンドに通してその底部に置き，スタンドに通したアルミのリングを2次コイルとして働くようにする．実験する前にリングをドライアイスで冷やしておく．スタンドの内部に生じる渦電流によって，スタンドが加熱されるのが問題となるかもしれない．したがって，リングを通す垂直の部分としては，薄片を積み重ねた芯を使用した方がよりうまくいくであろう．

〔必要なもの〕 取り外し可能な変圧器，アルミのリング，二酸化炭素ボンベ，コイル，電源，実験用スタンド．

## 455. 発光ダイオードとコイル：電磁誘導

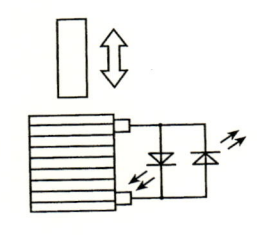

2個の発光ダイオードとコイルの中の磁石を使用して，磁石がコイルを通って反対方向に動くとき，誘導電流の方向が変化することを示す．2個の発光ダイオードを互いに向きを反対にして，並列につなぎ，それをコイルにつなぐ．これには強力な大きい磁石と低電流発光ダイオードとが必要である．

〔必要なもの〕 2個の発光ダイオード，磁石，コイル．

## 456. 揺れる磁石の下のアルミ板

アルミ板の上で棒磁石が水平になるように磁石を糸で吊るして，その磁石を揺らす．板に誘導される電流のため，磁石はすぐに止まってしまうであろう．これは渦電流減衰の簡単な例である．

〔必要なもの〕 磁石，糸，金属板，実験用スタンド．

## 457. 管の中の磁石：電磁誘導

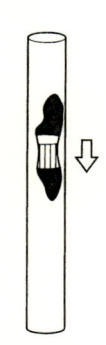

これまでに一度もこれを見たことがなければ，実行の準備をするとよい．これは誘導電流の最も印象的な例である．管の中を落下する磁石によってつくられる磁場が，磁石の運動を妨げるように作用して，そのため，磁石の落下速度が減速される．長さ2mの銅管を垂直に持って，強力な磁石（ネオジム磁石など）を管の中に落とす．同じ大きさのプラスチック管の中を同じ磁石が約0.75秒で落下するのに比べて，この銅管の中を磁石が落下するに

は5秒以上かかる．

　垂直に対してある角度傾けた管の側面を磁石が降下していくようにすれば，おそらくもっと印象的である．管の傾斜角によるが，30秒近くかかるようにすることができる！　（わたしはこの第2の方法を使用して，年長の生徒と，ガリレオの弱められた重力の実験や，ベクトル合成について議論してきた．）

〔理論〕　レンツの法則：誘導起電力（$\varepsilon$）＝回路における磁束の変化率に負の符号をつけたもの，磁束はそれに起こる変化に逆らうように作用する．

$$\varepsilon = -d\phi/dt$$

したがって，管のまわりを流れる誘導電流は，その軸に沿って磁場をつくるが，その磁場が磁石の落下速度を減速させるのである．

〔必要なもの〕　磁石，できれば長さ2mの銅管，長さ2mのプラスチック管，ストップウオッチ．

## 458. 変圧器：チョークの働き

　薄片を重ねた芯を持っている，電圧降下比が2：1の変圧器を設置する．交流電流計を1次回路に接続する．2次回路を開くと，その電流計の読みはほとんどゼロで，それはチョークコイルとして働く．1次回路の誘導電流がそれにかかる電位差を減少させ，ほとんどゼロにする．直流電源を使用する場合は，電流計の読みは高くなる．2次回路につぎつぎとより多くの電球を並列に接続すると，1次の電流は増加する．軟鉄のヨークを使用して芯の回路を完結させ，ランプの明るさへの効果を観察するとよい．

〔必要なもの〕　変圧器（電圧降下比2：1），交流電流計，電球，電源；直流と交流．

## 459. 電磁誘導の類似例

　導線が磁力線を横切ることによる誘導起電力の発生を説明するのに，わたしはつぎの類似例を使用する．コンバイン刈り取り機がトウモロコシの茎を刈り取っているトウモロコシ畑を想像する．刈り取り機の刃がトウモロコシの茎に対して垂直であるとき，刈り取りはより効果的である．これは導線によって磁束を横切る類似例となる．すなわち，導線が磁場の方向に垂直に動いているとき，それはより効果的で，したがってより大きな電圧を発生する

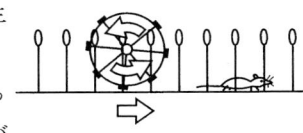

ことになる．

〔理論〕　　　　　　　　　発生する起電力 $= BLv\sin\theta$

ここで $\theta$ は導線と磁力線との間の角，$L$ は導線の長さ，$v$ は導線の速度で，$B$ は磁束密度である．

## 460. 放射を検出する

自分をアンテナとして，主電源の振動数を検出する！　自分自身を陰極線オシロスコープに接続するが，それには Y 軸の入力端子に接続した導線を片手で握ればよい．もう一方の手は主電源からの電流が流れている絶縁されているケーブルの近くに置く（蛍光灯に向けてそれに届くように手をあげてもまた，うまくいく）．オシロスコープのスクリーンに振動数 50 Hz の交流の波形が見られるであろう．

⚠ 〔安全性〕　裸線を決して触ってはいけないし，また，自分の手を主電源のプラグソケットに触れてはいけない！

〔必要なもの〕　オシロスコープ．

## 461. 厚さの測定：インダクタンス

変圧器の芯の2つの部分が分離しているときのエネルギー損失は，感度が高い厚さを測定する方法として使用できるし，また，このエネルギー損失のデモンストレーションとしても使用できる．基本的にはそれは単なる交流電磁石で，その2個のコイルは数枚の紙によってそのスチールの"キーパー"（磁力保持のために芯を結合する棒）から分離されている．厚さがわかっている紙で較正したのち，一定にした1次電圧からの2次電圧を記録して，1枚の紙の厚さの測定に使用する．

〔必要なもの〕　取り外しができる"キーパー"を持ったデモンストレーション用変圧器，数枚の紙，交流電圧計，交流電源．

## 462. 電磁分離器

非鉄金属を他の非金属スクラップから分離するのに使用される，電磁分離器の小さなスケールのシミュレーションをつぎの実験で示すことができる．交流電磁石の U 字型芯の1つのアームの先に1枚の薄いカー

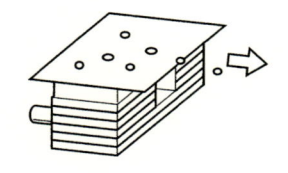

ドを置く．そのカードの上にいくつかのアルミ箔の小片（スクラップ）を載せる．電流のスイッチが入ると，アルミ箔の小片の中の渦電流のためにそれらはその場から追い出されるであろう（実験454.参照）．

〔必要なもの〕　電磁石，交流電源，アルミのスクラップ（アルミ箔），薄いカード．

## 463．　渦電流とリニアエアトラック

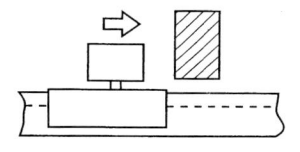

渦電流の理論に関する興味深い別の実験を，リニアエアトラックを使用して行うことができる．トラックに設置した2個の光ゲート（速度測定用）の間に，大きなU字型磁石をトラックにまたがるように設置して，その下をライダーが通過できるようにする．放射線キットのアルミ箔吸収板の1つをライダーに取り付けて，その箔が磁極の間を通過できるようにする．さて，ライダーはトラックに沿って一定の力で加速する（滑車にかけたおもりを使用する）．箔が磁石の磁極の間を通過するとき，箔には渦電流が誘導され，その結果，電磁ブレーキがかかるであろう．異なる厚さのアルミ箔に対して，生じる渦電流の大きさを調べるとよい．

〔理論〕　渦電流は運動に逆らうように作用するので，それらはライダーの加速度を減少させる．異なる抵抗，つまり異なる渦電流の効果は，アルミ箔吸収板を取り換えて，ライダーが2個の光ゲートを通過するとき，ライダーの加速度がどのように変化したかを測定することによって知ることができる．

〔必要なもの〕　リニアエアトラック，アルミ箔吸収板セット，滑車とおもりと糸，接着用ゴム粘土，大きなU字型磁石．

## 464．　オーディオループ

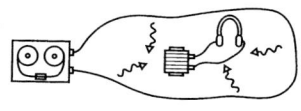

劇場で，どの場所でもよく聞こえるようにするために使用されることがある，オーディオシステムのシミュレーションは，テープレコーダーの出力に接続した長い導線を，実験室の壁に沿って一回りさせることによってつくることができる．その導線ループの抵抗は，テープレコーダーに適応するスピーカーの抵抗と同じにしなくてはならない．テープレコーダーを回して音の信号が出はじめたら，その信号は実験室のどこででも，増幅器に接続された第2の小さなコイルと

ヘッドホンとで聞くことができる．

〔必要なもの〕 テープレコーダー，コイル，ヘッドホン，長い導線．

## 465． テープレコーダーシミュレーション

　これはテープレコーダーの再生ヘッドの働きの，簡単なシミュレーションで，誘導電圧を示すことができる．セラミック磁石を平らな方を下にして実験台の上に並べるが，それらの磁極は上向きで，交互に N-S となるようにする．その上を巻き数 3600 のコイルを移動させる．このコイルには増幅器とスピーカーか，またはオシロスコープを接続する．コイルが移動するとき，変化する電圧がその中に誘導されて，これをスピーカーもしくはオシロスコープで検出することができる．

〔必要なもの〕 巻き数 3600 のコイル，少なくとも 10 個のセラミック磁石，増幅器，スピーカーかオシロスコープ．

## 466． 交流電源の振動数

　磁場の中で運動する導線の誘導電流を使用して，交流電源の振動数を測定できる．実験台の上に一端を固定した導線を，2 個のガラスプリズムの上をわたして，もう 1 つの端は滑車にかけて，その先端におもりを吊り下げる（長さ約 30〜50 cm の導線に対して，200〜500 g のおもりが必要である）．大きな U 字型の磁石を導線がその極の間を通るように置く．導線は送電されているのと同じ振動数（東日本 50 Hz，西日本 60 Hz）の低電圧電源に接続して，約 4 A の電流を導線に流す．導線の張力をおもりで調節すると，その基本振動数が電源の振動数に等しくなったとき，導線は共振しはじめる．

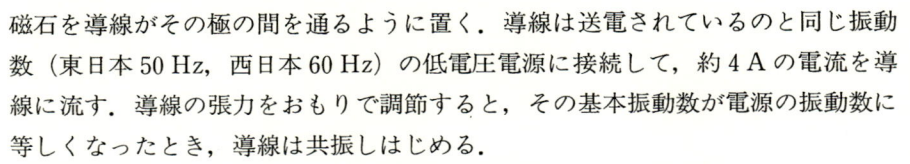

〔理論〕 張られた導線に対する基本振動数 $f$ は，式 $f = 1/2 L (T/m)^{1/2}$ で与えられる．ここで $T$ は導線の張力，$m$ は単位長さ当たりの質量である．

〔必要なもの〕 大きな磁石（磁場の強さ＝0.2 T），導線，G 形クランプ，実験台設置の滑車，100 g のおもりのセット，定規，2 個のガラスプリズム，交流電源．

# 467. マイクロ波の中の電球

電子レンジの中に 100 W の電球を入れて，レンジを 2 秒間（それ以上はしない！）働かせる．フィラメントは白熱して輝き，それから切れる．フィラメントはアンテナとして作用するので，マイクロ波放射によって，その中に電位差が誘導される．非常に印象的であるが，長く当て過ぎると電球が爆発することがわかった！　小さな熱線フィラメントに電気的な火で何が起こるのだろうか．

〔必要なもの〕電子レンジ，100 W の電球（電力がより高い電球の方がよい）．

# 静電気現象

### この章の一般的な理論

放射状の電場：電荷から距離 $r$ における電場 $E$ は，
$$E = 1/4\pi\varepsilon_0 \, (Q/r^2)$$
一様な電場（たとえば，間隔 $d$，電位差 $V$ の2枚の平行板）：場の強さ $= V/d$
2個の電荷（$Q_1$ と $Q_2$）間の力 $= 1/4\pi\varepsilon_0 \, (Q_1 Q_2/r^2)$
一様な電場 $E$ の中の電荷 $Q$ に作用する力 $= QE = Q(V/d)$

- 468. 電場
- 469. 静電気での誘導と反発
- 470. プラスチック箱の煙分離器
- 471. バンデグラーフの上の画びょう：集塵/集煙器
- 472. 簡単な静電気のデモンストレーション
- 473. 人体の電荷
- 474. シャボン玉とバンデグラーフ
- 475. 帯電した棒とその水流への効果
- 476. 電場
- 477. スパークプラグとバンデグラーフ
- 478. 電場：学校の夕食の実験
- 479. 放電計数器と炎からのイオン
- 480. 静電場
- 481. 時計皿使用の静電反発力
- 482. 静電力：ボールと台ばかり
- 483. バンデグラーフとラジオ
- 484. シャボン玉とミリカン
- 485. 静電反発力：いろいろな方法
- 486. 蛍光管とプラズマ球
- 487. 静電気とカバーフィルム
- 488. 静電気と写真複写機
- 489. 炎の中のイオンと静電場の検出のための炎探針
- 490. 点放電
- 491. バンデグラーフに付けた糸の先の小球
- 492. 紙とバンデグラーフ
- 493. 幽霊の脚
- 494. 帯電した中空の導体球内部の場
- 495. 車と静電気

## 468. 電場

電場内での電荷の運動と電荷間の力は，2枚の金属板を 10 cm ほど離して垂直に設置することによって，示すことができる．ピンポン球の表面に導電性塗料を塗ったものを糸で吊って，2枚の金属板の間の中心に下げる．金属板間に電圧をかけるが，2 kV 以上かける必要がある．糸を引いて球を板の1つに触れさせる．

それから手放すと，球は2枚の帯電した板の間を振動して，電荷を1つの金属板からもう1つの金属板へ運ぶ．

移動する電荷は電流を意味するが，実際の電流は非常に小さく1mA以下なので，これはスポット検流計で検出できる．ここでは球の動きを全クラスに見せるのに，ビデオカメラが非常に役に立つ．また代わりとして，プロジェクターで球の影をスクリーンに投影してもよい．

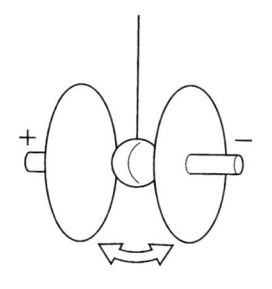

この実験を発展させた簡単で効果的な実験がある．2枚の垂直な金属板を5kVの電源に接続して，それらの間に1枚のアルミ箔の小片を落とす．それは落下しながら，2枚の金属板の間を行ったり来たり，振動するであろう．

〔必要なもの〕 絶縁した取手がついた2枚の金属板，2つの実験用スタンドとボス，ピンポン球，糸，高電圧電源，アルミ箔．

## 469. 静電気での誘導と反発

絶縁したスタンドに水平に固定されている金属棒の一端に，帯電したポリエチレンの棒を近づける．金属棒のもう1つの端には，糸で吊った軽い導体球を触れさせる．帯電した棒をさらに近づけると，球は金属棒から離れて振れる．自由に吊られている球に，高電圧電源の負の端子に接続した導線の先端を近づけても，同様な結果が得られるであろう．

〔必要なもの〕 高電圧電源，ポリエチレン棒と絹布，絶縁した糸がついた導体球，金属棒．

## 470. プラスチック箱の煙分離器

透明なプラスチックの食物用の箱の中に，2枚の金属板を互いに平行に設置する．煙を箱の中に吹き込んでふたをする．バンデグラーフ発電機を使用して，2枚の金属板に電圧をかけると，帯電した金属板が煙の小さな粒子を引き付けるので，直ちに煙は消えてなくなる．異なる電圧の効果も簡単に調べることができる．

〔必要なもの〕 プラスチック箱の煙分離器，バンデグラーフ発電機または高電圧電源，煙発生器．

## 471. バンデグラーフの上の画びょう：集塵/集煙器

バンデグラーフ発電機の頂上に載せた透明なアクリル缶の底に，画びょうをそのピンを上向きにして固定し，煙を缶の中に吹き込む．発電機のスイッチを入れて何が起こるかを観察する．画びょうのピンの先からの放電が，煙を円柱状に集める．それは電荷がピンの先端に集中して，したがってそこに大きな電場があることによる．このデモンストレーションはまた，缶なしで，単に発電機のドームの上にピンを垂直に固定しただけでもうまくいく．

〔必要なもの〕 バンデグラーフ発電機，透明なアクリル缶の中の画びょう，煙．

## 472. 簡単な静電気のデモンストレーション

(a) 壁や天井にくっつく帯電した風船．
(b) ナイロンのブラウスやシャツの上に着たジャンパーを脱ぐ．
(c) パジャマやネグリジェを着て，ナイロンのシーツの下で動き回る．
(d) 合成のカーペットで靴をこすって，アースされている金属柱に触る．

〔必要なもの〕 風船，絹布．

## 473. 人体の電荷

直流増幅器かピコクーロン ($10^{-12}$ C) の電気量計を使用して，人間の身体の電荷を測定する．このデモンストレーションは，その生徒が足に何を履いているかや，床が何でできているかが非常に関係しているが，それが議論を引き起こす！

〔必要なもの〕 ピコクーロンの電気量計，適当な出力メーター．

## 474. シャボン玉とバンデグラーフ

この実験は静電気誘導や，同じ電荷間の力を示す新しい方法である．バンデグラーフ発電機のドームの近くにシャボン玉を飛ばす．最初それらはドームに引き付けられるが，ドームと同じ電荷を得たとたんに，その電場で跳ね飛ばされる．

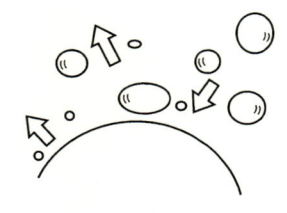

〔必要なもの〕 バンデグラーフ発電機，石鹸液とストロー．

## 475. 帯電した棒とその水流への効果

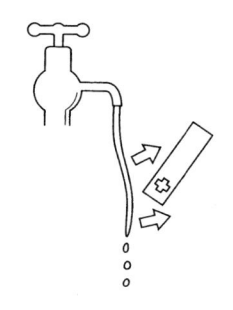

この実験は素晴らしく，生徒がまったく予期しないデモンストレーションである．蛇口をひねり，ゆっくりと，しかし連続的に水がぽたぽたと蛇口から垂直に落ちるようにする．帯電したポリエチレンの棒をこの水滴に近づけると，水滴は棒に向かって偏向する．この偏向は極性分子（一端が正で多端が負）によるもので，分子は帯電した棒に引かれるように向きを変えて順応する．帯電したプラスチックの櫛でもうまくいく．ビデオカメラを使用できれば，クラス全体に見えるようにするのに役立つ．

〔必要なもの〕 ポリエチレン棒，絹布，小さな出口がついた蛇口．

## 476. 電　場

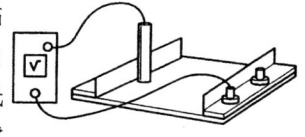

図に示されている装置は自作のもので，静電場を描くのに非常に役立つことが証明されている．1枚の白い紙の上にカーボン紙を敷いて，その上に導電性の紙を敷き，2個の金属棒で固定する．その2本の棒に電圧をかけて，デジタル電圧計に接続した光学ピンからなる探針を使用して，場の形を描いていく．また，等電位線も描くことができる．片方または両方の棒の中心にボルトをねじ込んで，点電荷による場をつくって，調べることもできる．

〔必要なもの〕 電場の装置，デジタル高抵抗電圧計，光学ピン，導電性の紙，カーボン紙．

## 477. スパークプラグとバンデグラーフ

スパークプラグの働きをデモンストレーションするために，バンデグラーフ発電機を使用する．導線とクリップとを使用して，発電機の頂点にスパークプラグの先を取り付け，もう一方の接続端子はアースする．発電機が動き出すと，スパークプラグが働くであろう．

〔必要なもの〕 バンデグラーフ発電機，スパークプラグ．

## 478. 電場：学校の夕食の実験

(a) この実験の名は，電場の装置に対してわたしがつけた，どちらかといえば不親切な名前である．浅い透明なプラスチックの皿にオイルを入れて，その中に2個の電極を置いたものを使用する．この装置は，オーバーヘッドプロジェクターの上に置いて，電場の像をクラスに見せることができる．セモリアかまたは草の細かい種子をオイルの表面に散布して，高電圧電源（普通5 kV）を電極に接続し，スイッチを入れると，電気力線を示すことができる．

⚠ 〔安全性〕 高電圧電源．

(b) オーバーヘッドプロジェクターの上に古典的な電場の装置を置いて使用するが，電極の間に金属のリングを置いて，空洞の導体の内側には電場がないことをデモンストレートする．

〔必要なもの〕 電場の装置，オーバーヘッドプロジェクター，高電圧電源，オイル．

## 479. 放電計数器と炎からのイオン

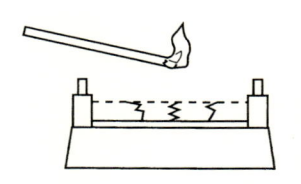

放電計数器の針金間の電圧を4～5 kVにして，金網の電圧を放電が起こる値より少し低めにしておく．炎が空気をイオン化することをデモンストレーションするために，小さなロウソクを灯して，炎を金網に向けて吹きつけると，直ちに放電が起こる．

〔必要なもの〕 放電箱，小さなロウソク，高電圧電源．

## 480. 静 電 場

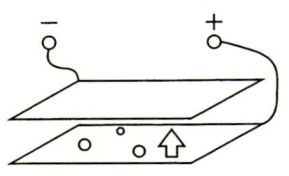

巨大なミリカンの実験装置を使用して，電場の非常によいデモンストレーションができる．この装置は30 cm正方の2枚のアルミ板を約5 cm離して設置したもので，ミリカンの油滴の落下の実験の大規模なデモンストレーションとして使われている．ティッシュペーパーでつくった油滴モデルを使用すると，かなりよいデモンストレーションとなる．ティッシュペーパーは伝導する問題がないし，電場を注意深く調節すれば，電場内で上昇したり下降したりする．特別の装置を使用する必要はないので，2枚のアルミ板に電圧を

5 kV までかけることができれば，まったくうまくいく．

⚠ 〔安全性〕 高電圧電源．

この実験は，2枚の帯電した金属板の間に上で使用した紙片と同じ場所に，ふくらませた大麦を入れても，うまくいくであろう．

また，別の方法としては，少量の砂糖（または小麦粉）を下側の金属板の上に散布する．金属板を高電圧電源に接続して，スイッチを入れる．砂糖は金属板の間で振動するが，これは誘導電荷が生じ，それから引力が，つぎに放電が起こることを示す．適切な電圧や間隔，すなわち適切な電場の強さを知るために，いくらか経験することが必要であろう．

〔必要なもの〕 紙，砂糖，ふくらませた大麦，小麦粉，ポリエチレンのスペーサー（一定の間隔を保つためのポリエチレンの小片）が付いた水平な2枚の金属板，高電圧電源．

## 481. 時計皿使用の静電反発力

2本の帯電した棒の間の力は，つぎの簡単な実験で示すことができる．逆さにした時計皿に帯電したポリエチレン棒を載せてバランスを取る．もう1つの帯電した棒をそれに近づける．反発力や引力（これには酢酸セルロースの棒を使用する）が簡単に示される．

〔必要なもの〕 時計皿，2本のポリエチレン棒，酢酸セルロース棒，絹布．

## 482. 静電力：ボールと台ばかり

2個の帯電した球（または棒）の間の静電力を測定する．1つはクランプでスタンドに固定して，もう1つは台ばかりの上に固定する．実験室用ジャッキの上にスタンドを載せれば，球の間隔を変えることができる．

〔必要なもの〕 少なくとも 0.01 g まで読み取ることができる台ばかり，帯電した球か棒，実験室用ジャッキ，実験用スタンド．

## 483. バンデグラーフとラジオ

ラジオを使用して，バンデグラーフ発電機からの放電を，その放電でつくられる放射の電磁パルスを受信することによって，検出する．稲妻のラジオやテレビの送信への影響に関係づける．わたしは振動数 100 kHz 付近の中波帯によく反応することを見出した．

236　V　電磁気学

## 484. シャボン玉とミリカン

　バンデグラーフ発電機の高電圧のドームに，絶縁体のクランプで支えた金属管を接続する．その管の下端には適当な長さのゴム管を取り付ける．金属管の上端を石鹸膜で覆い，吹いてシャボン玉をつくる．2枚の金属板を水平に設置して，片方は高電圧電源またはバンデグラーフ発電機に接続し，もう一方はアースする．シャボン玉を帯電させるためにバンデグラーフ発電機のスイッチを入れる．それから発電機のスイッチを切る．そこでシャボン玉をそっと横向きに吹いて，帯電した金属板の間の隙間に入れる．金属板の間隔または電圧（高電圧電源に接続している場合），または両方を調節すれば，シャボン玉を上昇させたり下降させたり，または空中に浮かんだまま止めることもできて，ミリカンの実験の有益なデモンストレーションとなる．事実，シャボン玉の質量がわかっている場合は，その電荷を実際に測定できる！

　〔必要なもの〕　ポリエチレンのスペーサーが付いた水平な2枚の金属板，シャボン玉液，金属管，ゴム管，バンデグラーフ発電機または高電圧電源．

## 485. 静電反発力：いろいろな方法

　(a)　静電反発力を示すには，2枚の細長いアルミ箔を同じところから吊るして，その接合部を高電圧電源（またはバンデグラーフ発電機）に接続すればよい．電圧を上げて，より多く帯電すると，アルミ箔は互いに反発するようになる．

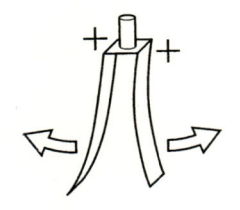

　〔安全性〕　高電圧が関係していることに注意！

　(b)　2本の帯電したプラスチックのストローを，それらが水平で平行になるように，糸で吊り下げる．それらが同じ電荷を持っている場合は，離れるように振れるであろう．これは静電反発力の非常に簡単なデモンストレーションである．その発展として，ストローの質量と，糸の角度を知って，2本のストロー間の力を算出できる．それから，それらが帯電している電荷の非常に粗い近似値も求めることができる．

　〔必要なもの〕　2枚の細長いアルミ箔，高電圧電源，2本のストロー，糸，スタンドと木かプラスチックのクランプ．

## 486. 蛍光管とプラズマ球

これは最も印象的なデモンストレーションである．普通の蛍光管を持って，プラズマ球に近づける．このプラズマ球は，内部に低圧の気体が入っていて，球の電極と中心との間には 20 kV の電圧がかかっている．ほとんどの人が驚くのは，蛍光管が球に触れていないときにさえ，光ることである．蛍光管の一端がプラズマ球から 10 cm よりわずかに近い位置にあれば，触れていなくてもこのデモンストレーションはうまくいくことがわかった．管に沿って手を動かすと，その点で管をアースするので，放電が"破壊"される．それはプラズマ球の周囲に電場が存在し，管の両端の電位差が，蛍光灯を光らすのに十分であることを示す．

〔必要なもの〕 プラズマ球，蛍光管．

## 487. 静電気とカバーフィルム

静電気の効果は，包装用ラップフィルムやブックカバーフィルムやプラスチックのレコードジャケットでデモンストレートできる．フィルムをその裏当ての紙から単に引きはがすだけで，その紙もフィルムも帯電する．金箔検電器でこの2つをテストすると，互いに反対に帯電していることが示されるであろう．これはあるタイプの粘着テープに見られる，人を苛立たせる性質でもある．

〔必要なもの〕 ブックカバーフィルムを巻いたもの，包装用ラップフィルム，プラスチックのレコードジャケット．

## 488. 静電気と写真複写機

これは写真複写機の性質の非常に簡単なデモンストレートシミュレーションである．ポリエチレンのタイルに T の字を描き，その形に沿って，絹布でこすって，その部分だけを帯電させる．そこでそのタイルをセモリアの板の上に置く．セモリアは帯電した T の形だけに引き付けられるが，これは写真複写機のマスタードラムの帯電した部分にだけ炭素の粉末が引き付けられるのと，まったく同じ方法である．着色したタイルを使用すると，セモリアをよりよく見せることができる．また，白いタイルに着色したスパイスの粉末を使用してもよい．

〔必要なもの〕 セモリア，ポリエチレンタイル，絹布．

## 489. 炎の中のイオンと静電場の検出のための炎探針

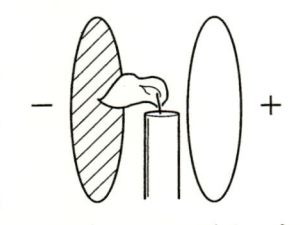

(a) 2枚の金属板を垂直に設置して，その間にロウソクを置く．金属板は高電圧電源とスポット検流計とに接続する．電源のスイッチを入れても検流計の読みはゼロのままである，つまり，電流は流れない．しかし，ロウソクを灯すと，2つのことが起こる．検流計の読みは急に大きくなり，炎は金属板の1つに向けて引きずられる．電流は金属板間での空気の電離によっている．炎それ自身の中のイオンが，炎をゆがめるのである．ビデオカメラを金属板間に向けると，この炎を全クラスに見せることができる．ビデオカメラが使用できない場合は，プロジェクターのような光源を使用して，炎の影をスクリーンに映すとよい．

(b) 別の方法としては，細いガラスの噴出口（ジェット）からの炎を，電場内で動かす．炎の中のイオンの移動による炎のゆがみ具合は，その場所での電場の強さを示している．

〔必要なもの〕 絶縁体の支えで設置されている2枚の金属板，高電圧電源，ロウソク，ガラスの炎噴出口．

## 490. 点放電

(a) 感度がよい炎を使用して，1点からの帯電や放電の効果を示す．高電圧の点からの電荷の流れによって，炎がゆがめられる．

(b) 複数の点からの放電はまた，回転する風車装置を，バンデグラーフ発電機のドームに直接設置するか，またはスタンドで設置して，簡単に示すことができる．スタンドは，漏電を防ぐために，ポリエチレンのタイルの上に置くとかなりうまくいく．

〔必要なもの〕 点状の先端をもつ金属の風車，高電圧電源またはバンデグラーフ発電機．

## 491. バンデグラーフに付けた糸の先の小球

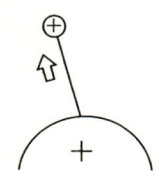

糸の先に導体の小球を結び付けて，その糸のもう1つの端はバンデグラーフ発電機の大きなドームの頂上に貼り付ける．発電機のスイッチを入れると，小球も

ドームも同じ電荷で帯電されるので，小球とドームの間の反発力で，糸は垂直に立ち上がる．

〔必要なもの〕　バンデグラーフ発電機，導体の小球，糸，粘着テープ．

## 492. 紙とバンデグラーフ

静電気の反発力の非常に簡単な例は，1枚の紙を小さくちぎって，バンデグラーフ発電機の大きなドームの頂上に置く．発電機のスイッチを入れると，紙片は飛び散ってしまう．紙片はすべてドームと同じ電荷で帯電されるので，お互いに反発し合い，またドームからも反発される．よく乾燥した日であれば，ドームから1m近く飛ぶであろう！　ドームから跳ね飛ばされる紙片の最大の質量は，ドームの電圧を見積もるのに使用できるであろう．

〔必要なもの〕　バンデグラーフ発電機，紙．

## 493. 幽霊の脚

細い糸で編んだストッキングを厚紙の輪（収納用の紙筒から切り取る）に押し込んで，ストッキングの口が開いたままになるようにする．ストッキングを風船でこすって十分帯電させると，あたかもその中に"幽霊の脚"があるかのように，ストッキングはふくらむ．これはストッキングのすべての部分が同じ電荷で帯電するので，互いに反発して，ストッキングの側面が離れるように作用するからである．

〔必要なもの〕　ストッキング（デニール数が低い細い合成繊維で編んだもの），風船．

## 494. 帯電した中空の導体球内部の場

理論は，帯電した空洞の導体の内部には電場がないと予測している．これは金箔検電器で簡単にデモンストレーションできる．検電器を絶縁タイルの上に載せて，そのキャップをケースに接続する．それから検電器の最高部の金属円板を帯電する．箔は開かないことに注目する．電荷はすべて検電器の外側（金属円板と本体）にたまって，ケースの内側には電場はない．

〔理論〕　電場 $E$ は負の電位勾配（$-dV/dx$）である．したがって $V$ が一定の場合は，$E=0$.

〔必要なもの〕　金箔検電器，帯電方法（帯電した棒または高電圧電源），絶縁

## 495. 車と静電気

　車から降りるときショックを受けた経験があるだろう．ここに，これが起こるのを防ぐいくつかの（冗談っぽい！）方法を示す．ブーツか長靴をはいて，濡れたスーツを着る．降りる前にいかりを投げ出す．最初に乗客を抱えて飛び出させる．ラジオのアンテナを上に向ける．

# コンデンサー

## この章の一般的な理論

電気容量$=Q/V$；容量 $C$ のコンデンサーに電圧 $V$ まで帯電させるときに蓄えられるエネルギー$=1/2\,(QV)=1/2\,(CV^2)$.

496．コンデンサーと水が入ったバケツ　　498．カメラのフラッシュ用コンデンサー
497．コンデンサーで時間を測る　　　　　499．コンデンサーの平滑作用

## 496. コンデンサーと水が入ったバケツ

　これは帯電したコンデンサーと水がいっぱい入ったバケツとの比較で，コンデンサーの理解に役立つ．バケツの底には穴があいていて水が流れ出るが，これはコンデンサーが放電するときの回路を流れる電流を表している．穴の大きさは回路の抵抗を表す．

　水の深さはコンデンサーにかかる電圧 $V$ を表し，バケツの体積はコンデンサーが完全に帯電されているときの，最大電荷 $Q$ を表す．ある体積の水は，深さが浅くて幅が広いか，または深さが深くて幅が狭いバケツに蓄えられるのと同様に，同じ量の電荷が，電圧が高い場合と低い場合とで，2つの大きさが異なるコンデンサーに蓄えられることがわかる．

　〔理論〕　$Q=CV$ なので，大きな $V$ で小さな $C$ か，または小さな $V$ で大きな $C$．

## 497. コンデンサーで時間を測る

　コンデンサーと抵抗とを直流電源に並列に接続する．直流電源のスイッチを入れると，電流は抵抗を連続的に流れるが，また一方ではコンデンサーを帯電する．電源の回路と抵抗の回路とにはアルミ箔片が 1 枚ずつ直列に入っている．電源に接続されたアルミ箔が切れたら，コンデンサーの帯電は止まり，抵抗に接続されたアルミ箔が切れたら，コンデンサーの放電が止まる．したがってコンデンサーは，2枚のアルミ箔が切れる時間の差の間だけ，放電する．この時間は短いので，コンデンサーからの放電電流はほぼ一定と仮定する．そうすると，

$$Q = It = C\varDelta E$$

ここで $\varDelta E$ はコンデンサーにかかる電圧の降下である.しかし $E = IR$,したがって,

$$t = C\varDelta E \cdot R/E$$

$t$ が小さい弾丸や落下する物体の時間測定に役立つ.生徒はこれが正しいかどうかをチェックできる.コンデンサーにかかる電圧は数 $M\Omega$ の抵抗をもつデジタル電圧計で測定する必要がある.

〔必要な装置〕 コンデンサー,アルミ箔,直流電源,抵抗,ストップウオッチ,デジタル電圧計.

## 498. カメラのフラッシュ用コンデンサー

これはコンデンサーの実用化として話すとよい.電池からの小さな帯電電流によってコンデンサーに蓄えられたエネルギーは,1秒の数分の1の間に,大きな爆発的フラッシュとして解放されるのである.

## 499. コンデンサーの平滑作用

整流器の出力に並列に接続されたコンデンサーは,出力を平滑にする効果を与える.この類似例は,水の流れを滑らかにするための風船の使用である.水槽に管を固定して,その管の中にはT型の分流器を取り付けるが,そのTの1つの分枝には風船が吊り下げられている.水がその分枝を流れるとき風船は膨張する.流れが減少すると風船はしぼみ,出力の流れを維持する.流れが増加した場合は風船が膨張して,流れを滑らかにし,流れの速さをほぼ一定に保つ.風船の膨張や収縮はコンデンサーの帯電や放電に類似している.

〔必要な装置〕 水槽,管,T型分流器,風船.

# VI

現 代 物 理 学

# 電子物理

## この章の一般的な理論

すべての物体は原子でできている．原子は軌道電子の殻を含んでいる．金属においては，電子の一部は原子から離れて，その物質の中を高速で"さまよう"．それらは自由電子として知られている．銅のような金属においては，1 m³ 当たり $10^{28}$ 個の自由電子があるが，半導体においては室温では $10^{22}$ 個しかない．1個の電子の電荷は $-1.6 \times 10^{-19}$ C である．

500．車の駐車場とエネルギーレベル
501．原子モデル
502．光電効果における丘とくぼみ
503．光電効果
504．光電効果：亜鉛板
505．熱電子放出
506．ダイオードと空乏層
507．魚と熱電子放出
508．原子核衝突：腕時計
509．マルタの十字
510．軌道での電子波
511．エネルギーレベルとエスカレーター
512．加速器モデル
513．泡　箱

## 500． 車の駐車場とエネルギーレベル

電子や半導体のホールの振る舞いは，多層式駐車場での車を考えることで表すことができる．車は電子を表し，空いている駐車スペースは正のホールを表す．もしも空いているスペースがあれば車は駐車場の駐車レベルの間を移動するが，これと同じような方法で，もしもホールがあれば電子はエネルギーレベルの間を移動する．駐車場が車でほとんどいっぱいであれば，ホールに関する限り，それはほとんど空（ほかのホールがほとんどない状態）である．したがってホールはその中を自由に動くことができる．これは実際，駐車場がすべて小型乗用車でいっぱいというような，車がすべて等しい場合にのみ，類似例となる．どこに駐車するかを運転手が決めることができないことは，電子のランダムな運動によく類似している！

## 501. 原子モデル

針金で組み立てたポリスチレン球のセットは，原子における電子の配置やエネルギーレベル間の遷移を示すのに使用できる．方形の木の枠をつくり，エネルギーレベルを表す正しい間隔で数本の針金を水平に張る．数個のポリスチレン球を垂直に張った数本の針金にそれぞれ通して，1つのエネルギーレベルからほかのレベルへの遷移をシミュレーションするために，垂直の針金に沿って滑らせることができる．

〔必要なもの〕 上記の原子モデル．

## 502. 光電効果における丘とくぼみ

金属内の自由電子がエネルギーのくぼみやポテンシャルの井戸の類いに保たれていることは，側面がガラスの穴の中にいる人々と比較できる．穴の上まで跳び上がる力がない限り，かれらは脱出できない．かれらは途中まで跳んで空中に留まり，もう1つのエネルギーの襲来を待つわけにはいかないのである．これは光電効果で，放射の量子が自由電子を放出するアイデアに似ている．電子がコレクターに達するには電位の丘を登らなくてはならないので，不十分なエネルギーではそれはできないのである．したがって，コレクターに負の電圧がかけられている場合は，より低い振動数の放射によって放出された光電子は，コレクターに到達できない．しかし一方，より高い振動数の放射によって放出された光電子はコレクターに到達できる．ロンドン大学にいるとき，わたしはロンドンからブライトンまで，スポンサー付きの遠足に参加した．ブライトンの郊外に到着したとき，最後は丘を登って公園に入るということがわかった．その電子のように，わたしはまさにこの最後の登山のために必要なエネルギーを残していた．

## 503. 光電効果

光電効果では，光の量子が表面に当たり，電子をその表面から放出する．もしも入射する放射の振動数が十分高ければ，この放出は直ちに起こる．

光電効果と放射の量子的な性質と，異なる型の放射の量子エネルギーは，すべてピンポン球と玉突きの球とココナツ落としを使用してデモンストレーションできる．古いが素晴らしい英国放送大学ビデオで，ラッセル・スタナード教授がこの実験のオリジナルな方法を示唆した．小さな少年が1個のピンポン球をココナ

ツに投げつけて，それを落とそうとしているが，残念ながらピンポン球のエネルギーは小さすぎてうまくいかない．それでかれは，容器いっぱいのピンポン球を全部一緒に投げて落とそうとするが，ココナツは依然，留まったままである．そこへ教授がピストルを持ってやってきて，ココナツに1個の弾丸を撃ちこむ．ココナツは途端にその支えから撃ち落とされる．これは金属の表面における赤外線放射と紫外線放射の効果をシミュレートしている．今日の実験室ではピストルの弾丸ではなくて，玉突きの球を使用することを勧める．

## 504. 光電効果：亜鉛板

金箔の検電器に清潔な（酸化物を取り除くことがきわめて重要）亜鉛板を固定する．最初の電荷の符号による効果を示すために，高電圧電源を使用して，正または負の導線で亜鉛板にちょっと触れて，亜鉛板を帯電する．それから，電球やレーザー（注意すること）や紫外線ランプ（注意すること）からの光をその亜鉛板に当てて，放電を試みる．もしも板が最初に正に帯電されていれば，放電は起こらない．またたとえ電子が放出されても，それらはすぐに表面に引き戻される．最初負に帯電している場合のみ，高エネルギーの紫外線の量子が検電器から電子を放出して，箔が閉じるであろう．可視光に対して感度が高いビデオカメラ管について話すとよい．

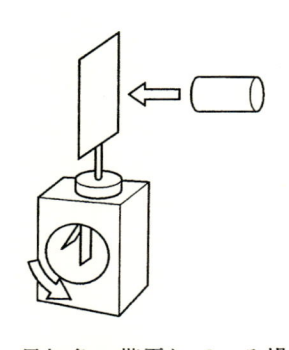

〔必要なもの〕 金箔の検電器，できればビデオカメラ，亜鉛板付属装置，紫外線光源，レーザー，電球．

## 505. 熱電子放出

帯電した箔検電器の電極に，熱い抵抗線を近づけると，電極が正に帯電していても，負に帯電していても，それは放電する．これは抵抗線から放出される電子によって電極のまわりの空気が電離されるからである．1本の抵抗線を，箔検電器の電極の約5mm上に水平になるように，2個のクランプで固定する．まず検電器を帯電させる．それから抵抗線に大きな電流（約5A）を流すが，電流を増していくとき抵抗線を注意深くピンと張って，検電器の電極の上に垂れ下がらないようにする必要がある．電極は放電するであろう．

〔必要なもの〕 金箔検電器とそれを帯電させるもの（ポリエチレン棒と絹布，

高電圧電源，またはバンデグラーフ），抵抗線，電源，2つの実験用スタンド．

## 506. ダイオードと空乏層

わたしは運動場に少年と少女が集っている状態を想像して，それをn型半導体がp型半導体と接合すること，いいかえるとp-n接合を表すのに使用する．最初は子供たちはしっかりまとまっていて，運動場の半分をすべての少年たちが占めて，ほかの半分をすべての少女たちが占めている．興味深いことは接触部かそれに近いところでのみ起こる．子供たちの移動が起こるが，結局，遠くまでの移動は妨げられる．接触部から離れている子供たちは影響されない．これはn型とp型の半導体の間の接合近くでのホールや電子の移動に類似している．

## 507. 魚と熱電子放出

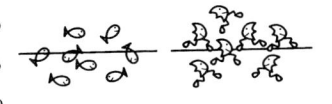

熱電子管の陰極内で起こっていることを説明するために，類似例として，いっぱいの魚が泳いでいる養魚池のアイデアを用いる．魚の中には水から跳ね上がってまた水に落ちて戻るだけのものがいる．跳ね上がりと落ちて戻ることが連続的に起こる．これは，実に動的な平衡であり，熱い金属内の電子のランダムな運動と比較できる．電子の中には金属の表面を一時的に離れるのに十分なエネルギーを得るものがある．

すべての魚は同じなので，どの魚が水の中にいて，どれが空中にいるかをいうことはできない．まさにこれと同様に，金属が加熱されているとき，金属内の自由電子は動的な平衡にある．つまり，電子は連続的に表面から離れたり，また戻ったりする．陽極の引力は水の中に釣り竿で下げられたミミズで表すことができるであろう．また，熱せられた陰極は，魚をより活発に泳ぎ回らせるためになされる，水中の震動と比較できるであろう！

## 508. 原子核衝突：腕時計

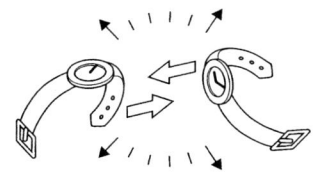

原子より小さな粒子を発見するために2個の粒子を高速で互いに向けて発射する．この1つの例はジュネーブのCERNの巨大電子-陽電子（LEP）衝突加速器で，そこでは電子と陽電子とがその巨大な加速器の中で正面衝突する．これは多少荒っぽい方

法で，腕時計の中に何があるのかを見つけるために，2個の腕時計を互いに投げつけて，飛び出してきた小片が何かを観察しようとする試みにいくぶん似ている．この類似例と原子より小さな粒子との大きな違いは，原子核衝突では飛び出してくる小片の中には，衝突前にはなかったものがあることであり，それらは衝突でエネルギーが物質に変換されて"できた"ものである．確かにこれは腕時計では起こりそうもない！

## 509. マルタの十字

伝統的なマルタの十字管の興味深い発展は，十字を高電圧電源に接続しないで，この管のデモンストレーションをすることである．スクリーンにははるかにぼやけた十字の像ができる．陰極で放出された電子は十字に衝突してそこに留まる．このため，十字は負に帯電して，電子ビームを反発してよせつけなくなるので，十字の影はむしろゆがめられ，不満足な形になる．これは電荷の反発のよいデモンストレーションである．

〔必要なもの〕 マルタの十字管と支持台，高電圧電源，低電圧電源．

## 510. 軌道での電子波

シュレディンガーの波動方程式から，電子は1つの軌道のまわりに，与えられた数に適応する波として存在すると想像できる．いいかえると，$2\pi r = n\lambda$，ここで $\lambda$ は電子波長，$n$ は整数，$r$ は軌道半径である．この考えのシミュレーションをつぎに示す．振動発生器の上に硬い針金の輪を固定する．わたしは直径が約 15～20 cm の輪を使用する．振動発生器の振動数を調節すると，原子の軌道における電子波に類似している定常波をつくることができる．多重の輪が印象的である．

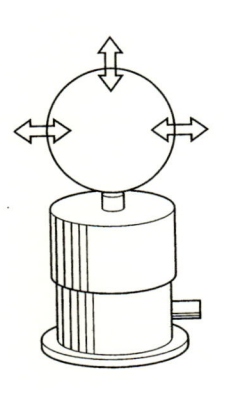

この実験の発展は，核から遠ざかって波長が異なる場合を示すことである．1本は軽く，もう1本は重い2本の弦を結合する．一端はスタンドに固定して，もう一方の端を振動発生器に取り付ける．振動発生器のスイッチを入れると，弦に定常波ができる．両方の弦で振動数は同じだが，2つの弦での波の速さは異なるので波長は同じではない．

〔必要なもの〕 振動発生器，硬い針金の輪，信号発振器，実験用スタンド，複数の弦．

## 511. エネルギーレベルとエスカレーター

エスカレーターの上部の階段は水素原子のエネルギーレベルに似ていて，電離レベルに近くなるにつれてエネルギーレベルがだんだん接近してくるように，エスカレーターの階段も上に近いところでは高さが接近してくる．これは上昇するにつれて，続く階段の間のエネルギー遷移はますます小さくなることを意味している．この類似例は，エスカレーターが停止している場合にのみ，うまく適合する．

## 512. 加速器モデル

ここでは，粒子が2つの加速電極間を通過するごとに一蹴りされる，粒子加速器の機能をシミュレートする2つのアイデアを示す．最初のはシンクロトロン（半径一定）で，第2のはサイクロトロンのシミュレーションである．

(a) プラスチックのカーテンレールで大きな円形の軌道をつくる．粒子を表すガラス玉を輪の内側に壁に触れるように置いて，粒子が加速器を回るときに電場によって一蹴りされるのを，送風機を使用してシミュレートする．軌道の小部分を開けることができれば，磁場を使用して加速器から荷電粒子を引き出すのをシミュレートできる．糸に結び付けた球でも同様にできるであろう（加速器の壁がない）．これは，半径が固定され，粒子のエネルギーが増加するに従って粒子を閉じ込めるための磁場を増加させる，シンクロトロンの機能をシミュレートする．

(b) 第2の方法で必要なものは，支柱（若い子供たちにテニスを訓練するために使用されることがある）から吊られたボールとラケットだけである．ボールが支柱のまわりを回るように押して，それが通過するごとにラケットで打って加速する．1周ごとにボールはエネルギーを得て，速くなり，支柱からより遠くを回るようになる．これは，磁場が一定で，粒子のエネルギーが増加するにつれて軌道半径が増加するサイクロトロンをシミュレートする．

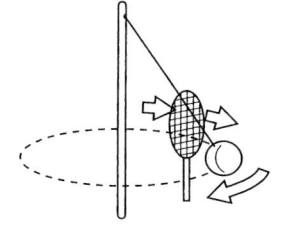

ボールと中心の垂直な支柱との間を一定に保つために，周回しているボールに

水平なひもを加えると，シンクロトロンの機能のシミュレートになる．ボールが打たれると，その速度は増加するが，水平なひもがその軌道半径の変化を妨げる．しかし，それはひもの中心力を増加させる．すなわち，加速された粒子を一定の軌道に保つために要求されるシンクロトロンでの磁場の増加に似ている．

〔必要なもの〕　(a) 長いプラスチックのカーテンレール（少なくとも 2 m），送風機，ポリスチレン球またはガラス玉，(b) 固定した支柱の上に取り付けたひもの先に結びつけたボール，ラケット．

# 513. 泡　箱

　この簡単な実験は，泡箱がどのように働くかを示す素晴らしいデモンストレーションであり，また，霧箱のアイデアを強化することにも使用できる．レモネードのようなガスに満ちた飲み物をビーカーに注ぎ，気泡が上昇しなくなるまで数分放置する．それから少量の細かい食塩（または砂）を落とす．これは気泡をつくる核を与えるので，気泡の雲が液体を通って上昇しはじめるのを見るであろう．放射性粒子が泡箱内の液体を通過するとき，同様な方法でイオンができるので，それらのイオンを核として気泡ができる．泡箱では霧箱よりも電離化され得る原子がより多く存在し，したがって気泡がそのまわりに形成される"核"もより多くできるので，泡箱の方が効果が大きい．

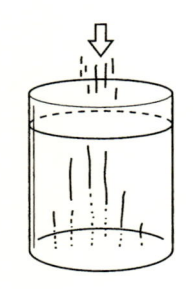

　〔必要なもの〕　炭酸性の缶入り飲み物，ガラスのビーカー，塩．

# 原子核物理

## この章のための一般的な理論

原子核の半径は式 $r=r_0 A^{1/3}$, ここで $A$ は原子核の核子の数で, $r_0$ は定数 $(1.3\times 10^{-15}\,\text{m})$ である.

514. 簡単な原子類似例/モデル
515. プラムプディングモデル
516. アルファ粒子の散乱：2つの模擬実験
517. ラザフォード散乱：保存できる記録
518. ネズミ捕りと連鎖反応
519. 高価なノートとボール：核力
520. ラザフォード散乱
521. 核融合の類似例

## 514. 簡単な原子類似例/モデル

水素の原子と原子核との相対的な大きさを記憶する簡単な方法は，もしも原子核が直径1cmの球（たとえば，ガラス球）で表されるとしたら，電子の飛び回る範囲は約1kmである．原子核の直径と原子の直径の比率は約1：100000である．

## 515. プラムプディングモデル

原子の有核モデル（ラザフォードモデル）をシミュレートするために，特別な金属のヘルメットを使用するのならば，別のプラムプディングモデル（トムソンモデル）も示す必要がある．このモデルではヘルメットに代わって，シンバルをわたしは使用した．ボールベアリングはかなり簡単にその中心を横切って転がり，このタイプの原子による散乱は小さいことが示される．偏向はあるが，この低い丘をおよそ半分まで昇ってから転がり落ちるとしても，90°以上偏向するボールベアリングはない．

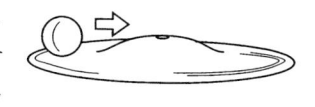

〔理論〕 プラムプディングモデルは有核モデルに比べると，電場の強さがはるかに低いので，それはシンバルの中心の高さがより低いことで表される．中心でのポテンシャルもまた比較すると非常に小さいので，入射したアルファ粒子の偏

向がより小さくなる．

〔必要なもの〕　シンバル，ボールベアリング．

## 516． アルファ粒子の散乱：2つの模擬実験

核によるアルファ粒子の散乱をデモンストレーションするために使用される，商品の"ヘルメット"の代わりになる2つの簡単な方法がある．

(a) オーバーヘッドプロジェクターの上に置いたガラス板にゴムの吸盤を固定する．それに向けてボールベアリングを転がす．この方法の短所は，吸盤の大きさが比較的小さいことである．

(b) 核を表すのに，固定した円形の磁石を使用して，それに向けてアルファ粒子を表す小さな磁石を振らせる（この方法では適当な吊り方を使用して，2個の磁石の間に反発力が働くように保つことが重要である）．

〔必要なもの〕　オーバーヘッドプロジェクター，ボールベアリング，ゴムの吸盤，磁石．

## 517． ラザフォード散乱：保存できる記録

ラザフォード散乱の実験の保存できる記録は，その電場をシミュレートするために使用するヘルメットを，カーボン紙に重ねた白紙の上に置く．入射ボールベアリングの方向を示すために，白紙に数本の線を引く．ボールベアリングを転がすと，それは坂を下り，ボールがカーボン紙を押す圧力で"核"との"衝突"後の軌跡の保存できる記録が得られる（ボールベアリングは装置のまわりに磁性板を置くか，または単に直接手で受けて集めるようにするとよい）．

〔必要なもの〕　ヘルメット装置，ボールベアリング，白紙，カーボン紙，柔軟な磁性板（使用できれば）．

## 518． ネズミ捕りと連鎖反応

この素晴らしい（注意しないと痛いかもしれないが）デモンストレーションは，核連鎖反応の優れたシミュレーションである．ウラン原子核を表すネズミ捕り数個（もしできることなら，1ダース揃うとうまくいく）を隣り合わせにして長方形に並べる．おのおののネズミ捕りに中性子を表すポリスチレンのボールを

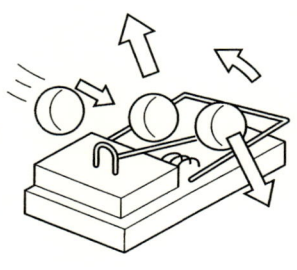

2個ずつ置く．

もう1個のポリスチレンボール（中性子）を投げ入れると，連鎖反応がはじまる．そのボールが当たったネズミ捕り1個がその上のボール2個をはじき飛ばし，それらが他のネズミ捕りを働かせるというように続く．

ボールはすべて実験室中にはじき飛ばされる（高速中性子）．ネズミ捕りを互いに間隔を置いて並べることが，燃料棒の形のアイデアや，連鎖反応が起こらないようにする方法のアイデアを与える．ネズミ捕りを厚紙の箱のふたの上に並べると，1つの"分裂"ともう1つの分裂との間の"関連"がよくわかり，最もうまくいく．

別の連鎖反応のシミュレーションは，木の板に上向きに固定した多数のマッチ棒を使用する方法である．1本に火をつけると，山火事のように炎がつぎつぎにマッチ棒によって広がるように，それらを並べておく．また，ドミノを使用して，最初の1個に触れるとそれが倒れ，そのとき衝突したつぎの1個が倒れるというように，つぎつぎと続いて，一連のドミノを倒してしまうこともできる．

〔必要なもの〕 ネズミ捕り，ポリスチレンボール，マッチ棒を立てる穴をあけた木の板，マッチ，ドミノ．

## 519. 高価なノートとボール：核力

これらは，原子核内の粒子間に働く力の説明のための類似例である．

(a) 広範囲にわたって作用する電磁的な反発力は，2人でボールを投げ合うことによってシミュレートできる．各人はスケートボードか車がついたトロリーの上に立つ．ボールを投げるとき，投げる人は反跳を受ける．ボールを受け取る人は，受け取るときに反跳を受ける．十分に強く投げることができる限り，力の範囲に限界はない．

(b) 近距離でのみ作用する強い核力（約 $10^{-15}$ m の距離以内でのみ有効）は，2人に互いに高価なノートを投げ合わせることで表すことができる．投げはじめるには，多くの空気抵抗があるため，互いに近寄らない限り投げ合うことは不可能である．それは短距離でしか働かないが，確かに互いを引き付ける力がある．

〔理論〕 これらの実験はどちらも，2つの物体間に力が作用するとき，力の運び手を交換すること，すなわち，電磁的な力の場合は光子で，強い核力の場合はグルオン，のシミュレーションである．

〔必要なもの〕 2個の重いボール，2個のスケートボード，2冊のノート．

## 520. ラザフォード散乱

箱の内部に隠したピンの列を使用する．その箱の一方の側からボールを入れて，出てくるボールを観察する．生徒に箱の中の障害物は何かを予測させる．

## 521. 核融合の類似例

2個の核子間の反発力や短距離で働く核力の存在の問題は，つぎの例で説明できる．2人が膨らませることができる大きなスーツを着ていて，それぞれが膨らんだ風船の中心に立っているように見える状況を想像しよう．そのスーツは非常に大きくて，互いに近くに立っても握手することができない．かれらが高速で互いに走り寄った場合にのみ，スーツはつぶれて握手でき，したがって融合する．

# 量子物理

522. 一続きの階段と量子論
523. 量子論とミルク
524. 量子論が有効となるとき

## 522. 一続きの階段と量子論

　量子論の基本的な結果の1つは，あるエネルギー状態は許されないということである．プランク定数が非常に小さいので（$6.6\times10^{-34}$ J s），普通はこの不連続性を観察することがない．しかしそれを人間とアリとが降りていく，一続きの階段と比較するとよい．階段は人間にとって実際に古典的で，連続したエネルギー変化で降りていくように見えるが，アリにとっては階段は量子的な性質である．それはすべて観察のスケールによるのである．

## 523. 量子論とミルク

　ちょうど 200 m$l$ のミルクを飲みたい人がいる．かれは，容器の蛇口から出るミルクでビンを満たすこともできるし，また，ベルトコンベヤーから運ばれてくるミルクのパックを1つ取ることもできる．蛇口からビンに満たすことは物理の古典的な性質を表し，パックは量子的な概念を表している．量子的な類似例では，ベルトのスイッチが入るやいなやすぐに，1個の量子（パック）を得ることもできるが，時にはパックが到着するまで待つことに注目する．しかし，パックが到着すれば，一度に1パック全部を得ることができる．古典論では，蛇口をひねればすぐにミルクを得ることはできるが，ミルクが流れ落ちる速さはゆっくりで，200 m$l$ のミルクは，量子的な方法によるように素早くは得ることができないであろう．

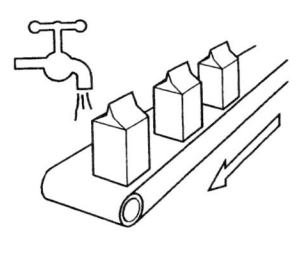

## 524. 量子論が有効となるとき

　この類似例は，プランク定数の値がたとえば1に近づくというように非常に大

きくなった結果，日常生活で量子理論が観察できるようになった場合を示そうとする例である．サッカー選手が防御の壁の隙間を通して，1点を入れようとしているのを，想像しよう．普通の場合には，かれは蹴る位置を変えることによって，ゴールのどの部分にも簡単にボールを入れることができると期待するであろう．しかし，もしもかれが，たとえどこに立ったとしても，ボールが届かないある場所を見つけたとしたら，それは，かれが量子サッカーの領域に入ったときである．

# 放射性崩壊と半減期

### この章の一般的な理論

放射線源の崩壊はランダムな過程である．線源の半減期は，線源の放射能が半分に減少するまでにかかる時間である．線源の半減期は他のどんな物理的過程からも独立であり，温度，圧力，速度，電場や磁場などによって変化しない．

525．簡単な放射性崩壊の式
526．アルファ放射線：ティッシュペーパーと包装用ラップフィルム
527．水の半減期
528．半減期：木またはプラスチックのサイコロ
529．放射性崩壊系列

## 525. 簡単な放射性崩壊の式

これはわたしの高校の最高学年の生徒の1人が考案した，正規の崩壊式を簡単なものにつくり変えた式である（正規の式は $N=N_0 e^{-\lambda t}$ または $A=A_0 e^{-\lambda t}$）（$A_0$ は線源の最初の放射能，$A$ は時間 $t$ 後の放射能，$\lambda$ は崩壊定数（$\lambda = \ln 2/T$ ここで T は半減期である））．非常に簡単な崩壊の問題に対して，放射能は1半減期で2分の1だけ減少し，2半減期で4分の1，3半減期で8分の1だけというように減少していくという事実を使用する．なぜ半減期の数が自然数でなくてはならないのか（もちろんその必要はない）．したがって，過ぎ去った半減期の数を $n$ としよう，ここで $n$ はどんな数でもよい．そこで崩壊の式は，$A=A_0/2^n$．この式はいつでも役に立つ．

## 526. アルファ放射線：ティッシュペーパーと包装用ラップフィルム

アルファ放射線の吸収は，1枚が2重のハンカチーフになっているようなティッシュペーパーでデモンストレーションするのが最もよい．普通の紙はかなり厚くて，アルファ放射線の多くが止まってしまう．また，非常に薄いアルミ箔で試みるのも価値がある．アルファ粒子はそのような箔を通過するに違いない．ベーコンの一片は，人間の肉による放射線の吸収を示すことができるものとして，最も適切なものである．

アルファ粒子の透過を試すのに使用できるもう1つの物質は，包装用ラップフィルムである．粒子はそれを透過するであろう．

〔必要なもの〕 ティッシュペーパー，アルミ箔，ガイガー計数管とディスプレー，ホルダー付きアルファ線源，ホルダー付き包装用ラップフィルム．

## 527. 水の半減期

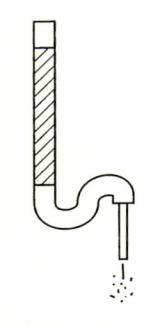

ガラス管内の水面が下がっていくことは，放射線崩壊の類似例として使用できる．放射性原子核の数が減少するとき，その線源の放射能が減少するのと同様に，管内の水の高さが低くなるとき，管の底の出口から一定時間に流出する水の体積は減少する．

ガラス管を垂直に立てて，その底にゴム管を付けて，ゴム管の先には短い毛細管を取り付ける．管用クリップでゴム管を閉じて，ガラス管に水を満たす．クリップを開いて，水が毛細管から流出するようにする．時間に対する水の高さを測定して，時間対水の高さのグラフを描く．それは放射性崩壊の非常によい類似例となる．

〔理論〕 $N = N_0 e^{-\lambda t}$ または $h = h_0 e^{-ct}$

〔必要なもの〕 実験用スタンド，2個のボスと2個のクランプ，ストップウオッチ，定規，ガラス管，ゴム管，毛細管，ゴム管用クリップ．

## 528. 半減期：木またはプラスチックのサイコロ

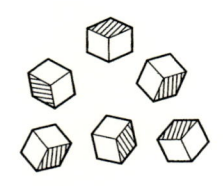

これは放射性崩壊の非常によい類似例を与える，昔からある実験である．多数（1000個）の木かプラスチックの立方体（1cm四方）をクラス全体に配布する．おのおのの立方体は1面だけ着色するか点のしるしをつける（市販のサイコロがあればよいが，かなり高価である）．おのおののグループは最初にサイコロの数を記録し，それからそのサイコロすべてを一緒に投げて，しるしが付いている面が上面になっているものを取り除く．その数を記録したら，それから残り，すなわち上面にはしるしがないものだけをまた投げる．この過程を残りがなくなるか，少なくなるまで（普通は約20回）繰り返す．

全クラスからこのデータを集めて，毎回投げたあとに残ったサイコロの数をグラフに描く．もし実験室でコンピュータが使用できるなら，結果の集計にスプレッドシートを使用すると役に立つ．投げられたサイコロが落ちるときのランダムな落ち方のアイデアを，放射性崩壊のランダムな性質と比較する必要がある．

　わたしはこの実験を発展させて高学年の生徒に使用してきた．その実験では，実験結果を処理するのにスプレッドシートを使用して，投げる回数（時間）に対するサイコロの数（放射性原子核の数：$N$）のグラフをプリントした．まず，1つか2つのグループだけに実験させて，そのあとでこの実験のサイコロの数を増やせば増やすほど，グラフの線がますます滑らかな曲線になってくることを示すのは，価値がある．

　グラフの $N$ の既知の値での曲線の接線を引いて，$N$ に対する崩壊率（$dN/dt$）を求め，そのグラフを描く．わたしのクラスは完全な直線を得た．これは，方程式 $dN/dt = -\lambda N$ の議論に対して非常に役立つ経験となる．

　その後，コンピュータで $\ln(N)$ を算出し，$t$ に対する $\ln(N)$ のグラフを描く．それは負の勾配の完全な直線となる．

〔必要なもの〕　木の6面立方体で1面を着色したものまたは市販のサイコロ1000個，スプレッドシートが使えるコンピュータ，プリンター．

# 529. 放射性崩壊系列

　崩壊でできた娘核自身がまた崩壊して，安定なアイソトープになる線源の数学に関係して，これをデモンストレーションするために，私は先述の2つの実験を修正することに決めた．実験528.を適用するには，最初の放射性物質としては6面体のサイコロを使用して，生成された娘核としてはもっと面の数が多いもの（たとえば10面体）を使用する必要がある．実験527.の水の半減期を応用する場合は，最初の管から出てきた水を，出口がより狭い第2の管に流しこむ．

〔理論〕　元素 B に対しては，
$$dN_B/dt = \lambda_A N_A - \lambda_B N_B, \quad dN_B/dt + \lambda_B N_B = \lambda_A N_0 e^{-\lambda t}$$
これを解くと
$$N_B = N_0[ae^{-\lambda t} - be^{-\lambda t}]$$
ここで $a = \lambda_A/(\lambda_B - \lambda_A)$ で $b = -a$ である．

〔必要なもの〕　多数の6面体と10面体のサイコロ．

# 天文学

530. 火山と熱エネルギー
531. 月の自転周期
532. ビッグバンの痕跡
533. クレーターの実験
534. 宇宙が暗かったとき！ ビッグバン後の30万年から10億年
535. 季　節
536. 宇宙の膨張
537. 宇宙の最少年齢
538. 簡単化した天文学的距離
539. 天文学の簡単な実験

## 530. 火山と熱エネルギー

　月や惑星上のほとんどのクレーターは，隕石の衝突によってつくられてきたと考えられているが，なかには火山活動でつくられたものもある．加熱されているカスタードやポリッジ（かゆ）が入っている鍋を使用して，"内部のマグマの突破"のデモンストレーションができる．それらが加熱されているとき，表面下から逃げてくる空気が火山活動の非常によいシミュレーションを与える．
　〔必要な装置〕　カスタードまたはポリッジ，鍋，ヒーター．

## 531. 月の自転周期

　この簡単なデモンストレーションは，なぜ月はいつも同じ面を地球に向けているのかということを示している．これをデモンストレートするには，2人の生徒が必要である．1人の生徒は地球を表し，もう1人は月を表す．1人の生徒は静止したままでいる．他方，第2の生徒は内側に向いて，"地球"のまわりを1回公転するときに，1回自転するようにして，最初の生徒のまわりを回る．"月"はつねに"地球"を向いていることに注目させるとよい．

## 532. ビッグバンの痕跡

　莫大な温度のビッグバンのあと，宇宙は冷却している．150億年後の今日，宇宙の温度は約3Kである．ビッグバンの痕跡と呼ばれる，この温度でつくられる放射を検出できる．テレビ装置のバックグラウンドの高音域の雑音の約1%

は，この莫大な火の玉の余波によるのである．

## 533. クレーターの実験

この実験は，隕石が惑星に衝突したときつくられるクレーターのシミュレーションである．隕石はボールベアリングかまたは木の球で置き換えられ，砂が入った平たい容器が惑星の表面に置き換えられる（わたしは氷砂糖を，乾燥したままと，水に混ぜたものと使用したことがあるが，どちらもあまりよくない）．投射物を，わかっている高さから砂の中に落下させて，失った位置エネルギーをクレーターの大きさと関係付ける．われわれはクレーターの直径，深さ，壁の高さ，一般的な形を測定した．また，ボールベアリングが管の中を転がり落ちるようにすることによって，斜めの衝突も調べた．砂を湿らすことで，異なるタイプの惑星の表面を調べることもできる．

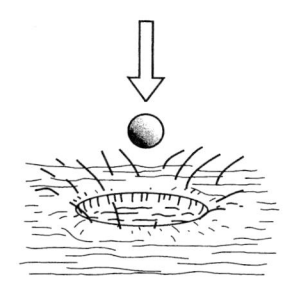

〔必要なもの〕 砂，小麦粉，ボールベアリング，ガラス玉，木の球，プラスチック，定規，はかり．

## 534. 宇宙が暗かったとき！ ビッグバン後の30万年から10億年

ビッグバンのあと，宇宙が冷却したとき，放出された放射が赤外線であったような宇宙温度に達した．いいかえると，そこには可視光線がなかった．そのとき宇宙は暗かった．この状態は，最初の星たちが，最初の水素による核融合を行うまで続いた．それは10億年後のことであった！

## 535. 季　節

季節があるのは，1年の異なる時期には，太陽光が注がれる地球表面の面積が異なるからである．太陽を表すのにプロジェクターを使用し，地球の表面を表すのに回転させることができる板を使用して，この面積の変化を示し，また，光検出器で光の強度の変化を測定するとよい．冬には，一定量の太陽光が当たる面積がより大きくなるので，より寒いのである．

〔必要なもの〕 プロジェクター，傾けることができるクランプで支えた板，光検出器，傾きの角度を測定する方法．

## 536. 宇宙の膨張

ここでは，宇宙の膨張の実験可能な3つの類似例を示す．

(a) 表面に銀河を表す点を記した風船．風船を膨らませると，すべての"銀河"が互いに遠ざかる．

(b) 干しぶどう入りの1個のパンは，銀河の後退の3次元の類似例となる．干しぶどうは銀河を表す．そのパンを焼くとき，パンは膨張して，すべての"銀河"は互いに遠ざかる．

(c) 3個かまたは4個の大きなポリスチレンのボールにゴムを通して，数珠つなぎにして，そのゴムの一端は壁の鉤か，安全な実験用スタンドに固定する．そして，ゴムの自由端を引っ張ると，すべてのボールが互いに離れる．

これらの類似例すべてについての要点は，それらが膨張するとき，それら自身の空間をつくっているということである．同様に，宇宙が膨張しはじめる前は，空間はなかった！ 実際に，時間もまたなかった．つまり，空間も時間もともに宇宙のはじまりに"創造された"のである．

## 537. 宇宙の最少年齢

宇宙の年齢の最少の値は，今日存在する元素を考慮することによって推測することができる．普通の星では核融合が起こり，鉄56の重さまでの元素はつくられるが，それ以上はできない．それ以上つくるのに十分なほど星は熱くない．より重い元素は，普通の星の温度よりはるかに大きな温度に達する，巨大な超新星爆発で形成される．したがって，われわれが今日知っている宇宙に必要な，多数の重い元素をわれわれに与えるためには，宇宙は少なくとも，これらの超新星が形成され爆発するに十分なだけ年齢を重ねていなくてはならない．

## 538. 簡略化した天文学的距離

地球から太陽までの距離を1単位とすると，太陽系の大きさはつぎのように簡略化できる．太陽から：

水星 1/3　金星 2/3　地球 1　火星 1.5　木星 5　土星 10　天王星 20
海王星 30　冥王星 40．

宇宙の大きさは，毎秒 300000 km の速さの光が，その距離を進むのにかかるであろう時間で距離を表すのが，最もよいと考えられる．

地球から太陽へ8分，太陽系を横切るのに11時間，太陽系から最も近い星へ4年，銀河を横切るには100000年，われわれの銀河からつぎの銀河まで百万年，観測可能な宇宙の"果て"まで150億年．

# 539. 天文学の簡単な実験

(a) 1年の間に太陽から地球までの距離が変化することを示す，太陽の投影像の直径．

(b) 日時計．

(c) 1時間以上露光したカメラでの星の軌跡．

(d) 5分間露光したカメラでの星の像．

(e) 太陽の投影像による黒点．

(f) (エラトステネス以後) 地球の大きさを測定するのに使用される，経度が等しい地表の南北2点にできる正午の影の長さ．

(g) 流星群出現期間における流星の軌道の観察．主な流星群のデータ：
しぶんぎ，1月1〜6日；　こと，4月19〜25日；　みずがめ $\eta$，4月24日〜5月20日；　ペルセウス，7月25日〜8月20日；　オリオン，10月15日〜11月2日；　おうし，10月15日〜11月25日；　しし，11月15〜20日；　ふたご，12月7〜17日．

(h) 惑星の軌道を描く．

(i) フーコーの振り子をつくり，地球の自転を示す．

(j) 望遠鏡に取り付けた顕微鏡カメラを使用して，月の表面をビデオに撮る．望遠鏡の接眼レンズとカメラのレンズとを外す．

⚠ 〔警告〕決して太陽を直接見てはいけない．とくに双眼鏡や望遠鏡で見てはいけない．

⚠ 太陽を双眼鏡や望遠鏡で見るときは，自家製のフィルターは決して使用してはいけない．

# あとがき

　本書『ゆかいな物理実験』は，イギリスの中学・高校で30年間にわたって物理を教えた著者が，授業で実際に使用したデモンストレーションや生徒実験，および物理概念を理解させるためのたとえ話や説明のアイデアなど，539の独立した記事を，内容別にまとめたものである．イギリスの中学・高校であれば，物理準備室に揃えてある装置や道具を使用して，だれでも手軽に利用できそうなものばかりである．特に目新しいものや，巧妙なテクニックや特別の装置を必要とするものはなく，昔から行われている標準的な実験が多い．日本でも，小学校上級学年から大学入門物理まで，実験が得意でない教師でも気楽に使える，簡単な実験が数多く含まれている．

　イギリスの教育体系は日本のように画一的ではなく多様であるが，イングランドで一番多いのは，5～11歳までの6年間の小学校，11～16歳までの5年間の中学校，16～18歳までの2年間の高校で，大学は3年間であるが，近年，欧州統合の影響で，特に理工系が4年間の大学が増加している．中学・高校の物理教師の養成は，大学卒業生で教師になりたい人を対象に1年間行われるが（PGCE：Post Graduate Certificate in Education），この養成期間の3分の2は，大学に比較的近い学校で行う教育実習である．教師になる学生たちは，実際に中学や高校で使用されている実験を，放課後に大学でも自習し，実験ノートやレポートにまとめて大学の指導教員に提出するが，実習校では現職教師から実験を活かした授業について実践的に学ぶ．指導教員も学生たちの実習校に出かけて，中学・高校の授業を参観し，教師たちや学生たちと議論し，指導する[1]．

　イギリスの学校は，小学校，中学校が1クラス平均25人，多くて30人の学級であり，高校は生徒が個性化するとの理由で，1クラス平均15人以下，多くて20人程度である．イギリスの普通高校のほとんどが中学と併設していて，教師は中学1年から高校2年までの7年間を縦に教えるのが普通である．したがって，同学年の生徒は1クラスしか担当しない．日本ではむしろ同学年のクラスをいくつも担当するし，また，1クラスの生徒数は40～45人のところが多い．日本の高校では伝統的な黒板とチョークによる講義中心の授業がいまだに主流を占めているが，イギリスの中学・高校における物理の授業は，そのほとんどが実験

室で行われていて，実験がまったくない授業を見つけるのは困難である．

2000年の夏，バルセロナで物理教育の国際会議があったが，そのハイライトは英国物理学会（IoP：Institute of Physics）が開発した新しい高校物理：『アドバンシング物理』（Advancing Physics）[2]の紹介であった．物理の学習内容も方法も現代化したこの新コースの主な教材は，CD-ROM 1枚に収められていて，生徒が興味をもって自主的に実験やコンピュータを使用して学び，クラスで発表し，議論しながら学習していくのを教師が助けるばかりでなく，ネットワークによって，教師同士やその他の専門家たちが，生徒や教師を支援していく動的な体制がつくられている．物理学者の共同体が自国の中等教育に責任をもつ体制を確立し，実践しているのである．国際会議の第1日に『アドバンシング物理』について全体講演を行ったこのプロジェクトの責任者である Jon Ogborn は，30年あまり前にナフィールド高校物理（Nuffield A-level Physics）を開発した人である．このナフィールド高校物理はナフィールド中学物理（Nuffield O-level Physics）とともに，イギリスの科学教育改革の基となった．中国の古いことわざにある「聞いたことは忘れる，見たことは覚えている，行ったことは理解する」をモットーに，生徒実験を主としたナフィールド物理は，「すべての子供にパブリックスクール（私立のエリート校）並の教育を！」のスローガンを掲げた当時の英国労働党の教育政策に支援されて，イングランドの無試験で入学できる公立中学校（Comprehensive School）すべてに，科学教師の数だけ実験室を準備し，必要な実験装置を十分に揃え，実験助手を配置する道を開いた．また，試験問題や評価についても実践的な研究を重ね，徹底的に見直して，今世紀はじめからイギリスで問題になっていた試験による悪影響から中等教育を解放することに貢献した．その上，教育現場と密着した科学教師の養成教育（PGCE）も新たに確立したのである．1989年からは5〜16歳までの11年間の義務教育に対してナショナルカリキュラムが導入され，小学校から実験を主とした科学の探究学習が実施されている．

『ゆかいな物理実験』は，このように着実に進められたイギリスの科学教育改革の30年間における，著者の豊かな経験の集積である[3]．

1) 特集 物理・化学教育の日英会議．物理教育通信，増刊号，1998．
2) Jon Ogborn et al. ed.： Advancing Physics AS, Institute of Physics UK, 2000.
3) 笠 耐：世界は日本の物理教育をどうみているか．科学，**70**, 839, 2000.

2000年9月

笠　　　耐

# 索 引

## ア 行

アイソトープ 259
圧縮率 84
圧力 8
圧力差 94
網の熱伝導 175
アルキメデスの原理 22
アルファ放射線 257
アルファ粒子の散乱 252

位相角 159
位相差 113
位相のずれ 95
位相変化 125
位置エネルギー 79
移動速度 209
衣類の弾性 86
色の加法 161
隕石の衝突 260
引力 61

ウィルバーフォース振り子 117
嘘発見器 207
渦電流 221, 227
渦電流減衰 221, 223
宇宙温度 261
宇宙の膨張 262
うなり 120
——の振動数 120
運動エネルギー 79, 193
運動量 51
——のベクトル性 60
——の保存 50, 54, 56
——の保存則 57, 110

永久運動 107
液体中の圧力 11
液体の膨張 167
液体比重計 24
S 波 160
n 型半導体 247
エネルギー損失 45, 226
エラトステネス 263
円運動 5, 76, 81
円軌道 77
遠心力 76, 81
円錐振り子 76
エントロピー 199

応力 83
音 127
——の回折 148
——の屈折 132
——の速度 130
——の反射 132
温室効果 182
温度 3
音波 130

## カ 行

回折 147
回折格子 148
回折縞 148
回折模様 147
回折リング 149
回転運動 76
回転の慣性 66
回転の効果 72
回路の抵抗 241
カオス系 159
可干渉性 155
角運動量 60, 69
——の保存 80, 110
核子 251
角速度 77

核融合 254, 261, 262
核力 253
核連鎖反応 252
過減衰 112
火山活動 260
可視光線 261
過小減衰 112
加速度 26, 30
カタパルト場 219
ガラス 84
——の屈折率 141
——の弾性 84
——の伝導性 206
——の膨張 168
ガリレオ 32
——の温度計 196
——の斜面 38
——の弱められた重力の実験 32, 33, 35, 38, 225
寒剤 189
干渉現象 145
干渉効果 95
干渉縞 155
干渉模様 146
慣性 28, 59, 63, 64
慣性モーメント 82, 103, 117
慣性力 38
完全弾性衝突 52, 54

機械的利益 106
幾何光学 134
気化熱 185
季節 261
気体 13
——の拡散 194
——の断熱性 201
——の法則 110
——の膨張 169
気体定数 169

喫水 24
軌道電子 244
吸収スペクトル 156
求心力 28, 77
キュリー効果 214
凝縮 149
共振 112
共振曲線 116
共振効果 217
共振振動数 114
共鳴 127
極性分子 233
曲線の接線 4
曲面鏡の公式 139
銀河 262
——の赤方偏移 121
金属導体の抵抗 206
金属の膨張 166

空気減衰 115, 222
空気抵抗 34, 39
空気の熱伝導 174
空気の粘性 92, 101
空気摩擦 61
——の影響 102
空乏層 247
偶力 72
屈折 123, 134
屈折率 5, 134
首振り運動 66
雲 197
クレーター 260, 261

原子核 251
原子核衝突 247
原子の熱運動 206
原子モデル 245
減衰 112
減衰効果 109
減速材 58

コイルの自己誘導 222
虹彩の色 153
光子 253
高速中性子 253
光弾性 151
光点 139
光電効果 245
交流電源 211
——の振動数 228

抗力 39, 63
合力 43, 74
光路差 95
行路差 145
固体間の圧力 8
こだま 130
ゴムの弾性 89
固有振動数 112
固有振動の周期 114
コンデンサー 241

### サ 行

サイクロトロン 249
歳差運動 66
最大加速度 43
作用線 68
作用反作用の原理 50
三角法 32

紫外線 160
紫外線放射 246
時間 3
次元 3
仕事率 45, 46, 187
仕事率密度 157
地震 114, 160
磁性物質 212
磁束 225
磁束密度 216, 217
質量 3, 6
支点 68
自転車の効率 106
自転周期 260
磁場 213
磁場模様 213
シャボン玉の処方箋 95
終端速度 63
自由電子 175, 244
自由落下 38
重力 30, 35, 78
重力加速度 33 35, 36
重力場 30
シュテファン定数 205
シュテファンの法則 205
焦点距離 136
衝突 57
衝突緩衝機構 57
蒸発 185
蒸発熱 185, 189

色減法 158
磁力 215
シンクロトロン 249
人工衛星の軌道 102
人体の電荷 232
振動 124
振動数領域 127

垂直運動 29, 30
垂直加速度 38
垂直距離 73
水平運動 29, 30
ストークスの法則 90
ストロボ効果 163
スリングショット効果 41
ずれの応力 85

静電気 232, 240
静電場 233
静電反発力 235, 236
正のフィードバック 117
赤外線 5, 182
赤外線放射 246
絶縁体 206
接触角 94
接触面積 8, 17
絶対温度 169
絶対ゼロ度 199
絶対速度 42
線源の半減期 257
剪断弾性係数 104
潜熱 185, 189
全反射 123, 134, 142
線膨張率 167

相対速度 42
増幅効果 128
速度比 106
ソレノイド 216

### タ 行

ダイオード 247
大気圧 13, 14, 18
体積弾性率 84
帯電 233
太陽の輝度 155
太陽の投影像 263
対流 177
楕円定常波 104

索　引　269

多重内部反射　5
単スリット回折　149
弾性　83
弾性衝突　51
断線　211
炭素抵抗　211
炭素の半導体的性質　211
断熱効果　173
断熱変化　172
断熱膨張　197

力の釣り合い　74
力のモーメント　68, 73
地球の自転　263
宙返り軌道　79
中心力　76
長波長　5
張力　70, 78
調和単振動　95, 115, 223
チョークコイル　225
直流電源　211

強め合う干渉　145

抵抗　204
抵抗力　47
定常波　113, 124, 162
デカルトの浮沈子　23, 104
てこ　72
電圧降下　210
電位勾配　239
電球の輝度　155
電気容量　241
電気力線　234
電子　204
電磁石　217
電磁波　5
電磁パルス　235
電磁ブレーキ　222
電磁誘導　224
電磁力　216
点放電　238
天文学的距離　262
電流　204
　　──の定常性　205
　　──の反発力　208

等温変化　172
透過光実験　137
等速運動　26

等電位線　233
ドップラー効果　118
ドップラー赤方偏移　121
ドップラー偏移　118
トムソンモデル　251
トリチェリの定理　11
ドリフト速度　209
トルク　72

## ナ　行

内部全反射　142
長さ　3

二酸化炭素ロケット　48
入射角　134
ニュートン　41
　　──の第2法則　42, 64
　　──の第3法則　41, 44, 64, 213
　　──のゆりかご　52, 110
　　──の冷却の法則　186
人間電池　208

熱エネルギー　185
　　──の伝達　177
熱エネルギー転換　200
熱損失　187
熱電子放出　246, 247
熱伝導　173
熱放射　182
熱膨張係数　166
熱力学の法則　199
粘性抵抗力　90

## ハ　行

肺の圧力　18
肺の体積　103
バイメタル　166
破壊応力　65, 88
爆発　54
バートン　113
花火ロケット　49
反作用　74, 78
反射　123, 134
反射型回折格子　137, 147
半導体　211
反応時間　27

p-n接合　247
p型半導体　247
P波　160
光の散乱　152
光の偏光　152
光ファイバー　142
非弾性衝突　52
ビッグバン　260, 261
ピッチ　128
比抵抗　187
日時計　263
比熱　185
皮膚の電気伝導率　207
表面積　178
表面張力　17, 25, 94, 95

ファラデー効果　219
風船ロケット　50
フォルタン気圧計　19
複スリットの実験　155
複氷　189
フーコーの振り子　263
フックの法則　83
物体の慣性　61
沸騰　185
負のフィードバック　117
ブラウン運動　193
プラズマ温度　121
プラムプディングモデル　251
プランク定数　255
不良熱伝導体　199
浮力　22, 25
ブルースターの法則　151
ブルドン管圧力計　14
分解能　149
分子運動論　52
分子運動論モデル　193
分子の衝突　173
分子の振動　133
分子のもつれ　87

平均値　2
平衡　68
並列回路　208, 210
ベクトル　27
ベクトル合成　225
ベルヌーイ効果　92
ベルヌーイの法則　90
偏光　151
偏向角　140

ボイルの法則　169
崩壊率　259
防湿層効果　195
放射エネルギー　134
放射状の電場　230
放射性原子核　258, 259
放射性降下物　92
放射性崩壊系列　257, 259
放射性崩壊の式　257, 258, 259
膨張　87
膨張冷却　171
放物線軌道　29, 31, 33
ボルツマン定数　130, 193

### マ 行

マイクロ波　118
摩擦　51, 61, 79
摩擦力　74
マリュスの法則　151
水　11
　——の屈折率　139
　——の熱伝導　174
　——の粘性　92
　——の半減期　258
　——の飽和蒸気圧　190

水ロケット　48
密度　11, 23
ミリカンの実験　95, 234

無秩序　199

メニスカス　96
メルデの実験　125
面積　6

モアレ縞　162
盲点　156
モーメント　72
　——の法則　68
モル気体定数　193

### ヤ 行

ヤング率　83

融解　185
融解熱　185
有核モデル　251
誘導起電力　225
誘導電圧　223, 228
誘導電位差　221
誘導電流　224

誘導放出　163

### ラ 行

ラザフォード散乱　252, 254
ラザフォードモデル　251
ランダムウォーク　194

力学的エネルギー　200
力学的共振　112
力積　51, 56
理想気体の式　169
粒子の衝突　57
流星群　263
量子論　255
履歴曲線　85
履歴効果　86
臨界角　134, 141
臨界減衰　112
臨界点　77

冷却　87
レモン電池　209
連成振り子　113, 115
レンツの法則　225

ロケット　48

**訳者略歴**

笠　　　耐（りゅう・たえ）

福岡県に生まれる
お茶の水女子大学卒業
上智大学理工学部物理学科講師
（専攻）物理学，科学教育

---

### ゆかいな物理実験

定価はカバーに表示

2000年11月25日　初版第1刷
2017年 6月25日　　　第7刷

訳　者　笠　　　　　耐
発行者　朝　倉　誠　造
発行所　株式会社　朝　倉　書　店

東京都新宿区新小川町 6-29
郵便番号　162-8707
電　話　03(3260)0141
ＦＡＸ　03(3260)0180
http://www.asakura.co.jp

〈検印省略〉

© 2000　〈無断複写・転載を禁ず〉　　シナノ・渡辺製本

ISBN 978-4-254-13084-3　C3042　　Printed in Japan

JCOPY ＜(社)出版者著作権管理機構 委託出版物＞

本書の無断複写は著作権法上での例外を除き禁じられています．複写される場合は，そのつど事前に，（社）出版者著作権管理機構（電話 03-3513-6969，FAX 03-3513-6979，e-mail: info@jcopy.or.jp）の許諾を得てください．

## 好評の事典・辞典・ハンドブック

**物理データ事典** 日本物理学会 編 B5判 600頁
**現代物理学ハンドブック** 鈴木増雄ほか 訳 A5判 448頁
**物理学大事典** 鈴木増雄ほか 編 B5判 896頁
**統計物理学ハンドブック** 鈴木増雄ほか 訳 A5判 608頁
**素粒子物理学ハンドブック** 山田作衛ほか 編 A5判 688頁
**超伝導ハンドブック** 福山秀敏ほか編 A5判 328頁
**化学測定の事典** 梅澤喜夫 編 A5判 352頁
**炭素の事典** 伊与田正彦ほか 編 A5判 660頁
**元素大百科事典** 渡辺 正 監訳 B5判 712頁
**ガラスの百科事典** 作花済夫ほか 編 A5判 696頁
**セラミックスの事典** 山村 博ほか 監修 A5判 496頁
**高分子分析ハンドブック** 高分子分析研究懇談会 編 B5判 1268頁
**エネルギーの事典** 日本エネルギー学会 編 B5判 768頁
**モータの事典** 曽根 悟ほか 編 B5判 520頁
**電子物性・材料の事典** 森泉豊栄ほか 編 A5判 696頁
**電子材料ハンドブック** 木村忠正ほか 編 B5判 1012頁
**計算力学ハンドブック** 矢川元基ほか 編 B5判 680頁
**コンクリート工学ハンドブック** 小柳 治ほか 編 B5判 1536頁
**測量工学ハンドブック** 村井俊治 編 B5判 544頁
**建築設備ハンドブック** 紀谷文樹ほか 編 B5判 948頁
**建築大百科事典** 長澤 泰ほか 編 B5判 720頁

価格・概要等は小社ホームページをご覧ください．